Paces

CHIMIE GÉNÉRALE-UE1

Frédéric Ravomanana
Professeur de physique-chimie
à l'École nationale de Chimie-Physique-Biologie de Paris

4e édition

EdiScience

5 rue Laromiguière, 75005 Paris
www.dunod.com
2007 pour la 2e édition
2010 pour la 3e édition
ISBN 978-2-10-071229-8

Table des matières

Avant-propos

À Alexandre, Jade et Onja

Cet ouvrage est le fruit de plusieurs années d'enseignement, dans le secondaire et le supérieur. Le programme du concours de la 1re année Santé (PAES) est dense et délicat à aborder, surtout pour les primants fraîchement émoulus du baccalauréat. Ce programme aborde en effet de nombreuses notions nouvelles ; mais même quand il s'agit d'utiliser des concepts connus, c'est avec un angle de vue si différent que l'apprentissage n'en est pas moins difficile. Il arrive d'ailleurs que les outils du secondaire soient « rebaptisés », si bien que l'étudiant n'arrive pas à faire le lien avec ses acquis antérieurs. Le temps disponible pour l'assimilation des connaissances est, de plus, trop limité pour avoir le recul nécessaire.

C'est la raison pour laquelle ce livre essaie de ne pas s'appesantir sur les points qui ne seraient pas directement utiles pour les épreuves du concours. Les rappels de cours sont développés de façon à être réinvestis rapidement. Quand il en a eu la possibilité, l'auteur s'est attaché à faire le lien entre l'approche du secondaire et celle du supérieur, ce qui, nous l'espérons, fera gagner un temps précieux à l'étudiant. Dans le même souci d'efficacité, les exercices proposés sont corrigés de manière extrêmement détaillée, afin que l'étudiant puisse se servir de ce livre en complète autonomie. Certains de ces exercices, de niveaux variables, n'ont d'autre but que la compréhension du cours, alors que d'autres sont rédigés dans l'esprit concours : il est souhaitable de les aborder dans l'ordre proposé, mais chacun le fera en fonction de son profil. Enfin chaque chapitre se termine par des extraits d'annales adaptés en fonction du thème d'étude, ce qui permet d'avoir une vision exacte du niveau du concours, et de décomposer les difficultés.

En espérant que ce livre jouera pleinement son rôle dans votre préparation au concours, bon courage à vous.

Pour bien utiliser

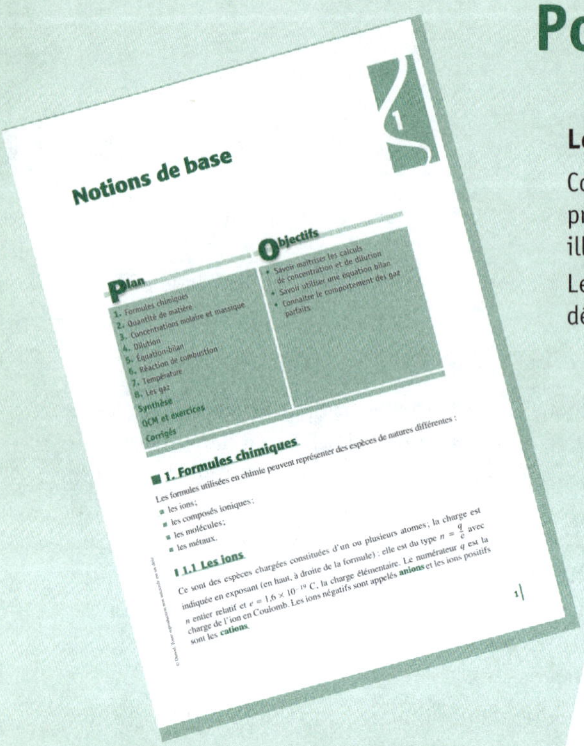

Le cours

Concis, il aborde toutes les notions du programme et est enrichi de nombreuses illustrations.

Les termes suivis d'un astérisque sont définis dans le glossaire en fin d'ouvrage.

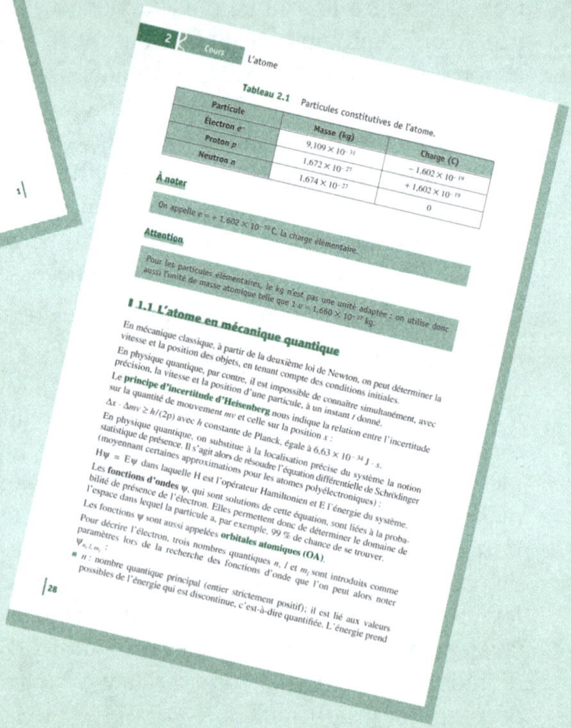

Les pictogrammes

Des commentaires pédagogiques vous accompagnent dans le cours. Ils sont identifiés par deux pictogrammes.

Attention

Notion essentielle à retenir ou erreur à éviter.

À noter

Commentaire sur une notion afin de vous aider à mieux la comprendre.

cet ouvrage

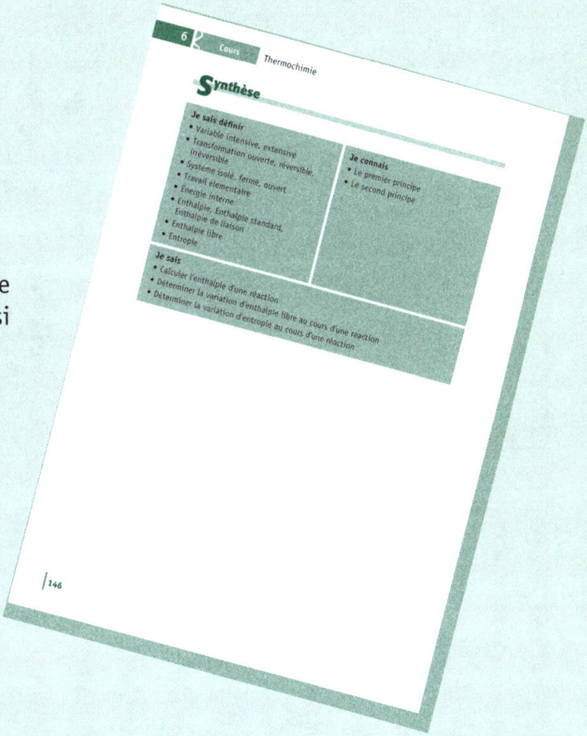
6 Cours Thermochimie

Synthèse

Je sais définir
- Variable intensive, extensive
- Transformation ouverte, réversible, irréversible
- Système isolé, fermé, ouvert
- Travail élémentaire
- Énergie interne
- Enthalpie, Enthalpie standard, Enthalpie de liaison
- Enthalpie libre
- Entropie

Je connais
- Le premier principe
- Le second principe

Je sais
- Calculer l'enthalpie d'une réaction
- Déterminer la variation d'enthalpie libre au cours d'une réaction
- Déterminer la variation d'entropie au cours d'une réaction

146

Le bloc synthèse

À la fin de chaque chapitre, il présente les définitions et notions à retenir ainsi que les savoir-faire à maîtriser.

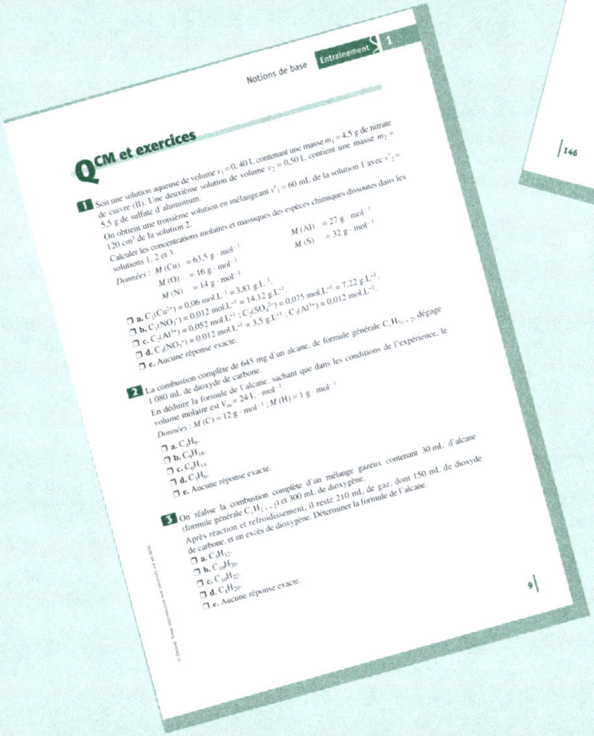
Notions de base Entraînement 1

QCM et exercices

1 Soit une solution aqueuse de volume $v_1 = 0{,}40$ L contenant une masse $m_1 = 4{,}5$ g de nitrate de cuivre (II). Une deuxième solution de volume $v_2 = 0{,}50$ L contient une masse $m_2 = 5{,}5$ g de sulfate d'aluminium.
On obtient une troisième solution en mélangeant $v'_1 = 60$ mL de la solution 1 avec $v'_2 = 120$ cm³ de la solution 2.
Calculer les concentrations molaires et massiques des espèces chimiques dissoutes dans les solutions 1, 2 et 3.
Données : M(Cu) $= 63{,}5$ g · mol⁻¹ ; M(Al) $= 27$ g · mol⁻¹ ; M(O) $= 16$ g · mol⁻¹ ; M(S) $= 32$ g · mol⁻¹ ; M(N) $= 14$ g · mol⁻¹

- ☐ a. $C_1(Cu^{2+}) = 0{,}06$ mol.L⁻¹ = 3,81 g.L⁻¹.
- ☐ b. $C_1(NO_3^-) = 0{,}012$ mol.L⁻¹ = 14,12 g.L⁻¹.
- ☐ c. $C_2(Al^{3+}) = 0{,}052$ mol.L⁻¹ ; $C_2(SO_4^{2-}) = 0{,}075$ mol.L⁻¹ = 7,22 g.L⁻¹.
- ☐ d. $C_3(NO_3^-) = 0{,}012$ mol.L⁻¹ = 3,5 g.L⁻¹ ; $C_3(Al^{3+}) = 0{,}012$ mol.L⁻¹.
- ☐ e. Aucune réponse exacte.

2 La combustion complète de 645 mg d'un alcane, de formule générale C_nH_{2n+2}, dégage 1 080 mL de dioxyde de carbone.
En déduire la formule de l'alcane, sachant que dans les conditions de l'expérience, le volume molaire est $V_m = 24$ L · mol⁻¹.
Données : M(C) $= 12$ g · mol⁻¹ ; M(H) $= 1$ g · mol⁻¹

- ☐ a. C_4H_6.
- ☐ b. C_6H_{14}.
- ☐ c. C_6H_{14}.
- ☐ d. C_3H_8.
- ☐ e. Aucune réponse exacte.

3 On réalise la combustion complète d'un mélange gazeux contenant 30 mL d'alcane (formule générale C_nH_{2n+2}) et 300 mL de dioxygène.
Après réaction et refroidissement, il reste 210 mL de gaz, dont 150 mL de dioxyde de carbone, et un excès de dioxygène. Déterminer la formule de l'alcane.

- ☐ a. C_5H_{12}.
- ☐ b. $C_{10}H_{20}$.
- ☐ c. $C_{10}H_{22}$.
- ☐ d. C_5H_{20}.
- ☐ e. Aucune réponse exacte.

9

QCM et exercices

Chaque chapitre propose de nombreux QCM et exercices extraits d'annales pour vous autoévaluer et vous familiariser à ce type d'épreuve.

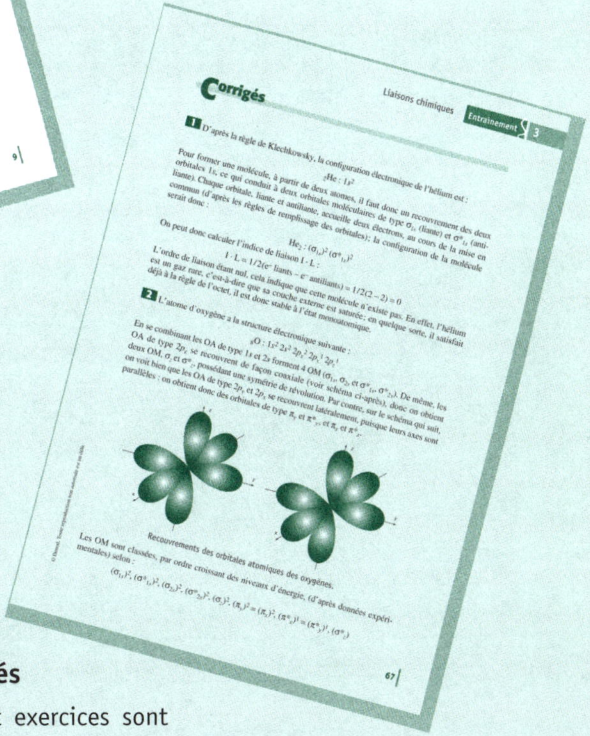
Corrigés Liaisons chimiques Entraînement 3

1 D'après la règle de Klechkowsky, la configuration électronique de l'hélium est :
$_2He : 1s^2$
Pour former une molécule, à partir de deux atomes, il faut donc un recouvrement des deux orbitales 1s, ce qui conduit à deux orbitales moléculaires de type σ_{1s} (liante) et σ^*_{1s} (antiliante). Chaque orbitale, liante et antiliante, accueille deux électrons, au cours de la mise en commun (d'après les règles de remplissage des orbitales) ; la configuration de la molécule serait donc :
$He_2 : (\sigma_{1s})^2 (\sigma^*_{1s})^2$
On peut donc calculer l'indice de liaison I.L :
I.L = 1/2(e⁻ liants – e⁻ antiliants) = 1/2(2 – 2) = 0
L'ordre de liaison étant nul, cela indique que cette molécule n'existe pas. En effet, l'hélium est un gaz rare, c'est-à-dire que sa couche externe est saturée ; en quelque sorte, il satisfait déjà à la règle de l'octet, il est donc stable à l'état monoatomique.

2 L'atome d'oxygène a la structure électronique suivante :
$_8O : 1s^2 2s^2 2p_x^2 2p_y^1 2p_z^1$
En se combinant les OA de type 1s et 2s forment 4 OM (σ_{1s}, σ_{2s} et σ^*_{1s}, σ^*_{2s}). De même, les OA de type $2p_z$ se recouvrent de façon coaxiale (voir schéma ci-après), donc on obtient deux OM, σ_z et σ^*_z, possédant une symétrie de révolution. Par contre, sur le schéma qui suit, on voit bien que les OA de type $2p_x$ et $2p_y$ se recouvrent latéralement, puisque leurs axes sont parallèles : on obtient donc des orbitales de type π_x et π^*_x, et π_y et π^*_y.

Recouvrements des orbitales atomiques des oxygènes.

Les OM sont classées, par ordre croissant des niveaux d'énergie, (d'après données expérimentales) selon :
$(\sigma_{1s})^2, (\sigma^*_{1s})^2, (\sigma_{2s})^2, (\sigma^*_{2s})^2, (\sigma_z)^2, (\pi_x)^2 = (\pi_y)^2, (\pi^*_x)^1 = (\pi^*_y)^1, (\sigma^*_z)$

67

Les corrigés

Les QCM et exercices sont tous intégralement corrigés et commentés.

Remerciements

Ce livre n'aurait pu exister sans le concours, direct ou indirect, de nombreuses personnes de mon entourage, familial et professionnel. Tout d'abord, je souhaite remercier ma femme, pour son soutien, mais surtout pour son aide, qui m'a permis d'arriver au bout de cette aventure si prenante. Je veux aussi remercier mes parents pour leur indéfectible soutien. Les éditions Dunod m'ont accordé leur confiance, en la personne de Bruno Courtet, tout d'abord, puis d'Éric d'Engenières qui a pris son relais : je souhaite témoigner ici de leur professionnalisme, et de leur compréhension de mon travail. Je dois aussi remercier vivement Élise Marche, Professeur, pour avoir accepter de rédiger le tome 2 de Chimie organique, en complément de cet ouvrage. Enfin, je remercie les personnes suivantes pour une idée échangée, un conseil, etc. : Mme Denise Sapin ; MM. Ravomanana Rémis, biochimiste ; Matthijs Van Dooren, professeur ; Stéphane Louvet, professeur ; Antonio Tudela, professeur.

Notions de base

1

Plan

Objectifs

- Savoir maîtriser les calculs de concentration et de dilution
- Savoir utiliser une équation bilan
- Connaître le comportement des gaz parfaits

1. Formules chimiques

Les formules utilisées en chimie peuvent représenter des espèces de natures différentes :

- les ions ;
- les composés ioniques ;
- les molécules ;
- les métaux.

1.1 Les ions

Ce sont des espèces chargées constituées d'un ou plusieurs atomes ; la charge est indiquée en exposant (en haut, à droite de la formule) : elle est du type $n = \frac{q}{e}$ avec n entier relatif et $e = 1{,}6 \times 10^{-19}$ C, la charge élémentaire. Le numérateur q est la charge de l'ion en Coulomb. Les ions négatifs sont appelés **anions** et les ions positifs sont les **cations**.

Exemple 1

L'ion permanganate MnO_4^- avec $n = -1$. Donc, la charge de l'ion est :

$$q = n\,e = -e = -1{,}6 \times 10^{-19}\,\text{C}$$

Exemple 2

L'ion sulfate SO_4^{2-}, avec $n = -2$. Donc la charge de l'ion est :

$$q = -2\,e = -2 \times 1{,}6 \times 10^{-19}\,\text{C}$$

Pour les ions métalliques, quand il existe plusieurs charges possibles, on l'indique entre parenthèses avec des chiffres romains.

Exemple

Ion fer (II), soit Fe^{2+} ou ion fer (III) soit Fe^{3+}.

Tableau 1.1 Quelques ions courants.

	Formule	Nom
Anions	Br^-	Bromure
	Cl^-	Chlorure
	F^-	Fluorure
	HCO_3^-	Hydrogenocarbonate
	CO_3^{2-}	Carbonate
Cations	Na^+	Sodium
	Pb^{2+}	Plomb
	Ag^+	Argent
	Mg^{2+}	Magnésium
	Cu^+	Cuivreux
	Cu^{2+}	Cuivrique
	Fe^{2+}	Ferreux
	Fe^{3+}	Ferrique
	Ca^{2+}	Calcium

1.2 Les composés ioniques

Ce sont des assemblages d'anions et de cations de telle sorte que l'ensemble soit neutre électriquement.

La formule est une formule statistique, c'est-à-dire qu'elle indique la relation de proportionnalité existant entre les quantités d'anions et de cations. Prenons par exemple le chlorure de calcium qui contient donc des anions Cl^- et des cations Ca^{2+}.

L'électroneutralité est respectée si la charge d'un Ca^{2+} est compensée par la charge de deux Cl^-, ce qui correspond à la **formule statistique** $CaCl_2$. Remarquons que dans le nom du composé ionique (chlorure de calcium), on donne le nom de l'anion avant celui du cation, alors que c'est le contraire pour la formule statistique.

En solution aqueuse, les composés ioniques se dissocient, et les ions séparés se retrouvent hydratés, c'est-à-dire qu'ils se retrouvent entourés de molécules d'eau, orientées différemment selon qu'il s'agisse de l'anion ou du cation.

Ainsi l'équation de dissolution de $CaCl_2$ s'écrit :

$$CaCl_2 \xrightarrow{H_2O} Ca^{2+} + Cl^-$$

1.3 Les molécules

Ce sont des assemblages d'atomes liés entre eux de telle sorte que l'ensemble soit neutre électriquement.

La formule d'une molécule représente une entité individuelle, ce n'est donc pas une formule statistique. Ainsi, la formule CH_3CO_2H représente un édifice à part entière, composé de 2 atomes de carbone C, de 4 atomes d'hydrogène H et de 2 atomes d'oxygène O.

1.4 Les métaux

Les métaux sont constitués d'atomes identiques liés entre eux grâce à une délocalisation des électrons, qui n'appartiennent donc pas à un atome en particulier, mais qui sont répartis sur l'ensemble de la matière. L'ensemble est neutre électriquement; la formule des métaux est une formule statistique, identique à celle de l'atome constitutif.

Exemple

Fe ou Cu pour le fer ou le cuivre.

2. Quantité de matière

Pour les chimistes, les quantités de matière s'expriment en moles (mol). Une mole représente autant d'entités élémentaires (atomes, ions, molécules…) qu'il y en a dans 12 g de carbone 12 (^{12}C); comme il y a $6{,}02 \times 10^{23}$ atomes dans ces 12 g de référence, on définit le nombre d'Avogadro par :

$$N_A = 6{,}02 \times 10^{23}\ \text{mol}^{-1}$$

Ainsi dans une mole, il y a N_A objets et dans 2 moles, il y a 2 N_A objets, etc.

3. Concentrations molaire et massique

Une **solution** est constituée d'un **solvant** (constituant majoritaire) dans lequel on a dissous au moins un **soluté** (constituant minoritaire). Dans les solutions aqueuses, le solvant est l'eau.

On appelle **concentration molaire** d'une espèce donnée A, en solution, le nombre de moles de A rapporté au volume de la solution soit :

$$C_A = \frac{n_A}{V_{\text{solution}}}$$

Dans le Système International (SI) la concentration molaire s'exprime en $\text{mol} \cdot \text{m}^{-3}$, avec V_{solution} en m^3, mais on utilise, de manière usuelle C_A en $\text{mol} \cdot \text{L}^{-1}$ avec V_{solution} en L.

De manière similaire, on définit la **concentration massique** par :

$$C_m = \frac{m_A}{V_{\text{solution}}}$$

avec m_A, masse de l'espèce de considérée en kg, et V_{solution} en m^3, soit C_m en $\text{kg} \cdot m^{-3}$. De manière usuelle, on exprime C_m en $\text{g} \cdot \text{L}^{-1}$.

4. Dilution

On dilue y fois une solution aqueuse de volume V, si on multiplie ce volume par y, uniquement par ajout d'eau distillée. On ne modifie donc pas les quantités de matière des solutés, puisqu'on augmente uniquement la quantité de solvant. Pour un soluté donné, on peut donc écrire que les quantités de matière initiale (avant dilution) et finale (après dilution) sont égales, soit :

$$n_i = n_f$$

$$\Rightarrow C_i \cdot V_i = C_f \cdot V_f$$

or : $V_f = yV_i$

d'où : $C_i \cdot V_i = C_f\,(yV_i)$

donc : $$C_f = \frac{C_i}{y}$$

À noter

On voit que diluer y fois la solution revient à diviser la concentration molaire du soluté par y.

Remarques

1. On peut aussi écrire que les masses initiale et finale de soluté sont égales, ce qui conduit à la même conclusion pour les concentrations massiques.

2. Pour un volume donné de solution $V_{solution}$, on peut dissoudre au plus une masse m_{max} de soluté : la solution est dite *saturée*. On définit alors la *solubilité* comme étant la concentration massique maximale de soluté, soit :

$s = \dfrac{m_{max}}{V_{solution}}$, avec m_{max} en kg et $V_{solution}$ en m^3, soit s en $kg \cdot m^{-3}$ dans le SI, mais, de manière usuelle, on exprime plutôt la solubilité en $g \cdot L^{-1}$.

5. Équation-bilan

On parle de **transformation** ou de **réaction chimique**, quand il disparaît une ou plusieurs espèces chimiques, dites réactives, et que, simultanément, il apparaît une ou plusieurs espèces initialement absentes du milieu réactionnel. Les composés synthétisés sont les produits de la réaction. On traduit celle-ci par une équation dans laquelle on indique les réactifs à gauche et les produits à droite.

Selon la nature de la réaction, on indique une transformation totale (voir chapitre 5) par une simple flèche, et une réaction équilibrée, par une double flèche ou le signe égal.

On peut préciser l'état physique des composés chimiques avec les notations :

> (g) pour gazeux, (l) pour liquide,
> (*s*) pour solide ou (aq) pour les espèces dissoutes.

Exemple

$$CH_3COOH_{(aq)} + H_2O = CH_3COO^-_{(aq)} + H_3O^+_{(aq)}$$

On peut aussi indiquer les conditions expérimentales de la réaction, telles que la température, la pression, la présence d'un catalyseur, etc.

Exemple

$$CH_3CH_2OH \xrightarrow{700\ K,\ Al_2O_3} C_2H_4 + H_2O$$

La réaction est catalysée (sa vitesse augmente) en présence de l'alumine Al_2O_3.

Toute équation bilan doit satisfaire à la loi de conservation de la matière de Lavoisier : « Rien ne se perd, rien ne se crée, tout se transforme. »

Donc, au cours d'une réaction chimique, les atomes et les charges électriques se conservent. On doit donc équilibrer les équations chimiques en ajustant les coefficients devant les formules des réactifs et des produits.

Exemple 1

$CH_3COOH + 2\,H_2O$	=	$CH_3COO^- + H_3O^+$
2 C, 8 H, 4 O		2 C, 6 H, 3 O
Charge globale nulle		Charge globale nulle

On voit que la réaction n'est pas équilibrée.

Exemple 2

$2\,C_4H_{10} + 13\,O_2$	=	$8\,CO_2 + 10\,H_2O$
8 C,20 H,26 O		8 C,20 H,26 O
Charge globale nulle		Charge globale nulle

On voit que la réaction est bien équilibrée.

Quand l'équation est correctement équilibrée, elle indique les relations de proportionnalité entre les quantités de matière (en mol) des réactifs et des produits. Ainsi dans l'exemple 2 qui précède, il faut initialement 2 mol de C_4H_{10} pour réagir avec 13 mol de O_2, ce qui produit finalement 8 mol de CO_2 et 10 mol de H_2O.

On peut donc écrire :

$$\frac{n_i(C_4H_{10})}{2} = \frac{n_i(O_2)}{13} = \frac{n_f(CO_2)}{8} = \frac{n_f(H_2O)}{10}$$

Pour la réaction générale du type :

$$a\,A + b\,B = c\,C + d\,D$$

on écrit donc :

$$\frac{n_i(A)}{a} = \frac{n_i(B)}{b} = \frac{n_f(C)}{c} = \frac{n_f(D)}{d}$$

Attention

Ces relations de proportionnalité existent uniquement entre les quantités de matière, pas entre les masses !

6. Réaction de combustion

La réaction de **combustion complète** d'un composé organique $C_xH_yO_z$ se produit en présence d'un comburant : le dioxygène O_2 (presque toujours !). Les produits de la réaction sont le dioxyde de carbone CO_2 et l'eau H_2O.

Quand le comburant est en quantité insuffisante, la réaction de combustion est alors **incomplète** : les produits sont alors, le monoxyde de carbone CO ou le carbone C.

7. Température

La **température** est une mesure de l'agitation microscopique de la matière, ce qui explique qu'elle puisse rester constante au cours du changement d'état d'un corps pur liquide que l'on vaporise : les particules ont reçu de l'énergie thermique et ont pu ainsi atteindre leur état d'agitation maximale. Le thermomètre indique alors la température constante de vaporisation (pour une pression donnée). La chaleur que l'on continue d'apporter au milieu permet aux molécules de passer à l'état gazeux.

Précisons les échelles usuelles de température. L'échelle Celsius est établie à partir des caractéristiques de l'eau, et on parle de degrés Celsius (°C). Elle est reliée à l'échelle absolue, dans laquelle les températures s'expriment en Kelvins (K), par :

$$T\,(\mathrm{K}) = t\,(^\circ\mathrm{C}) + 273{,}15$$

8. Les gaz

Ils satisfont à la loi d'Avogadro Ampère : « À température et à pression données, des volumes égaux de gaz (ou mélange de gaz) contiennent le même nombre de moles. »
Ainsi, par exemple, à $P = 1\,013$ hPa et à $t = 20$ °C, un volume de 24 L contient une mole de gaz, quelle que soit la nature du gaz. Ce volume est donc appelé *volume molaire* et on le note V_m.
Dans les **CNTP** (conditions normales de température et de pression), c'est-à-dire à $P = 1\,013$ hPa et à $t = 0$ °C, on a $V_m = 22{,}4\ \mathrm{L \cdot mol^{-1}}$.
De même, le comportement des gaz est bien décrit (dans le cadre de ce programme) par l'équation d'état des gaz parfaits :

$$P\,V = n\,R\,T$$

Avec :
R : constante de proportionnalité des gaz parfaits égale à $8{,}31\ \mathrm{Pa \cdot m^3 \cdot mol^{-1} \cdot K^{-1}}$.
P : pression du gaz considéré en Pascal (Pa).
V : volume du gaz considéré en $\mathrm{m^3}$.
T : température absolue en Kelvins (K).
n : quantité de matière en mol.

Si le milieu étudié contient un mélange de gaz, il est utile de définir les pressions exercées par chaque gaz individuellement : on parle alors de *pressions partielles*. Supposons un mélange de deux gaz A et B, dont les pressions partielles sont notées respectivement P_a et P_b. Ces pressions s'expriment, à partir de l'équation d'état des gaz parfaits :

$$P_a = \frac{n_a R T}{V_{tot}} \quad \text{et} \quad P_b = \frac{n_b R T}{V_{tot}}$$

Bien sûr, la somme des pressions partielles doit être égale à la pression totale du milieu :

$$P_a + P_b = \frac{n_a RT}{V_{tot}} + \frac{n_b RT}{V_{tot}}$$

$$\Rightarrow P_a + P_b = \frac{(n_a + n_b)RT}{V_{tot}}$$

$$\Rightarrow P_a + P_b = \frac{(n_{tot})RT}{V_{tot}}$$

$$\Rightarrow P_a + P_b = P_{tot}$$

On montre aussi que les pressions partielles peuvent s'exprimer, en fonction de la pression totale du milieu :

$$P_a = \frac{n_a RT}{V_{tot}}$$

$$\Rightarrow P_a = \frac{n_a (n_{tot})RT}{(n_{tot})V_{tot}}$$

$$\Rightarrow P_a = \frac{n_a}{n_{tot}} \times \frac{(n_{tot})RT}{V_{tot}}$$

$$\Rightarrow P_a = \frac{n_a}{n_{tot}} \times P_{tot}$$

Le rapport $\frac{n_a}{n_{tot}}$ est appelé **fraction molaire** relative au gaz A.

Synthèse

Je sais définir
- Ions
- Composés ioniques
- Molécules
- Concentration molaire
- Concentation massique

Je connais
- Le nombre d'Avogadro
- L'équation des gaz parfaits

Je sais
- Calculer une dilution.
- Écrire une équation-bilan.
- Passer de l'échelle de température Celsius à l'échelle Kelvin.

QCM et exercices

1 Soit une solution aqueuse de volume $v_1 = 0,40$ L contenant une masse $m_1 = 4,5$ g de nitrate de cuivre (II). Une deuxième solution de volume $v_2 = 0,50$ L contient une masse $m_2 = 5,5$ g de sulfate d'aluminium.

On obtient une troisième solution en mélangeant $v'_1 = 60$ mL de la solution 1 avec $v'_2 = 120$ cm^3 de la solution 2.

Calculer les concentrations molaires et massiques des espèces chimiques dissoutes dans les solutions 1, 2 et 3.

Données : M (Cu) $= 63,5 \text{ g} \cdot \text{mol}^{-1}$; M (Al) $= 27 \text{ g} \cdot \text{mol}^{-1}$; M (O) $= 16 \text{ g} \cdot \text{mol}^{-1}$; M (S) $= 32 \text{ g} \cdot \text{mol}^{-1}$; M (N) $= 14 \text{ g} \cdot \text{mol}^{-1}$

❐ **a.** $C_1(Cu^{2+}) = 0,06 \text{ mol.L}^{-1} = 3,81 \text{ g.L}^{-1}$.
❐ **b.** $C_1(NO_3^-) = 0,012 \text{ mol.L}^{-1} = 14,12 \text{ g.L}^{-1}$.
❐ **c.** $C_2(Al^{3+}) = 0,052 \text{ mol.L}^{-1}$; $C_2(SO_4^{2-}) = 0,075 \text{ mol.L}^{-1} = 7,22 \text{ g.L}^{-1}$.
❐ **d.** $C_3(NO_3^-) = 0,012 \text{ mol.L}^{-1} = 3,5 \text{ g.L}^{-1}$; $C_3(Al^{3+}) = 0,012 \text{ mol.L}^{-1}$.
❐ **e.** Aucune réponse exacte.

2 La combustion complète de 645 mg d'un alcane, de formule générale C_yH_{2y+2}, dégage 1 080 mL de dioxyde de carbone.

En déduire la formule de l'alcane, sachant que dans les conditions de l'expérience, le volume molaire est $V_m = 24 \text{ L} \cdot \text{mol}^{-1}$.

Données : M (C) $= 12 \text{ g} \cdot \text{mol}^{-1}$; M (H) $= 1 \text{ g} \cdot \text{mol}^{-1}$

❐ **a.** C_4H_8.
❐ **b.** C_9H_{18}.
❐ **c.** C_6H_{14}.
❐ **d.** C_3H_6.
❐ **e.** Aucune réponse exacte.

3 On réalise la combustion complète d'un mélange gazeux contenant 30 mL d'alcane (formule générale C_yH_{2y+2}) et 300 mL de dioxygène.

Après réaction et refroidissement, il reste 210 mL de gaz, dont 150 mL de dioxyde de carbone, et un excès de dioxygène. Déterminer la formule de l'alcane.

❐ **a.** C_5H_{12}.
❐ **b.** $C_{10}H_{20}$.
❐ **c.** $C_{10}H_{22}$.
❐ **d.** C_8H_{20}.
❐ **e.** Aucune réponse exacte.

4 Le moteur d'une automobile brûle 7 L d'octane C_8H_{18}.

Calculer le volume d'air nécessaire à cette combustion complète, ainsi que les masses des produits formés.

Données : M (C) = 12 g · mol^{-1} ; M (H) = 1 g · mol^{-1} ; M (O) = 16 g · mol^{-1} ; $V(O_2)$ = (1/5) V_{air} ; V_m = 24 L · mol^{-1}

Masse volumique : ρ (C_8H_{18}) = 0,8.

❒ **a.** V= 53,5 m^3 ; m = 27,25 kg ; m′ = 17,94 kg.
❒ **b.** V= 73,5 m^3 ; m = 17,25 kg ; m′ = 7,94 kg.
❒ **c.** V= 35 m^3 ; m = 7,5 kg ; m′ = 23 kg.
❒ **d.** V= 51 m^3 ; m = 25 kg ; m′ = 9,4 kg.
❒ **e.** Aucune réponse exacte.

5 En présence du dioxygène de l'air, le fer rouille : il se transforme en oxyde de fer (III).

Calculer le volume d'air nécessaire à l'oxydation de 45 g de fer, ainsi que la masse de produit formé.

Données : M (Fe) = 56 g · mol^{-1} ; M (O) = 16 g · mol^{-1} ; V_m = 24 L · mol^{-1} ; $V(O_2)$ = 20 % V_{air}

❒ **a.** V = 23 L ; m = 35 g.
❒ **b.** V = 33 L ; m = 58 g.
❒ **c.** V = 55 L ; m = 15 g.
❒ **d.** V = 72 L ; m = 64 g.
❒ **e.** Aucune réponse exacte.

6 Équilibrer les équations suivantes :

$$C_6H_{12}O_6 \rightarrow C_2H_6O + CO_2$$
$$KClO_3 \rightarrow KCl + O_2$$
$$Zn + H_3O^+ \rightarrow Zn^{2+} + H_2 + H_2O$$

7 On assimile les atomes à des sphères de 10^{-10} m de diamètre. En les alignant les uns contre les autres, combien en faut-il pour atteindre une longueur d'un mètre ?

Convertir cette quantité en moles.

Donnée : $N_A = 6{,}02 \times 10^{23}$ mol^{-1}

❒ **a.** $1{,}0.10^{11}$ atomes ; $2{,}3.10^{-15}$ mol.
❒ **b.** $1{,}0.10^{10}$ atomes ; $1{,}66.10^{-14}$ mol.
❒ **c.** $2{,}0.10^{10}$ atomes ; 3.10^{-15} mol.
❒ **d.** $1{,}5.10^{12}$ atomes ; 2.10^{-13} mol.
❒ **e.** Aucune réponse exacte.

8 Calculer le nombre de molécules de gaz contenues dans une éprouvette de 25 cm^3.

Données : $V_m = 24$ L · mol^{-1} ; $N_A = 6{,}02 \times 10^{23}$ mol^{-1}

❐ **a.** $4{,}5.10^{22}$.

❐ **b.** $3{,}5.10^{21}$.

❐ **c.** $2{,}5.10^{22}$.

❐ **d.** $1{,}5.10^{20}$.

❐ **e.** Aucune réponse exacte.

9 Dans certaines conditions, le cuivre réagit avec le chlorate de potassium $KCLO_3$. La réaction produit de l'oxyde de cuivre (II) et du chlorure de potassium.

Données : *M* en g · mol^{-1}

O :	16	K :	39,1
H :	1	Cu :	63,5
K :	1	Cl :	35,5

A. Quelle masse de $KCLO_3$ doit on ajouter à 95,25 g de cuivre pour que les réactifs soient totalement consommés ?

En déduire les masses des produits formés.

❐ **a.** $m_{KClO_3} = 61{,}3$ g ; $m_{CuO} = 119{,}25$ g ; $m_{KCl} = 37{,}3$ g.

❐ **b.** $m_{KClO_3} = 1{,}3$ g ; $m_{CuO} = 11{,}5$ g ; $m_{KCl} = 57{,}35$ g.

❐ **c.** $m_{KClO_3} = 81{,}7$ g ; $m_{CuO} = 200{,}25$ g ; $m_{KCl} = 107{,}3$ g.

❐ **d.** $m_{KClO_3} = 88{,}45$ g ; $m_{CuO} = 123{,}5$ g ; $m_{KCl} = 78{,}3$ g.

❐ **e.** Aucune réponse exacte.

B. Quelle masse de $KCLO_3$ doit on ajouter à 50,8 g de cuivre pour qu'il reste 30 g de chlorate de potassium en excès, à la fin de la réaction ?

En déduire les masses des produits formés.

❐ **a.** $m_{KClO_3} = 91{,}3$ g ; $m_{CuO} = 132$ g ; $m_{KCl} = 7{,}3$ g.

❐ **b.** $m_{KClO_3} = 13$ g ; $m_{CuO} = 41{,}5$ g ; $m_{KCl} = 7{,}5$ g.

❐ **c.** $m_{KClO_3} = 67{,}7$ g ; $m_{CuO} = 120{,}5$ g ; $m_{KCl} = 87{,}3$ g.

❐ **d.** $m_{KClO_3} = 63{,}1$ g ; $m_{CuO} = 63{,}6$ g ; $m_{KCl} = 20{,}1$ g.

❐ **e.** Aucune réponse exacte.

10 On considère une solution mère d'acide sulfurique (H_2SO_4) concentré, de densité $d = 1{,}84$, et de titre massique $t = 0{,}96$ (96 g d'acide pour 100 g de solution).

a. On souhaite préparer, au laboratoire, 1 L de solution, de telle sorte que C (SO_4^{2-}) = 0,5 mol · L^{-1}. Expliquer.

b. On souhaite préparer, au laboratoire, 1 L de solution, de telle sorte que pH = 1,52. Expliquer.

Données : (en g · mol^{-1}). $M_H = 1$; $M_S = 32$; $M_O = 16$

11 Soit une enceinte de volume constant $V = 4{,}00$ L, contenant n moles de dioxygène.

A. La pression du gaz est égale à $1{,}5 \times 10^5$ Pa et la température vaut 37,85 °C. Calculer la quantité de matière, puis le nombre de molécules de dioxygène.

❒ **a.** n = 1,78 mol ; N = $3{,}2.10^{21}$ molécules.

❒ **b.** n = 0,505 mol ; N = $4{,}55.10^{25}$ molécules.

❒ **c.** n = 0,232 mol ; N = $1{,}39.10^{23}$ molécules.

❒ **d.** n = 2,56 mol ; N = $2{,}78.10^{23}$ molécules.

❒ **e.** Aucune réponse exacte.

B. Quel volume serait occupé par ce gaz dans les CNTP ?

❒ **a.** 3,5 L.

❒ **b.** 5,2 L.

❒ **c.** 4,3 L.

❒ **d.** 6,1 L.

❒ **e.** Aucune réponse exacte.

C. Une fuite a permis qu'une partie du dioxygène s'échappe : la pression a été divisée par 3, et la température n'a pas changé. Calculer la quantité de gaz restant.

❒ **a.** 0,445 mol.

❒ **b.** 0,077 mol.

❒ **c.** 0,211 mol.

❒ **d.** 0,855 mol.

❒ **e.** Aucune réponse exacte.

D. Toujours après la fuite, on comprime le gaz, à l'aide d'un piston, de telle sorte que le volume soit divisé par 2 : déterminer la pression finale.

❒ **a.** 1.10^5 Pa.

❒ **b.** 2.10^5 Pa.

❒ **c.** 3.10^5 Pa.

❒ **d.** 4.10^5 Pa.

❒ **e.** Aucune réponse exacte.

12 On réalise la combustion complète de 174 g de butane, dans le dioxygène de l'air ($V_{(O2)} = 0{,}2V_{air}$). Dans les CNTP, est-il vrai que :

❒ **a.** Les coefficients de l'équation bilan sont (2; 13; 8; 10) ?

❒ **b.** La masse de dioxyde de carbone produit est 840 g ?

❒ **c.** Le volume d'air nécessaire est 3,5 m^3 ?

❒ **d.** Le volume de dioxygène consommé vaut 436,8 L ?

13 La densité d'un gaz C_xH_z est $d = 1{,}517$. La composition massique des molécules est 81,8 % de carbone. Est-il vrai que :

❒ **a.** $x = 3$?

❒ **b.** $z/x = 3{,}66$?

❒ **c.** $z = 8$?

❒ **d.** La masse moléculaire du gaz est $M = 46 \text{ g} \cdot \text{mol}^{-1}$?

14 Le dioxyde de germanium GeO_2 peut réagir, avec du dihydrogène gazeux, pour donner du germanium Ge et de l'eau. Le dihydrogène est en excès et la totalité de GeO_2 réagit.
Données : $m(GeO_2) = 250$ kg ; $M(Ge) = 72{,}6$; $M(O) = 16$; $M(H) = 1$ en $g \cdot mol^{-1}$.
Est-il vrai que :
a. La quantité de matière de GeO_2 qui a réagi est 1 956 mol ?
b. La quantité de matière de H_2 qui a réagi est 4 780 mol ?
c. Le volume de H_2 qu'il a fallu utiliser est environ 55 m^3 ?
d. L'avancement maximal de la réaction est 2 390 mol ?
e. Les coefficients stoechiométriques de la réaction sont égaux à 1 ?
f. En fin de réaction, $m(Ge) = 1{,}74 \cdot 10^5$ g ?
g. En fin de réaction, $m(H_2O) = 40$ kg ?
❒ **A** = a. + b. + c.
❒ **B** = c. + b. + e.
❒ **C** = b. + d. + f.
❒ **D** = a. + c. + f.

15 Le trioxyde de soufre SO_3 est un gaz qui réagit, avec l'eau de pluie, pour former de l'acide sulfurique H_2SO_4. Les pluies acides qui en résultent sont polluantes; les normes de pollution imposent, comme seuil limite de la concentration en SO_3, la valeur : 250 µg par m^3 d'air.
Données : $M(S) = 32$, $M(O) = 16$, $M(H) = 1$ en $g \cdot mol^{-1}$.
Est-il vrai que :
a. Les coefficients stœchiométriques de l'équation bilan de la réaction sont tous différents de l'unité.
b. La masse molaire moléculaire de SO_3 est inférieure à celle de H_2SO_4.
c. Sur un boulevard, où l'on détecte 0,8 mol de SO_3 par m^3 d'air, on peut considérer qu'il y a pollution.
d. Dans une rue, où l'on détecte $1{,}5 \cdot 10^{-6}$ mol de SO_3 par litre d'air, on peut considérer qu'il y a pollution.
e. Dans une impasse, où l'on détecte $0{,}5 \cdot 10^{-7}$ mol de SO_3 par millilitre d'air, on peut considérer qu'il y a pollution.
❒ **A** = a. + b. + c.
❒ **B** = b. + d. + e.
❒ **C** = a. + d. + e.
❒ **D** = b. + c. + d.

16 On considère un récipient contenant 2,5 L de dihydrogène gazeux ; dans les conditions de température et de pression du stockage le volume molaire est $V_m = 24$ $L.mol^{-1}$.
Données : $M_H = 1{,}0$ $g.mol^{-1}$.
On peut affirmer que la masse volumique du dihydrogène dans ce récipient est :
❒ **a.** $\rho = 3{,}66.10^{-5}$ $kg.L^{-1}$
❒ **b.** $\rho = 0{,}0417$ $g.L^{-1}$
❒ **c.** $\rho = 5{,}77.10^{-5}$ $kg.L^{-1}$
❒ **d.** $\rho = 0{,}0850$ $g.L^{-1}$
❒ **e.** $\rho = 1{,}89.10^{-5}$ $kg.L^{-1}$
❒ **f.** $\rho = 0{,}0930$ $g.L^{-1}$

17 On effectue le mélange de 5,4 g de butane gazeux avec du dioxygène gazeux en excès. On réalise la combustion complète du mélange et on obtient du dioxyde de carbone et de l'eau.

Données : $M_H = 1{,}0$ g.moL^{-1}. $M_C = 12$ g.moL^{-1}. $M_O = 16$ g.moL^{-1}.$V_m = 25$ L.mol^{-1}.

On peut affirmer que les masses des produits de la réaction sont :

❒ **a.** $m(H_2O) = 8{,}0\ 10^{-2}$ kg

❒ **b.** $m(CO_2) = 0{,}065$ kg

❒ **c.** $m(H_2O) = 8{,}4$ g

❒ **d.** $m(CO_2) = 8{,}5$ g

❒ **e.** $m(H_2O) = 1{,}89.10^{-2}$ kg

❒ **f.** $m(CO_2) = 6{,}70.10^{-2}$ kg

Corrigés

1 Bonne(s) réponse(s) : a., b.

Dans la solution 1, on a dissous du nitrate de cuivre (II) dont l'équation de dissolution est :

$$Cu(NO_3)_2 \xrightarrow{H_2O} Cu^{2+}_{(aq)} + 2NO^-_{3(aq)}$$

D'après l'équation bilan : . $n_{Cu(NO_3)_2} = \dfrac{n_{NO_3^-}}{2}$

Or :

$$n_{Cu(NO_3)_2} = \frac{m_1}{M_{Cu(NO_3)_2}} = \frac{m_1}{M_{Cu} + 2M_N + 6M_O}$$

soit :

$$n_{Cu(NO_3)_2} = \frac{4{,}5}{63{,}5 + 2 \times 14 + 6 \times 16} = \frac{4{,}5}{187{,}5} = 2{,}4 \times 10^{-2} \text{ mol}$$

d'où :

$$n_{Cu^{2+}} = 2{,}4 \times 10^{-2} \text{ mol}$$

et :

$$n_{NO_3^-} = 2 \times 2{,}4 \times 10^{-2} = 4{,}8 \times 10^{-2} \text{ mol}$$

donc :

$$[Cu^{2+}]_1 = \frac{n_{Cu^{2+}}}{v_1} = \frac{2{,}4 \cdot 10^{-2}}{0{,}40} = 6 \times 10^{-2} \text{ mol} \cdot \text{L}^{-1}$$

et :

$$[NO_3^-]_1 = \frac{n_{NO_3^-}}{v_1} = \frac{0{,}048}{0{,}40} = 1{,}2 \times 10^{-1} \text{ mol} \cdot \text{L}^{-1}$$

Dans la solution 2, on a dissous du sulfate d'aluminium, donc l'équation de dissolution s'écrit :

$$Al_2(SO_4)_3 \xrightarrow{H_2O} 2Al^{3+}_{(aq)} + 3SO^{2-}_{4(aq)}$$

Les relations de proportionnalité sont donc :

$$n_{Al_2(SO_4)_3} = \frac{n_{Al^{3+}}}{2} = \frac{n_{SO_4^{2-}}}{3}$$

Or :

$$n_{Al_2(SO_4)_3} = \frac{m_2}{M_{Al_2}(SO_4)_3} = \frac{m_2}{2M_{Al} + 3M_S + 12M_O}$$

$$n_{Al_2(SO_4)_3} = \frac{5{,}5}{2 \times 27 + 3 \times 32 + 12 \times 16} \approx 1{,}6 \times 10^{-2} \text{ mol}$$

Donc :

$$n_{Al^{3+}} = 2 \times 1{,}6 \times 10^{-2} = 3{,}2 \times 10^{-2} \text{ mol}$$

Et :

$$n_{SO_4^{2-}} = 3 \times 1{,}6 \times 10^{-2} = 4{,}8 \times 10^{-2}\ \text{mol}$$

Donc :

$$[Al^{3+}]_2 = \frac{n_{Al^{3+}}}{v_2} = \frac{3{,}2 \cdot 10^{-2}}{0{,}50} = 6{,}4 \times 10^{-2}\ \text{mol} \cdot \text{L}^{-1}$$

Et :

$$[SO_4^{2-}] = \frac{n_{SO_4^{2-}}}{v_2} = \frac{4{,}8 \cdot 10^{-2}}{0{,}50} = 9{,}6 \times 10^{-2}\ \text{mol} \cdot \text{L}^{-1}$$

Dans la solution 3, on a donc :

$$[Cu^{2+}]_3 = \frac{n'_{Cu^{2+}}}{v_{tot}} = \frac{[Cu^{2+}]_1 v'_1}{v'_1 + v'_2}$$

$$= \frac{6 \cdot 10^{-2} \times 60 \cdot 10^{-3}}{(60 + 120) \cdot 10^{-3}} = 2 \times 10^{-2}\ \text{mol} \cdot \text{L}^{-1}$$

et :

$$[NO_3^-]_3 = \frac{n'_{NO_3^-}}{v_{tot}} = \frac{[NO_3^-]_1 v'_1}{v'_1 + v'_2}$$

$$= \frac{1{,}2 \cdot 10^{-1} \times 60 \cdot 10^{-3}}{(60 + 120) \cdot 10^{-3}} = 4 \times 10^{-2}\ \text{mol} \cdot \text{L}^{-1}$$

De même :

$$[Al^{3+}]_3 = \frac{n'_{Al^{3+}}}{v_{tot}} = \frac{[Al^{3+}]_2 v'_2}{v'_1 + v'_2} = \frac{6{,}4 \cdot 10^{-2} \times 120 \cdot 10^{-3}}{(60 + 120) \cdot 10^{-3}}$$

$$\Rightarrow [Al^{3+}]_3 \approx 4{,}3 \times 10^{-2}\ \text{mol} \cdot \text{L}^{-1}$$

Et :

$$[SO_4^{2-}]_3 = \frac{n_{SO_4^{2-}}}{v_{tot}} = \frac{[SO_4^{2-}]_2 v'_2}{v'_1 + v'_2} = \frac{9{,}6 \cdot 10^{-2} \times 120 \cdot 10^{-3}}{(60 + 120) \cdot 10^{-3}}$$

$$\Rightarrow [SO_4^{2-}]_3 = 6{,}4 \times 10^{-2}\ \text{mol} \cdot \text{L}^{-1}$$

Les concentration molaire C et massique C_m s'expriment par :

$$C = \frac{n}{v} = \frac{m}{M \cdot V} = \frac{C_m}{M}$$

donc :

$$C_m = C \times M$$

d'où :

$C_{m1}\ (Cu^{2+}) = [Cu^{2+}]_1 \times M_{Cu} = 6 \cdot 10^{-2} \times 63{,}5 = 3{,}81\ \text{g} \cdot \text{L}^{-1}$
$C_{m1}\ (NO_3^-) = [NO_3^-]_1 \times [M_N + 3M_O] = 1{,}2 \cdot 10^{-1} \times (14 + 3 \times 16) = 14{,}12\ \text{g} \cdot \text{L}^{-1}$
$C_{m2}\ (Al^{3+}) = [Al^{3+}]_2 \times M_{Al} = 6{,}4 \cdot 10^{-2} \times 27 \approx 1{,}73\ \text{g} \cdot \text{L}^{-1}$
$C_{m2}\ (SO_4^{2-}) = [SO_4^{2-}]_2 \times (M_S + 4M_O) = 9{,}6 \cdot 10^{-2} \times (32 + 4 \times 16) \approx 9{,}22\ \text{g} \cdot \text{L}^{-1}$

$$C_{m3}\,(Cu^{2+}) = [Cu^{2+}]_3 \times M_{Cu} = 2 \cdot 10^{-2} \times 63{,}5 = 1{,}27\ g \cdot L^{-1}$$
$$C_{m3}\,(NO_3^-) = [NO_3^-]_3 \times (M_N + 3M_O) = 4 \cdot 10^{-2} \times (14 + 3 \times 16) \approx 2{,}48\ g \cdot L^{-1}$$
$$C_{m3}\,(Al^{3+}) = [Al^{3+}]_3 \times M_{Al} \approx 4{,}3 \cdot 10^{-2} \times 27 = 1{,}16\ g \cdot L^{-1}$$
$$C_{m3}\,(SO_4^{2-}) = [SO_4^{2-}] \times (M_S + 4M_O) = 6{,}4 \cdot 10^{-2} \times (32 + 4 \times 16) \approx 6{,}14\ g \cdot L^{-1}$$

Remarque

On considère que la masse molaire d'un ion monoatomique est égale à celle de l'atome, puisque la masse des électrons est négligeable devant celle du noyau.

2 Bonne(s) réponse(s) : c.

L'équation de combustion s'écrit :

$$C_yH_{2y+2} + \left(\frac{3y+1}{2}\right)O_2 \rightarrow yCO_2 + (y+1)H_2O$$

La quantité de dioxyde de carbone formé est :

$$n_{CO_2} = \frac{V_{CO_2}}{V_m} = \frac{1{,}080}{24} = 4{,}5 \times 10^{-2}\ \text{mol}$$

La quantité d'alcane A qui a réagi est :

$$n_A = \frac{m_A}{M_A}$$

avec :

$$M_A = 12\,y + 2\,y + 2 = 14\,y + 2$$

Donc :

$$n_A = \frac{0{,}645}{14y+2}$$

or d'après l'équation bilan :

$$\frac{n_{CO_2}}{y} = n_A \Leftrightarrow \frac{4{,}5 \cdot 10^{-2}}{y} = \frac{0{,}645}{14y+2}$$
$$\Rightarrow 0{,}645y = 4{,}5 \cdot 10^{-2}\,(14\,y + 2)$$
$$\Rightarrow 0{,}645y = 0{,}63\,y + 9 \cdot 10^{-2}$$
$$\Rightarrow y = \frac{9 \cdot 10^{-2}}{0{,}645 - 0{,}63} = 6$$

La formule de l'alcane est donc C_6H_{14} et l'équation bilan est :

$$C_6H_{14} + \frac{19}{2}O_2 \rightarrow 6CO_2 + 7H_2O$$

3 Bonne(s) réponse(s) : a.

L'équation bilan de la combustion est :

$$C_yH_{2y+2} + \left(\frac{3y+1}{2}\right)O_2 \rightarrow yCO_2 + (y+1)H_2O$$

Le volume de dioxygène en excès est :

$$V_f(O_2) = 210 - 150 = 60 \text{ mL}$$

Donc le dioxygène qui a réagi est :

$$V(O_2) = V_i(O_2) - V_f(O_2) = 300 - 60 = 240 \text{ mL}$$

On a donc :

$$\frac{V(O_2)}{V_{C_yH_{2y+2}}} = \frac{240}{30} = 8$$

Or d'après la loi d'Avogadro, dans les mêmes conditions de pression et de température, il y a proportionnalité entre les volumes de gaz et les quantités de matière, ce qui s'écrit :

$$\frac{V(O_2)}{V_{C_yH_{2y+2}}} = \frac{n_{O_2}}{n_{C_yH_{2y+2}}} \Rightarrow \frac{n_{O_2}}{n_{C_yH_{2y+2}}} = 8$$

Or d'après l'équation bilan on a :

$$\frac{n_{O_2}}{n_{C_yH_{2y+2}}} = \frac{3y+1}{2}$$

Soit, par identification :

$$\frac{3y+1}{2} = 8 \Rightarrow y = 5$$

La formule de l'alcane est donc :

$$C_5H_{12}$$

4 Bonne(s) réponse(s) : b.

On a l'équation bilan de la combustion :

$$C_8H_{18} + \frac{25}{2}O_2 \rightarrow 8CO_2 + 9H_2O$$

Soit :

$$2\,C_8H_{18} + 25\,O_2 \rightarrow 16\,CO_2 + 18\,H_2O$$

La masse d'octane qui réagit est :

$$m = \rho V = 0{,}8 \times 7\,000 = 5\,600 \text{ g} = 5{,}6 \text{ kg}$$

On a donc :

$$n_{C_8H_{18}} = \frac{m}{M} = \frac{5{,}6 \cdot 10^3}{8 \times 12 + 18} \approx 49 \text{ mol}$$

D'après l'équation bilan, la quantité de dioxygène nécessaire à la combustion satisfait à :

$$n_{O_2} = \frac{25}{2} n_{C_8H_{18}} = 12{,}5_{n_{C_8H_{18}}} = 12{,}5 \times 49 = 612{,}5 \text{ mol}$$

On en déduit le volume de dioxygène consommé :

$$V_{O_2} = n_{O_2} \cdot V_m = 612{,}5 \times 24 = 1{,}47 \cdot 10^4 \text{ L} = 14{,}7 \text{ m}^3$$

On a alors :

$$V_{air} = 5V_{O_2} = 5 \times 14{,}7 = 73{,}5 \text{ m}^3$$

D'après l'équation bilan :

$$n_{CO_2} = \frac{16}{2} n_{C_8H_{18}} = 8 \times 49 = 392 \text{ mol}$$

$$n_{H_2O} = \frac{18}{2} n_{C_8H_{18}} = 9 \times 49 = 441 \text{ mol}$$

On calcule donc les masses des produits :

$$m_{CO_2} = n \times M = 392 \times (12 + 2 \times 16) = 17\,298 \text{ g} \approx 17{,}25 \text{ kg}$$

$$m_{H_2O} = n \times M = 441 \times (2 \times 1 + 16) = 7\,938 \text{ g} \approx 7{,}94 \text{ kg}$$

5 **Bonne(s) réponse(s) : d.**

On a l'équation bilan de l'oxydation de fer :

$$2\text{ Fe} + \frac{3}{2}O_2 \rightarrow Fe_2O_3$$

Soit :

$$4Fe + 3O_2 \rightarrow 2Fe_2O_3$$

La quantité de fer ayant réagi est :

$$n_{Fe} = \frac{m}{M} = \frac{45}{56} \approx 0{,}8 \text{ mol}$$

D'après l'équation bilan, la quantité de dioxygène vérifie :

$$\frac{n_{O_2}}{3} = \frac{n_{Fe}}{4}$$

Soit :

$$n_{O_2} = \frac{3}{4} \cdot n_{Fe} = 0{,}75 \times 0{,}8 = 0{,}6 \text{ mol}$$

Le volume de dioxygène est donc :

$$V_{O_2} = n_{O_2} \times V_m$$

Or le volume d'air nécessaire est :

$$V_{air} = \frac{100}{20} V_{O_2} = 5V_{O_2} = 5n_{O_2}V_m = 5 \times 0{,}6 \times 24 = 72 \text{ L}$$

D'après l'équation bilan, la quantité d'oxyde formé est :

$$n_{Fe_2O_3} = \frac{n_{Fe}}{2}$$

On a aussi :

$$m_{Fe_2O_3} = n_{Fe_2O_3} \times M_{Fe_2O_3} = \frac{0{,}8}{2} \times (2 \times 56 + 3 \times 16) = 64 \text{ g}$$

6 On équilibre afin d'avoir le même nombre d'atomes de chaque espèce dans chaque membre de l'équation. Pour ajuster, on peut uniquement ajouter des coefficients devant les formules (si nécessaire).

On ne doit modifier ni les indices ni les exposants (charges).

En général, il est préférable d'ajuster en dernier les coefficients des corps simples (O_2 par exemple).

On obtient :

$$C_6H_{12}O_6 \rightarrow 2C_2H_6O + 2CO_2$$

$$KClO_3 \rightarrow KCl + \frac{3}{2}O_2$$

On peut aussi écrire :

$$2KClO_3 \rightarrow 2KCl + 3O_2$$

Remarque 1

On choisit les coefficients les plus simples donc les plus petits entiers ; il est possible d'utiliser des fractions, mais comme l'équation bilan représente aussi des proportions en terme de molécules (pas uniquement en terme de moles !) certains auteurs prohibent l'utilisation des coefficients fractionnaires (on ne fractionne pas les molécules !).

$$Zn + 2H_3O^+ \rightarrow Zn^{2+} + H_2 + 2H_2O$$

Remarque 2

Dans cette dernière équation, il est bon de vérifier la conservation de la charge, soit 2 charges positives pour les réactifs ou les produits.

7 Bonne(s) réponse(s) : b.

On note y le nombre d'atomes de diamètre d, à aligner sur la longueur l ; on a donc :

$$y = \frac{l}{d} = \frac{1}{10^{-10}} = 10^{10} \text{ atomes}$$

La quantité de matière correspondante est :

$$n = \frac{10^{10}}{6{,}02 \cdot 10^{23}} \approx 1{,}66 \cdot 10^{-14} \text{ mol}$$

8 Bonne(s) réponse(s) : e.

On a la quantité de matière :

$$n = \frac{V_{\text{gaz}}}{V_{\text{m}}} = \frac{25 \cdot 10^{-3}}{24} \approx 1 \cdot 10^{-3} \text{ mol}$$

On a donc :

$$n \times N_{\text{A}} = 1 \cdot 10^{-3} \times 6{,}02 \cdot 10^{23} = 6{,}02 \cdot 10^{20} \text{ molécules}$$

9 A. Bonne(s) réponse(s) : a.

L'équation bilan s'écrit :

$$KClO_3 + 3\ Cu \rightarrow 3\ CuO + KCl$$

Les réactifs sont dans les proportions stœchiométriques, puisqu'ils sont totalement consommés, donc on a :

$$\frac{n_{\text{Cu}}}{3} = n_{\text{KClO}_3}$$

soit $n_{KClO_3} = \dfrac{m_{Cu}}{3M_{Cu}} = n_{KClO_3} = \dfrac{95{,}25}{3 \times 63{,}5} \approx 0{,}5$ mol.

La masse de $KClO_3$ nécessaire à la réaction est donc :

$$m_{KClO_3} = n \times M = 0{,}5 \times (39{,}1 + 35{,}5 + 3 \times 16) = 61{,}3 \text{ g}$$

On a donc formé :

$$n_{CuO} = 3n_{KClO_3} = 3 \times 0{,}5 = 1{,}5 \text{ mol}$$

soit $m_{CuO} = n \times M = 1{,}5 \times (63{,}5 + 16) = 119{,}25$ g.

De même :

$$n_{KCl} = n_{KClO_3} = 0{,}5 \text{ mol}$$

soit $m_{KCl} = n \times M = 0{,}5 \times (39{,}1 + 35{,}5) = 37{,}3$ g.

B. Bonne(s) réponse(s) : d.

Puisqu'il y a un des réactifs en excès, les proportions ne sont plus stœchiométriques. On a initialement :

$$n_{Cu} = \frac{m}{N} = \frac{50{,}8}{63{,}5} = 0{,}8 \text{ mol}$$

La quantité de matière du réactif en excès vaut :

$$n_{KClO_3} = \frac{m}{N} = \frac{30}{(39{,}1 + 35{,}5 + 3 \times 16)} = \frac{30}{122{,}6} \approx 0{,}245 \text{ mol}$$

La quantité de $KClO_3$ ayant réagi vérifie :

$$n'_{KClO_3} = \frac{n_{Cu}}{3} = \frac{0{,}8}{3} = 0{,}27 \text{ mol}$$

La quantité de $KClO_3$ initialement présente est donc :

$$n + n' = 0{,}245 + 0{,}27 = 0{,}515 \text{ mol}$$

La masse de $KClO_3$ initialement présente est donc :

$$m = n \times M = 0{,}515 \times 122{,}6 \approx 63{,}1 \text{ g}$$

Pour les produits, on a donc :

$$n_{CuO} = n_{Cu} \Rightarrow m_{CuO} = n \times M = 0{,}8 \times (63{,}5 + 16) = 63{,}6 \text{ g}$$

De même :

$$n_{KCl} = n_{KClO_3} \Rightarrow m_{KCl} = n \times M = 0{,}27 \times (39{,}1 + 35{,}5) \approx 20{,}1 \text{ g}$$

10 **a.** On a $d = \dfrac{\rho_S}{\rho_{H_2O}}$:

$$\Rightarrow \rho_s = \rho_{H_2O} \times d = 1 \times 1{,}84 = 1{,}84 \text{ kg} \cdot \text{L}^{-1}$$

Il y a donc $m_{H_2SO_4} = t \times \rho_s = 0{,}96 \times 1{,}84 = 1{,}7664$ kg dans un litre de solution.

Cela correspond à une concentration d'acide :

$$C_i = \frac{n}{V} = \frac{m}{MV} = \frac{1{,}7664 \times 1\,000}{98 \times 1} \approx 18 \text{ mol} \cdot \text{L}^{-1}$$

On veut $C_f = 0{,}5$ mol · L^{-1} avec $V_f = 1$ L.

On doit donc diluer, puisque $C_f < C_i$, et on a :

$$C_i \cdot V_i = C_f \cdot V_f$$

$$\Rightarrow V_i = (C_f \cdot V_f)/C_i = (0,5 \times 1)/18 \approx 0,0278 \text{ L} = 27,8 \text{ mL}$$

On prélève donc 27,8 mL de la solution mère, que l'on doit étendre à 1 L avec un volume d'eau $V(H_2O) = 1\,000 - 27,8 = 972,2$ mL.

b. On veut pH = 1,52. La dissolution de l'acide s'écrit :

$$H_2SO_4 + 2H_2O \rightarrow SO_4^{2-} + 2H_3O^+$$

On voit que, d'après l'équation bilan, la concentration en ions hydronium est égale au double de celle de l'acide introduit. De plus :

$$[H_3O^+] = 10^{-pH} = 10^{-1,52} = 3 \times 10^{-2} \text{ mol} \cdot \text{L}^{-1}$$

Donc la concentration en acide est :

$$C\,(H_2SO_4) = (3 \times 10^{-2}) \times (1/2) = 1,5 \times 10^{-2} \text{ mol} \cdot \text{L}^{-1}$$

On doit donc diluer, à partir de la solution mère. On a :

$$C_i \cdot V_i = C_f \cdot V_f$$

$$\Rightarrow V_i = (C_f \cdot V_f)/C_i = (1,5 \times 10^{-2} \times 1)/18 \approx 8,33 \times 10^{-3} \text{ L} = 0,83 \text{ mL}$$

De même, on étend à 1 L avec le complément d'eau distillée.

11 **A. Bonne(s) réponse(s) : c.**

D'après l'équation d'état des gaz parfaits, on peut écrire :

$$PV = nRT$$

$$\Rightarrow n = \frac{PV}{RT}$$

$$\Rightarrow n = \frac{1,5 \cdot 10^5 \times 4 \cdot 10^{-3}}{8,32 \times (37,85 + 273,15)}$$

$$\Rightarrow n = 0,232 \text{ mol}$$

On peut donc calculer le nombre de molécules de dioxygène :

$$N = n \times N_A$$

$$\Rightarrow N = 0,232 \times 6,02 \times 10^{23}$$

$$\Rightarrow N = 1,39 \times 10^{23} \text{ molécules}$$

B. Bonne(s) réponse(s) : b.

On applique toujours la relation des gaz parfaits, mais avec $t = 0$ °C et $P = 1,013 \times 10^5$ Pa :

$$PV = nRT$$

$$\Rightarrow V = \frac{nRT}{P}$$

$$\Rightarrow V = \frac{0,232 \times 8,32 \times 273,15}{1,013 \times 10^5}$$

$$\Rightarrow V = 0,0052 \text{ m}^3$$

$$\Rightarrow V = 5,2 \text{ L}$$

C. Bonne(s) réponse(s) : b.

D'après l'équation d'état des gaz parfaits, comme le volume est resté constant, on a :

$$P/n = RT/V = \text{cte}$$

Donc par proportionnalité, si la pression est divisée par 3, cela signifie que la quantité de matière est aussi divisée par 3. On peut donc écrire :

$$n = 0{,}232/3 = 0{,}077 \text{ mol}$$

D. Bonne(s) réponse(s) : a.

La température est inchangée, et la quantité de matière est toujours égale à 0,077 mol, donc les seules variables sont la pression et le volume. On a donc :

$$PV = nRT$$

$$\Rightarrow PV = \text{cte}$$

$$\Rightarrow P_\text{i} \cdot V_\text{i} = P_\text{f} \cdot V_\text{f}$$

$$\Rightarrow P_\text{f} = (P_\text{i} \cdot V_\text{i})/V_\text{f}$$

$$\Rightarrow P_\text{f} = \left(\frac{\dfrac{1{,}5 \times 10^5}{3} \times 4 \times 10^{-3}}{\dfrac{(4 \times 10^{-3})}{2}}\right)$$

$$\Rightarrow P_\text{f} = 1 \times 10^5 \text{ Pa}$$

12 Bonne(s) réponse(s) : a. et d.

L'équation bilan équilibrée, avec les plus petits entiers, s'écrit :

$$2\ C_4H_{10} + 13\ O_2 = 8\ CO_2 + 10\ H_2O$$

Calculons la quantité de matière du butane :

$$n = m/M = 174/(4 \times 12 + 10) = 3 \text{ mol}$$

Calculons la quantité de matière du dioxyde de carbone :

$$n'' = (8n)/2 = 4n = 12 \text{ mol}$$

La masse de dioxyde de carbone est donc :

$$m'' = n'' \times M = 12 \times (12 + 2 \times 16) = 528 \text{ g}$$

Calculons la quantité de matière du dioxygène :

$$n' = (13n)/2 = 6{,}5n = 19{,}5 \text{ mol}$$

Le volume de dioxygène consommé est donc :

$$V(O_2) = n'V_m = 19{,}5 \times 22{,}4 = 436{,}8 \text{ L}$$

Le volume d'air nécessaire est donc :

$$V_\text{air} = 5V(O_2) = 5 \times 436{,}8 = 2\,184 \text{ L} = 2{,}18 \text{ m}^3$$

13 Bonne(s) réponse(s) : a. et c.

La masse molaire moléculaire du gaz s'écrit M = 29d, soit :

$$M = 29 \times 1{,}517 \approx 44 \text{ g} \cdot \text{mol}^{-1}$$

On a : $\%(C) = (x \times M_C)/M$ donc $x = (44 \times 0{,}818)/12 = 3$.

On déduit alors $z = (44 \times 0{,}182)/1 = 8$.

Le rapport est donc $z/x = 8/3 = 2{,}66$.

14 Bonne(s) réponse(s) : C.

a. On a :

$$n(GeO_2) = m / M \text{ (avec } M = 104{,}6 \text{ g/mol)}$$

$$\Rightarrow n(GeO_2) = 250 \cdot 10^3 / 104{,}6 = 2\,390 \text{ mol}$$

b. Écrivons l'équation bilan :

$$GeO_2 + 2\,H_2 = Ge + 2\,H_2O$$

On en déduit :

$$n(H_2) = 2\,n(GeO_2) = 2\,(2\,390) = 4\,780 \text{ mol}$$

c. Écrivons le volume de dihydrogène :

$$v\,(H_2) = n \times V_m = 4\,780 \times 24 = 114\,720 \text{ L} = 114{,}72 \text{ m}^3$$

d. Écrivons le tableau d'évolution :

	GeO_2	+	$2\,H_2$	=	Ge	+	$2\,H_2O$
t_0	2 390		n_i		0		0
t_{final}	0		$n_i - 2\,x$		x		$2\,x$

L'avancement maximal est tel que $2x = 4\,780$, donc $x = 2\,390$ mol.

e. Les coefficients sont (1;2;1;2).

f. On calcule $m(Ge) = n \times M = 2\,390 \times 72{,}6 = 1{,}74 \cdot 10^5$ g.

g. On calcule $m(H_2O) = n \times M = 4\,780 \times 18 = 8{,}6 \cdot 10^4$ g = 86 kg.

15 Bonne(s) réponse(s) : B.

a. On écrit l'équation bilan, avec les plus petits entiers :

$$SO_3 + H_2O = H_2SO_4$$

b. On calcule :

$$M(SO_3) = M(S) + 3\,M(O) = 32 + 3 \times 16 = 32 + 48 = 80 \text{ g} \cdot \text{mol}^{-1}.$$

$$M(H_2SO_4) = M(S) + 4\,M(O) + 2\,M(H) = 32 + 4 \times 16 + 2 = 98 \text{ g} \cdot \text{mol}^{-1}.$$

c. On a détecté 0,8 μmol dans 1 mètre cube, ce qui correspond à une masse :

$$m = n \times M$$

$$\Rightarrow m = 0{,}8 \cdot 10^{-6} \times 80 = 6{,}4 \cdot 10^{-5} \text{ g.}$$

$$\Rightarrow m = 64 \cdot 10^{-6} \text{ g} = 64 \text{ μg.}$$

La valeur est donc inférieure à 250 μg, donc on ne peut pas considérer qu'il y a pollution.

d. On calcule, d'après la concentration, la masse contenue dans un litre :

$$m = n \times M = 1{,}25 \cdot 10^{-6} \times 80 = 1{,}0 \cdot 10^{-4} \text{ g} \Rightarrow m = 1{,}0 \cdot 10^2 \text{ μg}$$

Dans 1 mètre cube, il y a 1 000 litres, soit une masse :

$$m = 1{,}0 \cdot 10^2 \times 10^3 = 100 \cdot 10^3 \text{ μg}$$

Le boulevard marseillais est donc très pollué.

e. On a $C = 0{,}5 \cdot 10^{-7} \text{ mol} \cdot \text{mL}^{-1}$

$\Rightarrow C = 0{,}5 \cdot 10^{-7} \times 80 = 4 \cdot 10^{-6} \text{ g} \cdot \text{mL}^{-1} \Rightarrow C = 4 \cdot 10^{-6} \times 10^6 = 4 \text{ g} \cdot \text{m}^{-3}$

$\Rightarrow C = 4 \times 10^6 \text{ μg} \cdot \text{m}^{-3}$.

Il y a donc pollution !

16 Bonne(s) réponse(s) : b.

Commentaire : On a $\rho_{gaz} = m/V_{gaz} = (nM)/V_{gaz}$. Or $n = V/V_m$
donc la masse volumique s'écrit : $\rho_{gaz} = [(V/V_m)M]/V$; soit en simplifiant :

$$\rho_{gaz} = M/V_m = 1/24 = 0{,}0417 \text{ g.L}^{-1}.$$

17 Bonne(s) réponse(s) : c. et f.

Commentaire : on a l'équation bilan de la combustion du butane :

$$C_4H_{10} + 6{,}5\ O_2 = 4\ CO_2 + 5\ H_2O$$

Les proportions stœchiométriques donnent :

$$n(H_2O) = 5\,n(C_4H_{10})$$

donc

$$n(H_2O) = \frac{5m(C_4H_{10})}{M(C_4H_{10})}$$

d'où

$$m(H_2O) = \left[\frac{5m(C_4H_{10})}{M(C_4H_{10})}\right] \times M(H_2O)$$

soit

$$m(H_2O) = \left[\frac{5(5{,}4)}{(4 \times 12 + 10)}\right] \times (2 \times 1 + 16) = 8{,}4 \text{ g}.$$

De même, pour le dioxyde de carbone :

$$m(CO_2) = \left[\frac{4m(C_4H_{10})}{M(C_4H_{10})}\right] \times M(H_2O)$$

d'où

$$m(Co_2) = \left[\frac{4(5{,}4)}{(4 \times 12 + 10)}\right] \times (2 \times 1 + 16) = 6{,}7 \text{ g} = 6{,}7 \cdot 10^{-3} \text{ kg}.$$

L'atome

2

Plan

Objectifs

- Connaître les caractéristiques des particules élémentaires
- Comprendre la description quantique de l'atome et la notion d'orbitale
- Savoir déterminer la répartition électronique d'un atome

1. Atomes, particules constitutives

Toute matière est constituée d'**atomes**, eux-mêmes formés d'un noyau et d'un cortège d'électrons.

Ce **noyau** contient des **protons** et des **neutrons**, et représente la quasi-totalité de la masse de l'atome. On retiendra que la masse d'un nucléon (proton ou neutron) est environ 2 000 fois plus grande que celle de l'électron. On représente chaque atome par la notation ${}_{Z}^{A}\mathrm{X}$, où X est le symbole chimique de l'atome, A son nombre de nucléons, appelé nombre de masse, et Z son nombre de protons, appelé numéro atomique.

On note $N = A - Z$ le nombre de neutrons.

La notation ${}_{Z}^{A}\mathrm{X}$ définit un **nucléide**; on appelle **isotopes** les nucléides qui ont le même Z et des A différents.

Exemple

Ainsi ${}_{1}^{1}\mathrm{H}$, ${}_{1}^{2}\mathrm{H}$, ${}_{1}^{3}\mathrm{H}$ sont les isotopes de l'élément hydrogène.

De même ${}_{6}^{12}\mathrm{C}$, ${}_{6}^{13}\mathrm{C}$, ${}_{6}^{14}\mathrm{C}$ sont les isotopes de l'élément carbone.
On parle d'élément pour définir l'ensemble des atomes de même Z.

Tableau 2.1 Particules constitutives de l'atome.

Particule	Masse (kg)	Charge (C)
Électron e^-	$9{,}109 \times 10^{-31}$	$-1{,}602 \times 10^{-19}$
Proton p	$1{,}672 \times 10^{-27}$	$+1{,}602 \times 10^{-19}$
Neutron n	$1{,}674 \times 10^{-27}$	0

À noter

On appelle $e = +1{,}602 \times 10^{-19}$ C, la charge élémentaire.

Attention

Pour les particules élémentaires, le kg n'est pas une unité adaptée : on utilise donc aussi l'unité de masse atomique telle que 1 $u = 1{,}660 \times 10^{-27}$ kg.

1.1 L'atome en mécanique quantique

En mécanique classique, à partir de la deuxième loi de Newton, on peut déterminer la vitesse et la position des objets, en tenant compte des conditions initiales.

En physique quantique, par contre, il est impossible de connaître simultanément, avec précision, la vitesse et la position d'une particule, à un instant t donné.

Le **principe d'incertitude d'Heisenberg** nous indique la relation entre l'incertitude sur la quantité de mouvement mv et celle sur la position x :

$\Delta x \cdot \Delta mv \geq h/(2\text{p})$ avec h constante de Planck, égale à $6{,}63 \times 10^{-34}$ J · s.

En physique quantique, on substitue à la localisation précise du système la notion statistique de présence. Il s'agit alors de résoudre l'équation différentielle de Schrödinger (moyennant certaines approximations pour les atomes polyélectroniques) :

$H\psi = E\psi$ dans laquelle H est l'opérateur Hamiltonien et E l'énergie du système.

Les **fonctions d'ondes** ψ, qui sont solutions de cette équation, sont liées à la probabilité de présence de l'électron. Elles permettent donc de déterminer le domaine de l'espace dans lequel la particule a, par exemple, 99 % de chance de se trouver.

Les fonctions ψ sont aussi appelées **orbitales atomiques (OA)**.

Pour décrire l'électron, trois nombres quantiques n, l et m_l sont introduits comme paramètres lors de la recherche des fonctions d'onde que l'on peut alors noter ψ_{n, l, m_l} :

- n : nombre quantique principal (entier strictement positif); il est lié aux valeurs possibles de l'énergie qui est discontinue, c'est-à-dire quantifiée. L'énergie prend des valeurs discrètes et on parle de **niveaux d'énergie** correspondants aux différentes valeurs de n. Chaque valeur de n définit une *couche* électronique d'autant plus volumineuse que n est grand. Il y a 2 n^2 électrons par couche.

- l : nombre quantique orbital ou secondaire tel que $0 \leq l \leq n - 1$. Il détermine la géométrie de l'espace où l'électron se déplace. Chaque valeur de l définit une **sous-couche**. Il y a n sous couches.
- m_l : nombre quantique magnétique tel que $-l \leq m_l \leq l$. Chaque valeur de m_l définit une **case quantique**. Il y a donc $(2\,l + 1)$ cases quantiques.
- Chaque orbitale décrivant deux électrons, on est amené à introduire un quatrième nombre quantique pour les différencier.
- s : nombre quantique de **spin** (d'après to spin : tournoyer) qui est lié au deux rotations possibles pour l'électron et qui a deux valeurs possibles $\pm\frac{1}{2}$.

Tableau 2.2 Nombres quantiques.

n	l	m	$\psi_{n,l,m}$
1	0	0	$\psi_{1,0,0}$
2	0	0	$\psi_{2,0,0}$
	1	– 1	$\psi_{2,1,-1}$
		0	$\psi_{2,1,0}$
		+ 1	$\psi_{2,1,1}$

Quand $l = 0$, on dit que la fonction ψ décrit un électron dans l'état s et on parle d'**orbitales** 1s, 2s… en fonction de la valeur de n.

De même si l = 1, 2 ou 3 on parle respectivement d'orbitales p, d ou f.

Ainsi $\psi_{2,1,1}$ correspond $2p_1$, et $\psi_{3,2,-2}$ correspond à $3d_{-2}$.

Chaque type d'orbitale correspond à une géométrie dans l'espace, déterminée par cette probabilité de présence (99 %) de l'électron.

Exemple

Les orbitales s ont une forme sphérique, et les orbitales p sont en forme de poires (*figure 2.1*).

On voit que cette orbitale présente une symétrie sphérique; la sphère est centrée sur le noyau : elle représente la région de l'espace où il y a 99 % de chances de rencontrer l'électron (*figure 2.2*).

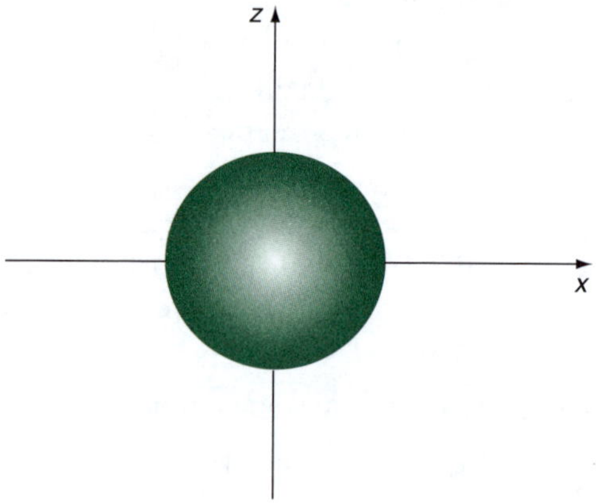

Figure 2.1 Schéma d'une orbitale 1*s*.

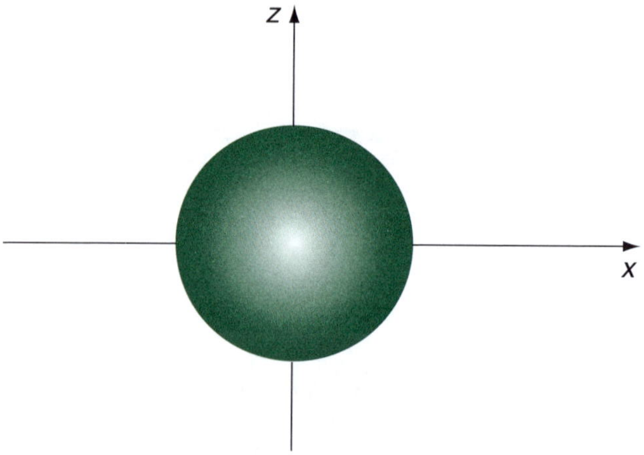

Figure 2.2 Schéma d'une orbitale 2*s*.

On remarque qu'il s'agit bien sûr d'une sphère, comme pour l'orbitale 1*s*, mais que le rayon est bien plus grand.

Contrairement aux orbitales de type *s*, pour les orbitales de type *p* on voit que la probabilité de présence de l'électron ne dépend plus seulement de la distance au noyau, mais aussi de la direction dans l'espace.

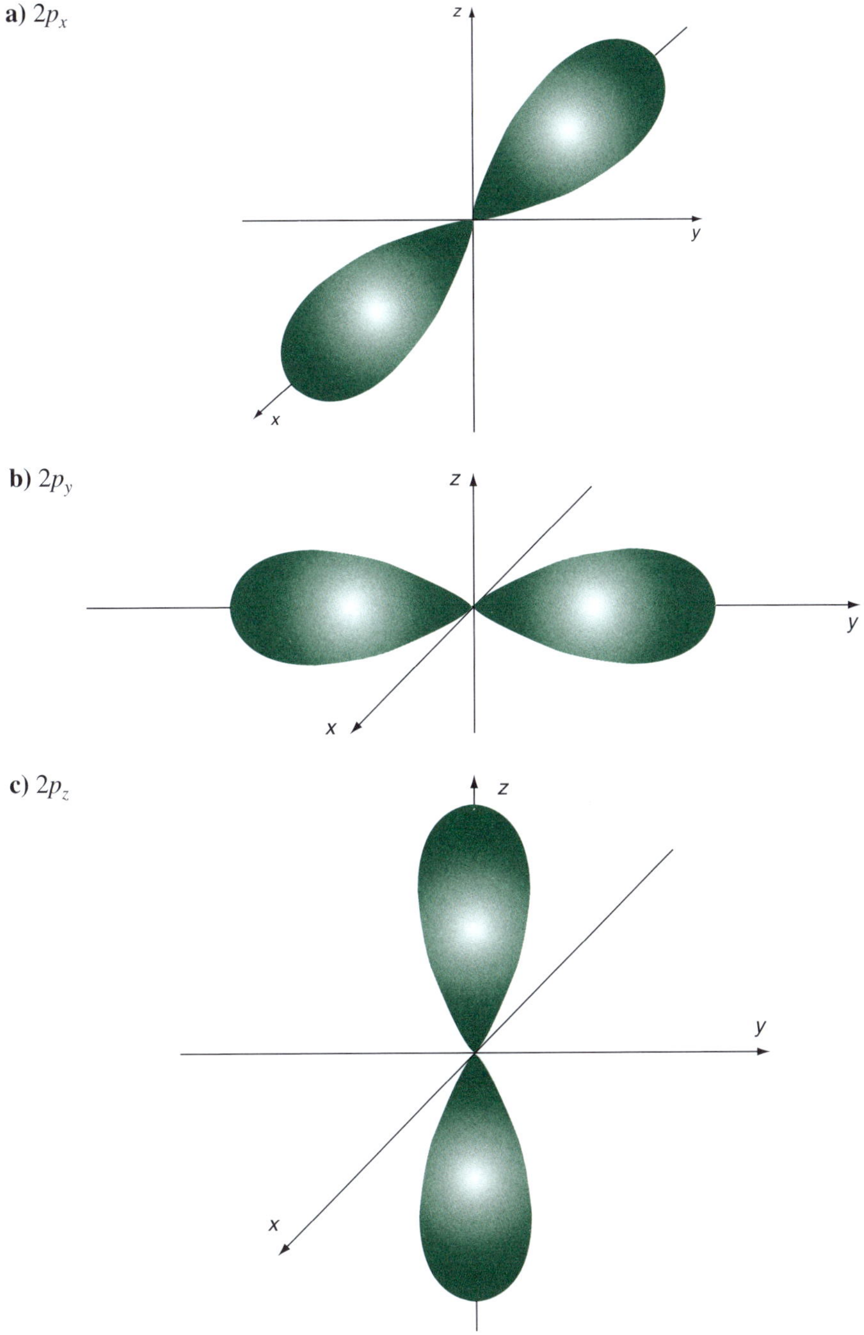

Figure 2.3 Schémas des orbitales $2p$.

On voit qu'au niveau du noyau, il existe un plan pour lequel la probabilité de présence de l'électron est nulle : on parle de **plan nodal**. On note les orbitales 2*p* en fonction de la direction de l'espace correspondant à l'orientation des « lobes ».

À noter

Au lieu de parler de niveaux d'énergie $n = 1, 2, 3, 4...$ on parle aussi de couches K, L, M, N, O... (*cf.* secondaire).

Exemple

Couche 1 ou K	Couche 2 ou L	Couche 3 ou M
$1s^2$	$2s^2\,2p^6$	$3s^2\,3p^6\,3d^{10}$
$(K)^2$	$(L)^8$	$(M)^{18}$

En réalité, la couche N commence à se remplir quand il y a 8 e^- sur la couche M ; on a, par exemple, pour le calcium *C*a :

$$1s^2\,2s^2\,2p^6\,3s^2\,3p^6 4s^2 \text{ ou } (K)^2\,(L)^8(M)^8(N)^2$$

Dans les atomes polyélectroniques, contrairement aux systèmes monoélectroniques, l'énergie des orbitales atomiques (OA) dépend à la fois de n et l. Donc deux électrons d'une même sous-couche (même n et même l) ont la même énergie, bien qu'ils soient décrits par des m_l différents.

2. Configuration électronique d'un atome

On appelle **configuration**, ou **structure électronique d'un atome**, ou d'un ion, la répartition des électrons dans les différentes orbitales atomiques définies par n, l, m_l.

La configuration de plus basse énergie, donc la plus stable, correspond à l'**état fondamental** de l'atome. Quand celui-ci reçoit de l'énergie, sa configuration peut changer, et il se retrouve alors dans un état, dit **excité**. Les états excités correspondent, bien sûr, à des énergies supérieures à celle de l'état fondamental. L'atome excité, ayant une durée de vie transitoire, peut alors se désexciter, par exemple, en émettant un rayonnement : il retourne alors à son état fondamental, puisqu'il a cédé l'énergie excédentaire. Ce retour au niveau le plus bas peut se faire en une étape, ou en plusieurs, en passant par des états excités intermédiaires.

La configuration de l'état fondamental obéit à plusieurs règles :

2.1 Règle de Klechkowsky

Les électrons remplissent les orbitales atomiques (OA) par ordre croissant d'énergie, c'est-à-dire en suivant l'ordre croissant de $(n + l)$. Pour deux valeurs identiques de $(n + l)$, on remplit d'abord la sous-couche de plus petit n. Pour mémoriser cette règle, on écrit les orbitales s en diagonale, puis sur chaque ligne successivement, les orbitales p, d, et f :

1*s*	← 1re ligne, 1 OA						
	2*s*	2*p*	← 2e ligne, 2 OA				
		3*s*	3*p*	3*d*	← 3e ligne, 3 OA		
			4*s*	4*p*	4*d*	4*f*	← 4e ligne et **suivantes**, 4 OA
				5*s*	5*p*	5*d*	5*f*
					6*s*	6*p*	6*d* 6*f*
						7*s*	7*p* 7*d* 7*f*

On retrouve l'ordre de remplissage des orbitales, en parcourant successivement, les colonnes du haut vers le bas. Cela donne :

1*s*	2*s*	2*p* 3*s*	3*p* 4*s*	3*d* 4*p* 5*s*	4*d* 5*p* 6*s*	etc.
1re colonne	2e	3e	4e	5e	6e	

On indique, en exposant, le nombre d'électrons dans chaque orbitale.

Exemple

Pour le lithium, qui a trois électrons : $1s^2\ 2s^1$.

Grâce à Klechkowsky, on peut répartir les électrons dans les couches et les sous-couches, mais on ne sait pas comment les répartir dans les cases quantiques. On ne sait pas, non plus, combien d'électrons se trouvent dans chaque case. Pour cela, il existe les règles suivantes.

2.2 Principe d'exclusion de Pauli

Dans son état fondamental, 2 électrons, d'un même atome, ne peuvent être décrits par le même ensemble $\{n, l, m_l, s\}$. Comme il n'y a que deux valeurs possibles pour s ($\pm 1/2$), et qu'une case quantique est définie par $\{n, l, m_l\}$, on voit qu'il ne peut y avoir que 2 électrons par case.

2.3 Règle de Hund

On remplit les cases quantiques (qui peuvent contenir 2 électrons), de telle sorte qu'on ait le maximum d'électrons « *célibataires* », avec un spin parallèle ($s = +1/2$), avant de les regrouper par paire : on dit alors qu'ils sont **appariés**.

Remarque

On représente les cases quantiques par des rectangles, à l'intérieur desquels on représente les électrons par des flèches verticales orientées vers le haut : ($s = +1/2$), ou vers le bas ($s = -1/2$).

Exemple

Prenons l'exemple de l'oxygène $_8O$, qui possède 8 électrons, soit :

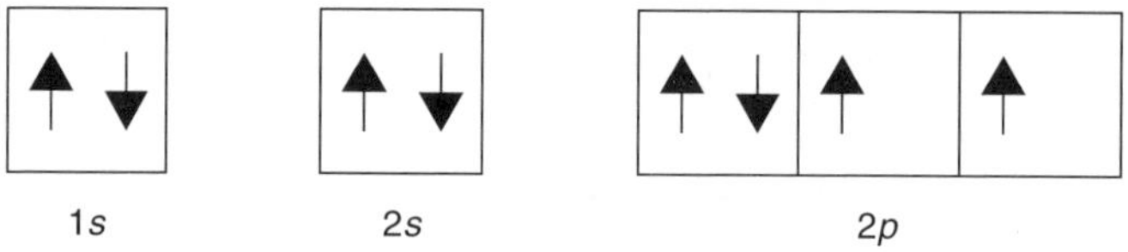

On écrit donc : $1s^2\ 2s^2\ 2p^4$.

On voit que l'écriture avec les cases quantiques est plus précise, car elle indique les électrons célibataires, ou appariés, mais on utilise plus fréquemment l'écriture avec les exposants.

À noter

Compte tenu des règles qui précèdent, il est utile de retenir qu'il y a au maximum 2 électrons sur les orbitales *s*, puis 6 électrons (3 × 2) sur les orbitales *p*, puis 10 électrons (5 × 2) sur les orbitales *d*, et enfin 14 électrons (7 × 2) sur les orbitales *f*.

Donc pour des orbitales atomiques **saturées** (remplies), on aura la configuration électronique :

$$1s^2\ 2s^2\ 2p^6\ 3s^2\ 3p^6\ 4s^2\ 3d^{10} \text{ etc.}$$

3. Classification périodique des éléments

Établie historiquement par le chimiste russe Mendéléiev, cette classification, appelée aussi **tableau périodique des éléments**, est construite sur les règles suivantes :

- On classe les éléments par ordre croissant des numéros atomiques *Z*.
- On change de ligne, c'est-à-dire que l'on revient sur la première colonne, chaque fois que l'on remplit une nouvelle couche électronique.

Cette disposition des éléments rend compte des analogies existant entre nombre d'entre eux : il y a, en effet, une « périodicité » des propriétés des éléments. Grâce à la classification périodique, on retrouve dans une même colonne les éléments d'une même « famille », c'est-à-dire ceux possédant des similarités. On appelle **périodes** les lignes horizontales. Les éléments d'une même colonne forment un **groupe**, dont certains ont reçu un nom spécifique.

Les éléments de la première colonne s'appellent les **métaux alcalins**. Les éléments de la deuxième colonne s'appellent les **alcalino-terreux**.

Les éléments de la dix-septième colonne s'appellent les **halogènes**. Les éléments de la dix-huitième colonne s'appellent les **gaz rares**, ou gaz nobles, ou gaz inertes (éléments très stables chimiquement).

Les éléments des colonnes intermédiaires 3 à 12, sont les **métaux de transition**. Les éléments d'une même colonne ont des structures électroniques externes analogues, ce qui leur confère des propriétés voisines, d'où l'appartenance à une même famille chimique.

En général, on détermine aussi la configuration électronique d'un élément, à partir des blocs *s*, *p*, *d*, ou *f* du tableau périodique.

Tableau 2.3 Tableau périodique des éléments.

légende : 9,0 Be 4 Béryllium — masse molaire atomique en g.molŠ1 ; symbole ; numéro atomique ; nom de l'élément

période	1	2	3	4	5	6	7	8	9	10	11	12	13	14	15	16	17	18
I	1,0 H 1 Hydrogène																	4,0 He 2 Hélium
II	6,9 Li 3 Lithium	9,0 Be 4 Béryllium											10,8 B 5 Bore	12,0 C 6 Carbone	14,0 N 7 Azote	16,0 O 8 Oxygène	19,0 F 9 Fluor	20,2 Ne 10 Fluor
III	23,0 Na 11 Sodium	24,3 Mg 12 Magnésium											27,0 Al 13 Aluminium	28,1 Si 14 Silicium	31,0 P 15 Phosphore	32,1 S 16 Soufre	35,5 Cl 17 Chlore	39,9 Ar 18 Argon
IV	39,1 K 19 Potassium	40,1 Ca 20 Calcium	45,0 Sc 21 Scandium	47,9 Ti 22 Titane	50,9 V 23 Vanadium	52,0 Cr 24 Chrome	54,9 Mn 25 Manganèse	55,8 Fe 26 Fer	58,9 Co 27 Cobalt	58,7 Ni 28 Nickel	63,5 Cu 29 Cuivre	65,4 Zn 30 Zinc	69,7 Ga 31 Gallium	72,6 Ge 32 Germanium	74,9 As 33 Arsenic	79,0 Se 34 Sélénium	79,9 Br 35 Brome	83,8 Kr 36 Krypton
V	39,1 Rb 19 Bubinium	40,1 Sr 20 Strontium	45,0 Y 21 Yttrium	47,9 Zr 22 Zirconium	50,9 Nb 23 Niobium	52,0 Mo 24 Molyndèbe	54,9 Tc 25 Terchnétium	55,8 Ru 26 Ruthénium	58,9 Rh 27 Rhodium	58,7 Pd 28 Palladium	63,5 Ag 29 Argent	65,4 Cd 30 Cadmium	69,7 In 31 Indium	72,6 Sn 32 Etain	74,9 Sb 33 Antimoine	79,0 Te 34 Tellure	79,9 I 35 Iode	83,8 Xe 36 Xénon
VI	132,9 Cs 55 Césium	137,3 Ba 56 Baryum	158,9 La 57 Lanthane	178,5 Hf 72 Hafnium	180,9 Ta 73 Tantale	183,9 W 74 Tungstène	186,2 Rc 75 Rhénium	190,2 Os 76 Osnium	192,2 Ir 77 Iridium	195,1 Pt 78 Platine	197,0 Au 79 Or	200,6 Hg 80 Mercure	204,4 Tl 81 Thallium	207,2 Pb 82 Plomb	209,0 Bi 83 Bismuth	210 Po 84 Polonium	210 At 85 Astate	222 Rn 86 Radon
VII	223 Fr 87 Francium	226 Ra 88 Radium	227 Ac 89 Actinium															

VI	140,1 Ce 58 Cérium	140,9 Pr 59 Praséodyme	144,2 Nd 60 Néodyme	145 Pm 61 Prométhium	150,4 Sm 62 Samarium	152,0 Eu 63 Europium	157,3 Gd 64 Gadolinium	158,9 Tb 65 Terbium	162,5 Dy 66 Dysprosium	164,9 Ho 67 Holmium	167,3 Er 68 Erbium	168,9 Tm 69 Thulium	173,0 Yb 70 Ytterbium	175,0 Lu 71 Lutétium
VII	232,0 Th 90 Thorium	231,0 Pa 91 Protactinium	238,0 U 92 Uranium	237,0 Np 93 Neptunium	242 Pu 94 Plutonium	243 Am 95 Américium	247 Cm 96 Curium	247 Bk 97 Berkélium	251 Cf 98 Californium	254 Es 99 Einsteinium	253 Fm 100 Fernium	256 Md 101 Mendélévium	254 No 102 Nobélium	257 Lr 103 Laxrencium

Si l'élément se situe dans le bloc *p*, *d*… on parlera d'élément *p*, *d* etc.

Tableau 2.4 Tableau périodique en fonction des « blocs » *s*, *p*, *d*, *f*.

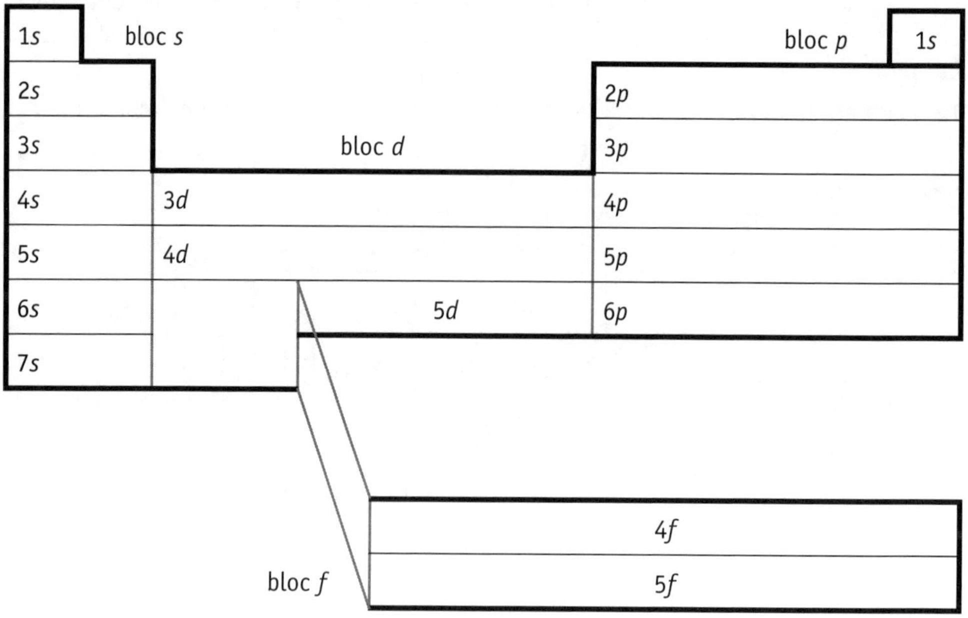

4. Périodicité des propriétés dans le tableau de Mendéléiev

Le **rayon atomique** varie en fonction de la place de l'élément, donc en fonction du numéro atomique Z. Il augmente avec Z, du haut vers le bas d'une même colonne. Mais le long d'une même période, de gauche à droite, il diminue : c'est la conséquence de l'augmentation des forces d'attraction coulombienne, pour un même nombre de couches, quand Z croît, ce qui diminue le volume de l'atome.

L'**énergie d'ionisation Ei** varie quand on se déplace dans le tableau périodique. On appelle énergie de première ionisation, l'énergie à fournir à l'atome isolé pour lui arracher un électron.

Exemple

Pour le lithium, on a : $Li \rightarrow Li^+ + e^-$

L'énergie de deuxième ionisation est l'énergie nécessaire pour arracher le deuxième électron au cation : cette énergie est plus importante que la précédente, car il est plus difficile d'enlever un électron au cation qu'à l'atome neutre, compte tenu des interactions électrostatiques plus grandes. On peut, de même, définir les énergies de troisième, quatrième… ionisation.

Quand on se déplace le long d'une même période, de gauche à droite, E_i augmente, ce qui correspond bien à la facilité qu'ont les métaux de donner des cations. Par contre, le

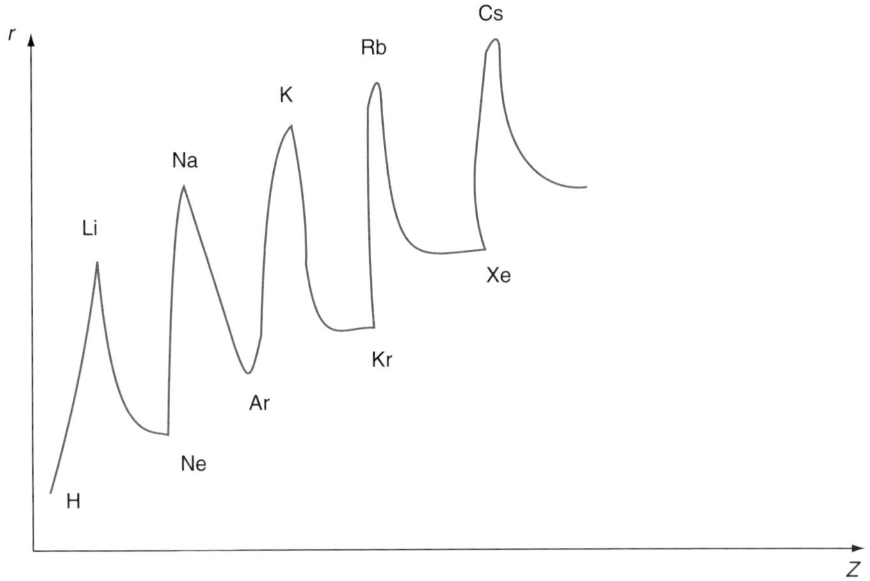

Figure 2.4 Variation du rayon atomique : $r = f(Z)$: schéma de principe.

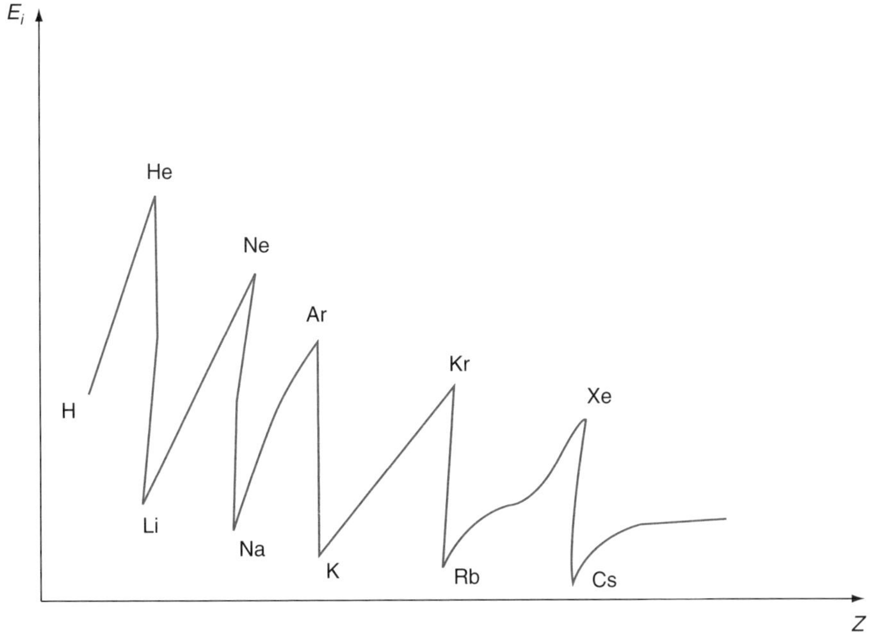

Figure 2.5 Variation de l'énergie de 1re ionisation $E_i = f(Z)$: schéma de principe.

long d'une même colonne, du haut vers le bas, E_i diminue, ce qui signifie qu'il devient plus facile de perdre l'électron.

On définit l'**affinité électronique Ae** de l'atome, comme étant son aptitude à capter des électrons, c'est-à-dire sa capacité à devenir un anion. On voit qu'il s'agit de la propriété inverse de la précédente, mais que les deux comportements sont liés : plus E_i est grande, plus il est difficile d'arracher un électron, donc plus il est facile pour l'atome d'en capter un, donc plus A_e est grande. On comprend que l'affinité électronique varie à peu près de la même façon que l'énergie de première ionisation, dans le tableau périodique des éléments.

On peut en quelque sorte résumer les deux propriétés précédentes à l'aide d'un seul concept : l'**électronégativité En**. Il s'agit de traduire l'aptitude que possède un atome, engagé dans une liaison, d'attirer ou non vers lui les électrons de liaison. Il existe plusieurs échelles d'électronégativité, dont celle de Mulliken, qui en donne la définition suivante :

$$E_n = \frac{E_i + A_e}{2}$$

On voit qu'il s'agit de la moyenne arithmétique de l'affinité électronique et de l'énergie de première ionisation. L'échelle de Pauling est aussi très utilisée ; elle est de nature expérimentale et elle attribue la valeur 4,0 (sans dimension) à l'élément le plus électronégatif de la classification périodique, le fluor F. Les autres valeurs sont déterminées relativement à celle de F. L'électronégativité augmente le long d'une même ligne, de gauche à droite, et le long d'une même colonne, du bas vers le haut.

La *figure 2.6* résume cette tendance.

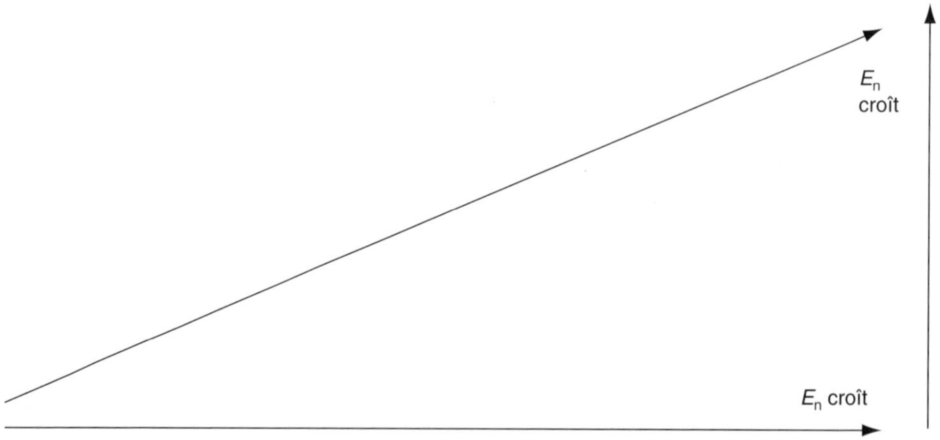

Figure 2.6 Électronégativité dans le tableau périodique.

5. Règles de Slater

Quand on étudie les atomes qui ont plus d'un électron (non hydrogénoïdes), on doit procéder à des approximations. Celle de Born-Oppenheimer consiste à considérer le noyau comme fixe. On considère ensuite les interactions des électrons avec le noyau et il faut en plus prendre en compte les interactions entre électrons ce qui ne permet pas une résolution mathématique exacte. On néglige donc dans un premier temps les interactions inter-électroniques : cela conduit à attribuer une fonction d'onde mono-électronique à chaque électron, chacune de ces fonctions ou orbitale étant indépendante des autres.

L'approximation monoélectronique ne donne pas des résultats satisfaisants : pour améliorer le modèle, pour chaque électron on doit ajouter au champ attractif du noyau le champ répulsif des autres électrons.

Cela revient à considérer qu'un électron subit l'action d'un noyau de nombre de charge (nombre de protons) égal à :

$$Z^* = Z - \sigma$$

avec σ constante d'écran et Z^* nombre de charge effectif.

La constante d'écran σ permet de prendre en compte la répulsion des autres électrons et se calcule avec les règles empiriques de Slater.

Ces règles permettent d'évaluer la charge effective notée $\sigma_{j \to i}$ ressentie par un électron j de la couche la plus haute, à cause de l'effet d'écran des électrons i, plus proches ou aussi proches du noyau.

On étudie un électron j présent dans une couche (1*s*, 2*s*2*p*, 3*s*3*p*, 3*d*...) et on regarde l'effet qu'ont sur lui ses *électrons voisins* et ceux entre *sa couche et le noyau* de l'atome (les i autres électrons).

Tableau 2.5 Valeur du coefficient d'écran σ_{ij} exercé sur l'électron j par chaque électron i compte tenu de la position de l'électron j.

électron i \ électron j	1*s*	2*s*2*p*	3*s*3*p*	3*d*	4*s*4*p*	4*d*
1s	0,31					
2*s* 2*p*	0,85	0,35				
3*s* 3*p*	1	0,85	0,35			
3*d*	1	1	1	0,35		
4*s* 4*p*	1	1	0,85	0,85	0,35	
4*d*	1	1	1	1	1	0,35

Exemple de calcul :

Pour l'atome de silicium (Z = 14) de configuration électronique $1s^2 2s^2 2p^6 3s^2 3p^2$, un électron $2s$ ou $2p$ subit l'effet d'écran des 2 électrons 1s et des 7 autres électrons $2s2p$; on a donc la constante d'écran :

$$\sigma_{2s} = \sigma_{2p} = 2 \times 0{,}85 + 7 \times 0{,}35 = 4{,}15$$

La charge effective correspondante est donc :

$$Z^*_{2s} = Z^*_{2p} = 14 - 4{,}15 = 9{,}85.$$

Synthèse

Je sais définir
- Noyau, Proton, Neutron
- Orbitale atomique (de type *s*, de type *p*)
- Nombre quantique
- État fondamental d'un atome
- Affinité électronique
- Éléctronégativité

Je connais
- La notation des atomes
- Les particules constitutives de l'atome
- Le principe d'incertitude d'Heisenberg
- La règle de Klechkowsky
- Le principe d'exclusion Pauli
- La règle de Hund

Je sais
- Déterminer la configuration électronique d'un atome
- Lire et utiliser le tableau périodique des éléments.

QCM et exercices

1 On admet la relation suivante, donnant le rayon r d'un noyau, en fonction de son nombre de masse A :

$$r^3 = r_0^3 \cdot A$$

r_0 est une constante de valeur $r_0 = 10^{-15} \cdot \sqrt{2}\, m$.

Données : $N_A = 6{,}02 \times 10^{23}$ mol^{-1}

1. En supposant que le noyau est sphérique, calculer la masse volumique du nucléide ^{16}O.

❒ **a.** $2{,}3.10^{20}$ kg.m^{-3}.
❒ **b.** $2{,}0.10^{20}$ kg.m^{-3}.
❒ **c.** $1{,}4.10^{17}$ kg.m^{-3}.
❒ **d.** $1{,}0.10^{20}$ kg.m^{-3}.
❒ **e.** Aucune réponse exacte.

2. En prenant la masse volumique de l'eau comme référence, calculer la densité du nucléide ^{16}O.

❒ **a.** $2{,}3.10^{17}$ kg.m^{-3}.
❒ **b.** $2{,}0.10^{17}$ kg.m^{-3}.
❒ **c.** $1{,}4.10^{14}$ kg.m^{-3}.
❒ **d.** $1{,}0.10^{17}$ kg.m^{-3}.
❒ **e.** Aucune réponse exacte.

2 Le rayon atomique de l'hydrogène vaut environ $r = 0{,}53 \times 10^{-10}$ m, et le rayon de son noyau est environ égal à $r' = 10^{-15}$ m. En supposant qu'une pomme de diamètre $d = 6$ cm représente le noyau, à notre échelle, déterminer la taille de l'atome.

❒ **a.** 2,35 km.
❒ **b.** 3,18 km.
❒ **c.** 1,42 km.
❒ **d.** 1,64 km.
❒ **e.** Aucune réponse exacte.

3 Déterminer les configurations électroniques, à l'état fondamental, des atomes suivants :

$$_{7}\text{N},\ _{13}\text{Al},\ _{14}\text{Si},\ _{18}\text{Ar}$$

❒ **a.** N : $1s^22s^22p^3$.
❒ **b.** Si : $1s^21s^22p^63s^23p^2$.
❒ **c.** Al : $1s^21s^22p^63s^23p^3$.
❒ **d.** Ar : $1s^21s^22p^63s^23p^5$.
❒ **e.** Aucune réponse exacte.

4 Déterminer les configurations électroniques, à l'état fondamental, des atomes de chrome $_{24}Cr$, et de cuivre $_{29}Cu$ (ces deux atomes présentent des irrégularités).

❒ **a.** Cr : $1s^2 2s^2 2p^3$.

❒ **b.** Cu : $1s^2 1s^2 2p^6 3s^2 3p^6 3d^{10} 4s^1$.

❒ **c.** Cr : $1s^2 1s^2 2p^6 3s^2 3p^6 3d^5 4s^1$.

❒ **d.** Cu : $1s^2 1s^2 2p^6 3s^2 3p^5$.

❒ **e.** Aucune réponse exacte.

5 On rappelle que le rayon atomique diminue, quand on parcourt une période, de gauche à droite; par contre, il augmente, quand on descend le long d'une colonne du tableau périodique. À partir de ces données, expliquer, le sens de variation de l'énergie d'ionisation, par exemple, pour la deuxième période et la première colonne (famille des alcalins).

6 On donne les éléments suivants :

$$^{40}_{20}Ca;\ ^{39}_{19}K;\ ^{20}_{10}Ne$$

À partir de leur configuration électronique, déterminer leur position dans le tableau périodique, et donner éventuellement le nom de leur famille chimique. Analyser leur comportement chimique (électronégativité, ionisation…).

7 On donne les atomes suivants :

$$^{12}_{6}C;\ ^{13}_{6}C;\ ^{14}_{6}C$$

a. Que peut-on dire de ces atomes ? Expliquer cette notation.
b. Indiquer, pour chaque atome, le nombre de protons, de neutrons, d'électrons.
c. Donner la configuration électronique de chaque atome.

8 Dans la nature, les éléments sont, en général, des mélanges d'isotopes dont les proportions, appelées abondances isotopiques (en %), sont constantes. La masse molaire atomique d'un élément est donc une moyenne pondérée des masses molaires isotopiques.
1. Pour l'élément oxygène, on donne les abondances isotopiques suivantes :

Isotope	$^{16}_{8}O$	$^{17}_{8}O$	$^{18}_{8}O$
Masse molaire ($g \cdot mol^{-1}$)	15,9950	16,9992	17,9993
Abondance (%)	99,75	0,05	0,2

Calculer la masse molaire de l'élément oxygène.

❒ **a.** 15,99501 $g.mol^{-1}$.

❒ **b.** 16,99000 $g.mol^{-1}$.

❒ **c.** 16,49500 $g.mol^{-1}$.

❒ **d.** 17,55500 $g.mol^{-1}$.

❒ **e.** Aucune réponse exacte.

2. Pour l'élément chlore, on donne les abondances isotopiques suivantes :

Isotope	$^{35}_{15}Cl$	$^{35}_{17}Cl$
Masse molaire ($g \cdot mol^{-1}$)	34,97	36,97
Abondance (%)	75,8	?

On donne la masse molaire de l'élément chlore : $35{,}45\ g \cdot mol^{-1}$.

Déterminer l'abondance du deuxième isotope.

❐ **a.** 15,9 %.

❐ **b.** 19,5 %.

❐ **c.** 33,3 %.

❐ **d.** 24,2 %.

❐ **e.** Aucune réponse exacte.

9 Dans ce problème, on se propose de reprendre les principales étapes qui ont conduit le physicien danois Bohr, à établir la quantification de l'énergie de l'atome d'hydrogène.

Dans son étude de cet atome, Bohr a repris l'idée de la quantification de Planck, en quantifiant lui aussi le moment cinétique orbital de l'électron, σ_e. Ce paramètre s'exprime selon :

$\sigma_e = r \cdot m_e \cdot v$ avec r le rayon de l'orbite circulaire de l'e^-, m_e sa masse, et v sa vitesse.

La quantification s'écrit :

$$\sigma_e = \frac{nh}{2\pi} \text{ avec } n \in \mathbb{N}^*, \text{ et } h \text{ la constante de Planck}$$

Dans l'atome H, le proton p a une masse environ 1 800 fois plus grande que l'électron e^-, ce qui nous permet de considérer que p (noyau) est fixe ; le référentiel, avec le noyau comme origine, est considéré galiléen.

Données :

$$G = 6{,}67 \times 10^{-11}\ S \cdot I ;\ \varepsilon_0 = 8{,}85 \times 10^{-12}\ S \cdot I ;\ m_{e^-} = 9{,}11 \times 10^{-31}\ kg$$

$$m_p = 1{,}67 \times 10^{-27}\ kg ;\ \pi = 3{,}14 ;\ e = 1{,}6 \times 10^{-19}\ C ;\ h = 6{,}63 \times 10^{-34}\ J \cdot s$$

1. Identifier et exprimer les forces qui s'exercent sur l'électron.

2. Calculer le rapport des modules des forces du 1°).

❐ **a.** $1{,}75.10^{25}$.

❐ **b.** $1{,}95.10^{11}$.

❐ **c.** $2{,}27.10^{39}$.

❐ **d.** $4{,}50.10^{8}$.

❐ **e.** Aucune réponse exacte.

3. Écrire la deuxième loi de Newton (RFD ou PFD).

4. Réécrire la 2e loi dans la base locale de Frenet, et conclure sur la nature du mouvement circulaire.

5. Exprimer la vitesse $v = f(r)$.

❒ **a.** v = e/(4mr).

❒ **b.** v = e/(4πmr).

❒ **c.** v = e^2/(4mr).

❒ **d.** v = eπ/(4mr).

❒ **e.** Aucune réponse exacte.

6. Exprimer l'énergie totale de l'atome, sachant que l'énergie potentielle vaut :

$$E_p = \frac{-e^2}{4\pi\varepsilon_0 r}$$

❒ **a.** E = $-e^2/(8mr)$.

❒ **b.** E = $-e^2/(8\pi\varepsilon_0 r)$.

❒ **c.** E = $e^2/(4mr)$.

❒ **d.** E = $e\pi^2/(8m\varepsilon_0 r)$.

❒ **e.** Aucune réponse exacte.

7. À l'aide de la quantification de σ_e, montrer que :

$$r = n^2 \cdot \left(\frac{\varepsilon_0 \cdot h^2}{\pi \cdot m_e \cdot e^2}\right)$$

8. La quantité $\left(\frac{\varepsilon_0 \cdot h^2}{\pi \cdot m_e \cdot e^2}\right)$ est homogène à une longueur : on la note a_0, et on l'appelle le rayon de Bohr. Exprimer l'énergie totale de l'atome en fonction de a_0.

❒ **a.** E = $-e^2/(8n^2ma_0r)$.

❒ **b.** E = $-(e^2/n^2)/(8\pi\varepsilon_0 a_0)$.

❒ **c.** E = $e^2/(4n^2ma_0)$.

❒ **d.** E = $e\pi^2/(8m\varepsilon_0 r)$.

❒ **e.** Aucune réponse exacte.

10 (d'après annales Saint-Antoine)

On donne les numéros atomiques des atomes suivants :

Li : 3; Cl : 17; C :6 ; O : 8; H : 1

1. Donner la configuration électronique des atomes Li et Cl et des ions Li^+ et Cl^-.

2. La valeur absolue de l'énergie d'ionisation de l'atome Li gazeux étant égale à 520 kJ · mol^{-1}, indiquer le signe de sa valeur algébrique, en justifiant votre réponse.

3. L'énergie d'ionisation diminue quand on descend dans la première colonne de la classification périodique : Li, Na, K, Rb, Cs. Quel est le paramètre principalement responsable de cette variation ?

11 (d'après annales Pitié-Salpétrière)

1. Donner la structure électronique de l'atome de carbone ($Z = 6$) en utilisant le schéma des cases quantiques.

Expliquer, à l'aide d'un schéma, la distribution, dans l'espace, des électrons *p* du carbone.

2. Dans la classification périodique, on rencontre successivement dans le même groupe : C (Z = 6), Si (Z = 14), Ge (Z = 32).

Quelles sont les structures électroniques de la couche externe du silicium et du germanium ?

12 Dans la description quantique de l'atome d'hydrogène :

- ❒ **a.** *s* est le nombre quantique principal, entier relatif ?
- ❒ **b.** *n* est le nombre quantique magnétique ?
- ❒ **c.** m_l est le nombre quantique secondaire ?
- ❒ **d.** *l* est le nombre quantique de spin ?

13 Pour les atomes suivants, les structures électroniques, à l'état fondamental sont :

- ❒ **a.** ${}_8O$: $1s^2\,2s^2\,2p^3$
- ❒ **b.** ${}_{24}Cr$: $1s^2\,2s^2\,2p^6\,3s^2\,3p^6\,3d^5\,4s^1$
- ❒ **c.** ${}_{21}Sc$: $1s^2\,2s^2\,2p^6\,3s^2\,3p^6\,3d^2\,4s^1$
- ❒ ***d.*** ${}_{26}Fe$: $1s^2\,2s^2\,2p^6\,3s^2\,3p^6\,4s^2\,3d^6$

14 Pour chaque famille qui suit, à l'état fondamental, la couche externe est du type :

- ❒ **a.** alcalins : ns^1
- ❒ **b.** bore : $ns^2\,np^1$
- ❒ **c.** halogènes : $ns^2\,np^3$
- ❒ **d.** alcalino-terreux : ns^3

15 On considère le magnésium Mg, de numéro atomique Z = 12, et le béryllium Be, placé juste au-dessus du magnésium dans le tableau périodique, et de nombre de masse A = 9.

On peut affirmer que :

- ❒ **a.** Mg est sur la 2e ligne du tableau périodique.
- ❒ **b.** Be est sur la 3e ligne du tableau périodique.
- ❒ **c.** Mg appartient à la 2e colonne du tableau périodique.
- ❒ **d.** Be appartient à la 3e colonne du tableau périodique.
- ❒ **e.** Le numéro atomique de Be est Z = 4.
- ❒ **f.** Be possède 4 neutrons.

16 On considère deux atomes ${}^{A}X_1$ et ${}^{A'}X_2$ appartenant au même élément chimique X, placé dans la colonne des halogènes, et sur la 3e ligne du tableau périodique.

Données : A = 35 ; A′ = 37.

On peut affirmer que :

- ❒ **a.** ${}^{A}X_1$ et ${}^{A'}X_2$ ont le même Z.
- ❒ **b.** ${}^{A}X_1$ et ${}^{A'}X_2$ sont des isobares.
- ❒ **c.** X est placé dans la septième colonne du tableau périodique.
- ❒ **d.** ${}^{A}X_1$ et ${}^{A'}X_2$ ont le même nombre d'électrons.
- ❒ **e.** ${}^{A}X_1$ et ${}^{A'}X_2$ ont le même nombre de neutrons.
- ❒ **f.** ${}^{A}X_1$ et ${}^{A'}X_2$ ont des propriétés chimiques différentes.

17 On considère l'atome ^{12}Mg.

Données : on utilisera le tableau des règles de Slater de la partie cours.

On peut affirmer que :

❒ **a.** La configuration électronique est $1s^2 2s^2 2p^6 3s^2$.

❒ **b.** $\sigma_{1s} = 0{,}50$.

❒ **c.** $\sigma_{2s} = 3{,}50$.

❒ **d.** $\sigma_{3s} = 0{,}50$.

❒ **e.** $Z^*_{2p} = 9{,}85$.

❒ **f.** $Z^*_{3p} = 5{,}15$.

Corrigés

1 **1. Bonne(s) réponse(s) : c.**

La masse volumique s'écrit :

$\rho = m/V$ avec m masse du noyau et V son volume.

La masse molaire étant A, et N_A représentant le nombre de noyaux dans une mole, on a donc :

$$m = A/N_A$$

Le noyau est assimilé à une sphère, donc son volume est :

$$V = \frac{4}{3} \cdot \pi \cdot r^3 = \frac{4}{3} \cdot \pi \cdot A \cdot r_o^3$$

$$\Rightarrow \rho = m/V = \frac{3A}{4\pi A r_o^3 N_A}$$

$$\Rightarrow \rho = \frac{3}{4\pi(10^{-13}\sqrt{2})^3 \times 6{,}02 \times 10^{23}}$$

$$\Rightarrow \rho = 1{,}40 \times 10^{14}\ \text{g} \cdot \text{cm}^{-3}$$

$$\Rightarrow \rho = 1{,}40 \times 10^{17}\ \text{kg} \cdot \text{m}^{-3}$$

Conclusion : cette densité est énorme, elle rend compte de la compacité de la matière au niveau du noyau.

2. Bonne(s) réponse(s) : c.

D'après la formule de densité d= $(1{,}4.10^{17})/(1\,000) = 1{,}4.10^{14}$.

2 **Bonne(s) réponse(s) : c.**

On a les mêmes rapports de proportionnalité, quelle que soit l'échelle, donc on peut écrire :

$$\frac{r}{r'} = \frac{R}{R'}$$

$$\Rightarrow \frac{r}{r'} = \frac{R}{d/2}$$

$$\Rightarrow R = \frac{d \cdot r}{2r'}$$

$$\Rightarrow R = \frac{0{,}06 \times 0{,}53 \times 10^{-10}}{2 \times 10^{-5}}$$

$$\Rightarrow R = 3\,180\ \text{m} = 3{,}18\ \text{km}$$

Conclusion : on voit que le noyau de l'atome, transposé à notre échelle, est très grand devant celui de l'atome (la pomme). Cela correspond à l'espace important, constitué de vide, qui existe entre le noyau et les électrons. On parle de structure lacunaire de la matière.

3 Bonne(s) réponse(s) : a., b.

On applique la règle de Klechkowsky, et obtient :

$_{7}N$: $1s^2\ 2s^2\ 2p^3$

$_{14}Si$: $1s^2\ 2s^2\ 2p^6\ 3s^2\ 3p^2$

$_{13}Al$: $1s^2\ 2s^2\ 2p^6\ 3s^2\ 3p^1$

$_{18}Ar$: $1s^2\ 2s^2\ 2p^6\ 3s^2\ 3p^6$

4 Bonne(s) réponse(s) : b., c.

Si on applique la règle de Klechkowsky, on obtient :

$$_{24}Cr : s^2\ 2s^2\ 2p^6\ 3s^2\ 3p^6\ 4s^2\ 3d^4$$

Les cases quantiques, d'après la règle de Hund, sont remplies selon :

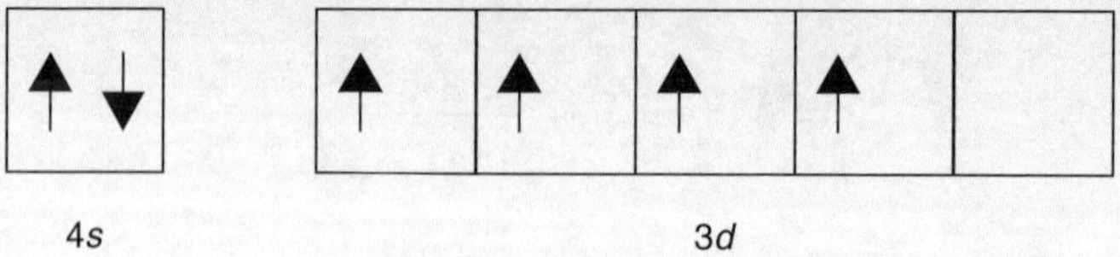

En réalité, la configuration électronique du chrome est :

$$_{24}Cr : 1s^2\ 2s^2\ 2p^6\ 3s^2\ 3p^6\ 3d^5\ 4s^1$$

Il y a donc ici une exception avec une inversion des orbitales. Les cases quantiques sont alors remplies différemment :

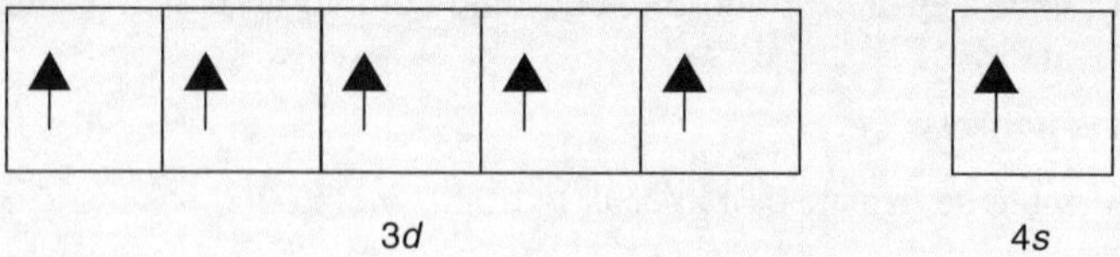

On explique cette irrégularité, par le fait qu'une sous-couche $3d$ a une énergie plus basse, quand elle est à moitié remplie, ou totalement remplie. L'atome est donc plus stable. On peut aussi dire que la plus grande stabilité de la 2e structure est due à la plus grande symétrie de la répartition électronique.

Pour le cuivre, on raisonne de la même façon. D'après Klechkowsky, on obtient :

$$_{29}Cu : 1s^2\ 2s^2\ 2p^6\ 3s^2\ 3p^6\ 4s^2\ 3d^9$$

En réalité, on a vu qu'une sous-couche $3d$ est plus basse en énergie, quand elle est totalement remplie. La structure réelle est donc :

$$_{29}Cu : 1s^2\ 2s^2\ 2p^6 3s^2\ 3p^6\ 3d^{10}\ 4s^1$$

La répartition dans les cases quantiques devient plus symétrique, donc plus stable :

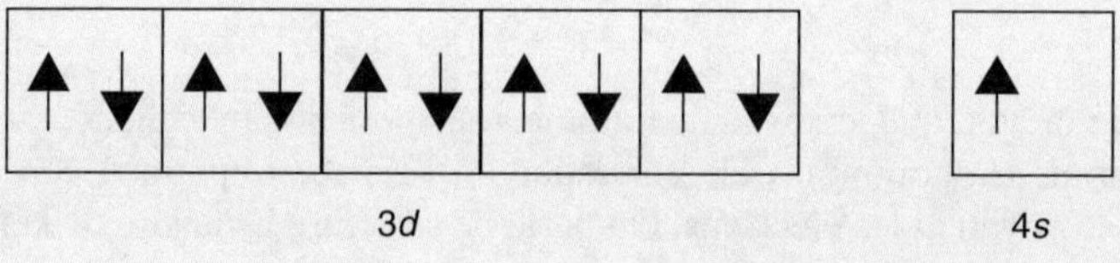

5 Le rayon atomique augmente, pour une même famille d'éléments chimiques, avec le numéro atomique *Z*. L'électron externe est donc de moins en moins lié au noyau, car l'attraction coulombienne électrostatique est inversement proportionnelle au carré de la distance (voir cours de physique). L'énergie d'ionisation diminue donc, quand on passe de l'élément lithium à l'élément césium. Par contre, le long de la deuxième période, comme le rayon atomique diminue, cela indique que l'attraction, entre l'électron périphérique et le noyau, devient plus grande; l'énergie d'ionisation augmente donc avec *Z*, du lithium au fluor, qui est d'ailleurs l'élément le plus électronégatif de la classification.

6 On applique la règle de Klechkowsky, pour déterminer les structures électroniques :

$$^{20}_{10}\text{Ne} : 1s^2\ 2s^2\ 2p^6$$

Cet élément a deux couches électroniques : il est donc situé sur la deuxième ligne, ou deuxième période. De plus, il possède 8 électrons sur sa couche périphérique, ce qui indique qu'il appartient à la dernière colonne. C'est donc un gaz rare ou noble, c'est-à-dire qu'il s'agit d'un élément inerte chimiquement, donc difficile à faire réagir.

$$^{39}_{19}\text{K} : 1s^2\ 2s^2\ 2p^6\ 3s^2\ 3p^6\ 4s^1$$

Cet élément a quatre couches électroniques : il est donc situé sur la quatrième ligne, ou quatrième période. De plus, il possède 1 électron sur sa couche périphérique, ce qui indique qu'il appartient à la première colonne. C'est donc un alcalin.

Il s'agit d'un élément situé à gauche du tableau périodique, donc son électronégativité est faible, on dit qu'il est électropositif. Par application de la règle de l'octet, il aura tendance à perdre l'électron externe, pour donner le cation K^+.

$$^{40}_{20}\text{Ca} : 1s^2\ 2s^2\ 2p^6\ 3s^2\ 3p^6\ 4s^2$$

Cet élément a quatre couches électroniques : il est donc situé sur la quatrième ligne, ou quatrième période, comme $^{39}_{19}\text{K}$. De plus, il possède 2 électrons sur sa couche périphérique, ce qui indique qu'il appartient à la deuxième colonne. C'est donc un alcalino-terreux. Il s'agit d'un élément situé à gauche du tableau périodique, donc son électronégativité est faible, on peut aussi dire qu'il est électropositif. Par application de la règle de l'octet, il aura tendance à perdre ses deux électrons externes, pour donner le cation Ca^{2+}.

7 **1.** Ces atomes sont des isotopes, puisqu'ils ont le même numéro atomique *Z*, et qu'ils ont des nombres de masse *A* différents. Le nombre de masse est écrit, en haut, à gauche, et il représente le nombre de nucléons, c'est-à-dire la nombre de particules dans le noyau. Le numéro atomique *Z* est écrit, en bas, à gauche, et il représente le nombre de protons, c'est-à-dire le nombre de particules chargées du noyau. On calcule le nombre de neutrons, c'est-à-dire le nombre de particules non chargées du noyau, en faisant la différence entre *A* et *Z*.

2. D'après ce qui précède, on obtient :

$^{12}_{6}\text{C}$	6 protons	6 neutrons	6 électrons
$^{13}_{6}\text{C}$	6 protons	7 neutrons	6 électrons
$^{14}_{6}\text{C}$	6 protons	8 neutrons	6 électrons

3. D'après Klechkowsky, on obtient :

$$ {}^{12}_{6}\mathrm{C} : 1s^2\, 2s^2\, 2p^2 $$

$$ {}^{13}_{6}\mathrm{C} : 1s^2\, 2s^2\, 2p^2 $$

$$ {}^{14}_{6}\mathrm{C} : 1s^2\, 2s^2\, 2p^2 $$

Conclusion : on voit que les configurations électroniques des 3 isotopes sont identiques.

8 **1. Bonne(s) réponse(s) : a.**

On calcule la masse molaire en faisant la moyenne pondérée. On a donc :

$M = \sum p_i \cdot M_i$ avec p_i pourcentage de l'isotope i, et M_i sa masse molaire relative, d'où :

$$ M = (0{,}9975) \cdot 15{,}995 + (0{,}0005) \cdot 15{,}9992 + (0{,}002) \cdot 15{,}9993 $$
$$ = 15{,}99501 \text{ g} \cdot \text{mol}^{-1} $$

On voit que l'isotope le plus abondant « impose » sa valeur, qui est très proche du résultat final.

2. Bonne(s) réponse(s) : d.

On applique le même raisonnement, mais l'inconnue change : M

$$ M = p_1 M_1 + p_2 M_2 $$

$$ \Rightarrow p_2 = \frac{M - p_1 M_1}{M_2} = 0{,}242 = 24{,}2\ \% $$

Bien sûr, dans ce cas à deux isotopes, il est très simple de déduire le pourcentage par différence avec 100 % ! Mais la méthode utilisée fonctionne si le nombre d'isotopes est plus élevé.

9 **1.** Les forces qui s'exercent sur l'électron sont les forces de gravitation (Newton) et électrostatique (Coulomb), dont les valeurs sont respectivement :

$$ F_g = \frac{-G \cdot m_{e^-} \cdot m_p}{r^2} \text{ avec } G = 6{,}67 \times 10^{-11}\ \text{S} \cdot \text{I} $$

$$ \Rightarrow F_e = \frac{K \cdot q \cdot q'}{r^2} \text{ avec } K = \frac{1}{4\pi\varepsilon_0} = 9 \times 10^9\ \text{S} \cdot \text{I} $$

La distance entre le proton et l'électron est notée r; les masses respectives de l'électron et du proton sont notées m_{e^-} et m_p; les charges algébriques respectives de l'électron et du proton sont notées q et q'.

2. Bonne(s) réponse(s) : c.

Le rapport s'écrit :

$$ F_e / F_g = \frac{e^2}{4\pi\varepsilon_0} \times \frac{1}{G \cdot m_{e^-} \cdot m_p} $$

$$ \Rightarrow F_e / F_g = \frac{(1{,}6 \times 10^{-19})^2}{4\pi \times 8{,}85 \times 10^{-12} \times 6{,}67 \times 10^{-11} \times 9{,}11 \times 10^{-31} \times 1{,}67^{-27}} $$

$$ \Rightarrow F_e / F_g = 2{,}27 \times 10^{39} $$

Conclusion : la force de gravitation est négligeable devant la force électrique.

3. On peut écrire la 2ᵉ loi de Newton, uniquement avec la force de Coulomb :

$$\sum \overrightarrow{F_{ext}} = m_{e^-} \cdot \vec{a}$$

$\Rightarrow m_{e^-} \cdot \vec{a} = \dfrac{+e^2}{4\pi\varepsilon_0 r^2}\vec{n}$ avec $\vec{n}$ vecteur normal (voir schéma question suivante).

4. Rappelons les caractéristiques de la base de Frenet, à l'aide d'un schéma :

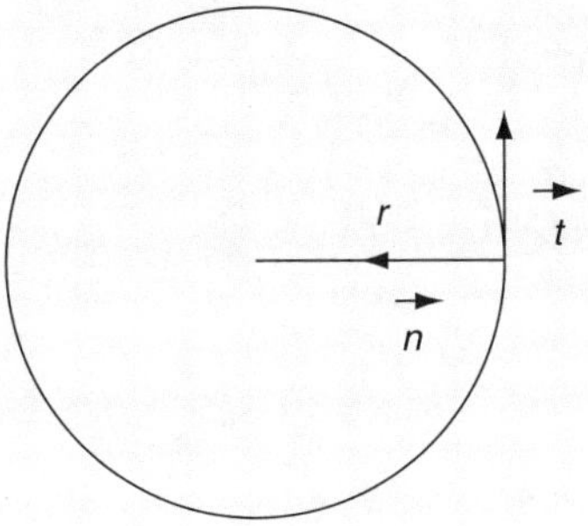

Au centre de l'orbite circulaire de l'électron se trouve le proton, à distance r. Les normes des composantes normale et tangentielle de l'accélération de Frenet sont :

$$a_n = v^2/r \qquad\qquad a_t = m_{e^-} \cdot \mathrm{d}v/\mathrm{d}t$$

La force électrique n'a pas de composante tangentielle, donc d'après la 2ᵉ loi de Newton, l'accélération tangentielle est nulle, ce qui signifie que le mouvement circulaire est uniforme. On a donc une accélération normale égale à la valeur de la force électrique soit :

$$m_e \cdot v^2/r = \frac{+e^2}{4\pi\varepsilon_0 r^2}$$

5. Bonne(s) réponse(s) : e.

Exprimons la vitesse en fonction du rayon r, d'après la relation qui précède :

$$v^2 = \frac{+e^2 \cdot r}{4\pi\varepsilon_0 \cdot m_{e^-} \cdot r^2}$$

$$\Rightarrow v^2 = \frac{+e^2}{4\pi\varepsilon_0 \cdot m_{e^-} \cdot r}$$

$$\Rightarrow v = \frac{+e}{\sqrt{4\pi\varepsilon_0 \cdot m_{e^-} \cdot r}}$$

6. Bonne(s) réponse(s) : b.

L'énergie totale est la somme de l'énergie cinétique et de l'énergie potentielle, soit, en appliquant la formule donnée dans l'énoncé :

$$E = E_c + E_p = \frac{1}{2} \cdot m_{e^-} \cdot v^2 - \frac{e^2}{4\pi\varepsilon_0 \cdot r}$$

$E = \dfrac{-e^2}{8\pi\varepsilon_0 \cdot r}$ en remplaçant v par l'expression de la question précédente.

7. On peut écrire :

$$m_e \cdot v \cdot r = n(h/2\,\pi)$$

$$\Rightarrow m_{e^-} \cdot \frac{+\,e}{\sqrt{4\pi\varepsilon_0 \cdot m_{e^-} \cdot r}} \cdot r = n(h/2\pi)$$

$$\Rightarrow m_{e^-} \cdot \frac{+\,e^2}{(\sqrt{4\pi\varepsilon_0 \cdot m_{e^-} \cdot r})^2} \cdot r = n^2(h/2\pi)^2$$

$$\Rightarrow r = n^2\left(\frac{\varepsilon_0 \cdot h^2}{m_{e^-} \cdot e^2 \cdot \pi}\right)$$

8. Bonne(s) réponse(s) : b.
On a exprimé l'énergie totale du système :

$$E = \frac{-\,e^2}{8\pi\varepsilon_0 \cdot r}$$

D'après le **7.**, le rayon est $r = n^2 \cdot a_0$. On substitue, ce qui donne :

$$E = \frac{-\,e^2}{8\pi\varepsilon_0 \cdot a_0} \times 1/n^2$$

Conclusion : l'énergie de l'atome est *quantifiée*, elle varie par valeurs discontinues, puisque E est fonction de n, entier naturel non nul.

10 **1.** D'après Klechkowsky, on a :

Li : $1s^2\,2s^1$

Cl : $1s^2\,2s^2\,2p^6\,3s^2\,3p^5$

Li^+ : $1s^2$

Cl^- : $1s^2\,2s^2\,2p^6\,3s^2\,3p^6$

On voit que les ions ont leur couche externe saturée, par analogie avec les gaz rares.
2. L'énergie d'ionisation est une énergie à fournir au système, pour qu'il cède l'électron, donc d'après la convention du banquier, c'est une énergie comptée positivement, car elle est reçue. On a donc :

$$E_i = +\,520\ \text{kJ} \cdot \text{mol}^{-1}$$

3. L'énergie d'ionisation diminue quand on descend dans la première colonne de la classification périodique : cela est dû au rayon atomique, dont la valeur augmente, ce qui signifie que l'électron externe est de moins en moins lié au noyau, puisqu'il en est de plus en plus éloigné.

11 **1.** La structure électronique de l'atome de carbone (Z = 6), en utilisant les cases quantiques est :

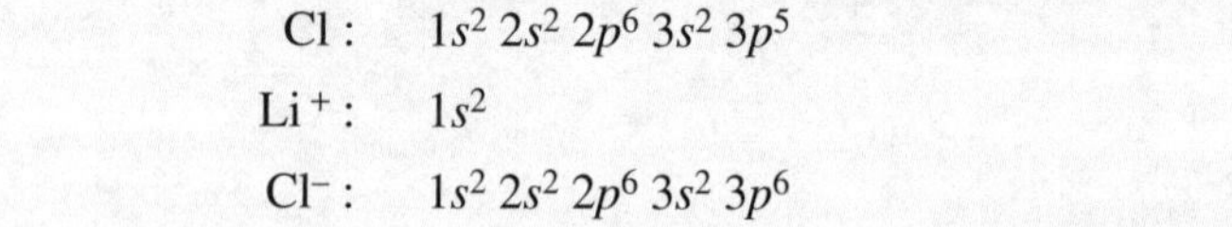

$1s^2$ $2s^2$ $2p^2$

Les 2 orbitales $2p$ sont en forme de huit, et sont orthogonales :

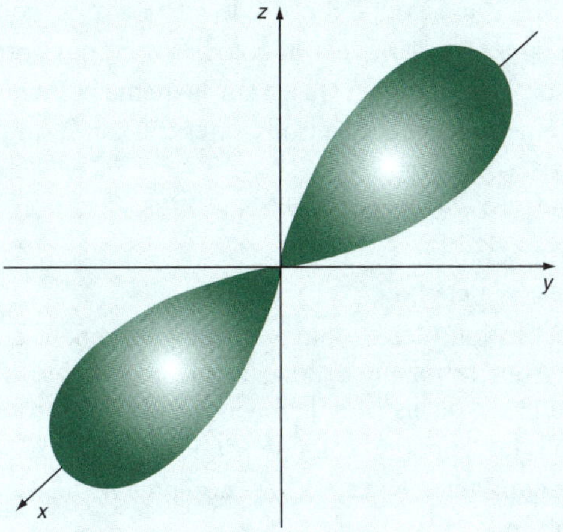

2. Les structures électroniques externes sont analogues à celle du carbone, puisqu'il s'agit du même groupe :

Si : $3s^2\ 3p^2$

Ge : $4s^2\ 4p^2$

Bien sûr, les répartitions dans les cases quantiques sont aussi similaires.

12 Aucune bonne(s) réponse(s).

a. C'est le nombre quantique de spin tel que $s = \pm\ 1/2$

b. C'est le nombre quantique principal, entier tel que $n = 1, 2, 3\ldots$

c. C'est le nombre quantique magnétique tel que $l \leq m_l \leq l$.

d. C'est le nombre quantique secondaire tel que $0 \leq l \leq n - 1$.

13 Bonne(s) réponse(s) : b. et d.

a. Il manque un électron et d'après la règle de Klechkowsky, on a :
$_8O : 1s^2\ 2s^2\ 2p^4$

b. C'est une irrégularité, car l'atome est plus stable avec une sous-couche $3d$ à moitié remplie.

c. D'après la règle de Klechkowsky, on a : $1s^2\ 2s^2\ 2p^6\ 3s^2\ 3p^6\ 4s^2\ 3d^1$

d. D'après la règle de Klechkowsky.

14 Bonne(s) réponse(s) : a. et b.

a. C'est la première colonne, dont les atomes donnent des cations monovalents, donc du type ns^1 (Li^+, Na^+…).

b. C'est la colonne 13 du tableau périodique.

c. C'est la colonne 17 de la classification périodique, dont les atomes donnent des anions monovalents, donc la structure électronique externe est du type ns^2np^5 (F^- ; Cl^-…).

d. Une couche de valence de type s peut contenir au maximum deux électrons !

15 Bonne(s) réponse(s) : c. et e.

Commentaire : pour Mg, Z = 12 donc il possède 12 électrons, donc sa structure électronique est $K^2L^8M^2$, donc sa couche externe est la couche M ce qui correspond à la 3e ligne, avec 2 électrons externes soit la 2e colonne. Be est sur la même colonne au dessus donc 2e colonne et 2e ligne, avec le même nombre d'électrons externes, soit 2 sur la couche L, soit K^2L^2 donc globalement 4 électrons, soit Z = 4.

Pour Be, N = A – Z = 9 – 4 = 5 neutrons.

16 Bonne(s) réponse(s) : c. et d.

Commentaire : par définition, deux atomes qui appartiennent au même élément chimique sont des isotopes : ils ont le même Z donc le même nombre d'électrons et possèdent de comportements chimiques voisins ; les halogènes ont 7 électrons. sur leur couche externe donc sont placés dans la septième colonne, donc Z = 17, puisqu'ils sont sur la 3e ligne (couche M, 10 électrons). Pour $^{A}X_1$ et $^{A'}X_2$ les nombres de neutrons sont respectivement :

$$N = A - Z = 35 - 17 = 18 \text{ neutrons.}$$
$$N = A - Z = 37 - 17 = 20 \text{ neutrons.}$$

17 Bonne(s) réponse(s) : a.

Commentaire : les règles de Slater donnent :

$$\sigma_{1s} = 1 \times 0{,}3 = 0{,}30 \text{ et } \sigma_{2s} = 2 \times 0{,}85 + 7 \times 0{,}35 = 4{,}15\ ;$$
$$\sigma_{3s} = 2 \times 1 + 8 \times 0{,}85 + 1 \times 0{,}35 = 9{,}15.$$
$$Z^*_{2p} = 12 - 4{,}15 = 7{,}85\ ;$$
$$Z^*_{3p} = 12 - 9{,}15 = 2{,}85.$$

Liaisons chimiques

3

Plan

1. Liaison covalente
2. Modèle VSEPR
3. Formation des orbitales moléculaires (OM)
4. Modèle de l'hybridation des OA
5. Moment dipolaire

Synthèse

QCM et exercices

Corrigés

Objectifs

- Comprendre les différents modèles de liaisons entre atomes
- Appréhender le caractère ionique d'une structure par le calcul du moment dipolaire

1. Liaison covalente

D'après Lewis, la **liaison covalente** est une mise en commun d'une paire d'électrons entre deux atomes.

Exemple

Un atome d'hydrogène H et un atome de chlore Cl peuvent former une liaison covalente en apportant chacun un électron : on obtient alors la molécule de chlorure d'hydrogène HCl. On résume cette mise en commun de la façon suivante :

$$H\bullet + \bullet\overline{\underline{Cl}}| \text{ donne } H-\overline{\underline{Cl}}|$$

Un point représente un électron, un tiret représente une paire d'électrons, soit un doublet, qu'il soit liant ou non.

Quand la liaison est formée, on voit que les couches périphériques (couches de valence ou couches externes) des deux atomes sont saturées (complètes), avec 2 électrons pour l'hydrogène et 8 électrons pour le chlore.

Cela correspond à la **règle du duet et de l'octet** :

En formant la liaison covalente, chaque atome tend à acquérir une couche de valence saturée, analogue à celle du gaz rare le plus proche dans la classification périodique des éléments.

Parfois, le doublet d'électrons qui va servir à établir la liaison provient d'un seul atome : on parle alors de **coordinence** ou de liaison de **coordination**, mais c'est toujours une liaison de valence.

Pour représenter les édifices formés par liaison covalente, on utilise les représentations de Lewis. On indique, autour du symbole de chaque atome, les électrons de valence en les représentant par des points. On indique les doublets par des tirets, qu'il s'agisse des **doublets de liaison** ou des doublets **non liants**.

Pour satisfaire à la règle de l'octet, on est parfois amené à considérer des liaisons doubles ou triples (2 tirets ou 3 tirets superposés).

Attention

La structure de certaines molécules ne peut s'expliquer que si 1 des atomes est dans un état excité, avec 1 électron qui est passé dans un sous-niveau d'énergie supérieure. On dit que l'électron est « promu », et on parle de *promotion de valence*.

2. Modèle VSEPR

Il existe de nombreux cas qui échappent aux prévisions du modèle covalent. Gillespie a proposé le modèle **VSEPR**, c'est-à-dire le modèle de « répulsion des paires électroniques de la couche de valence ».

La disposition des liaisons autour d'un atome central dépend de l'arrangement de toutes les paires électroniques dans la couche externe de cet atome. Cet arrangement est fonction du nombre total de ces paires électroniques.

L'arrangement le plus probable est celui qui porte au maximum la distance entre les paires qui se repoussent mutuellement : il correspond au minimum d'énergie du système.

Convention : en première approximation, on considère que les paires liantes et non liantes sont équivalentes et situées à une même distance du noyau de l'atome central.

On cherche la disposition des points représentant chacun une paire d'électrons située à la surface d'une sphère, centrée sur le noyau central, de telle sorte que la distance entre ces points soit maximale.

Nombre de paires	Représentation dans l'espace	Forme
2	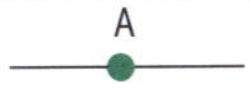	Linéaire
3	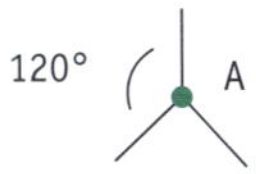	Triangle équilatéral
4	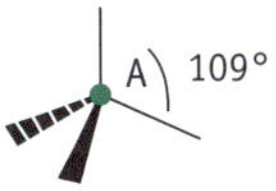	Tétraèdre
5	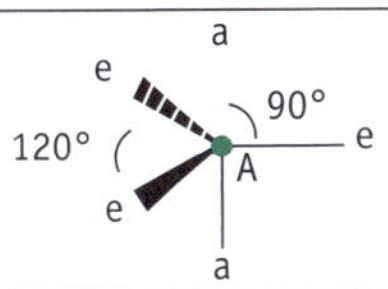	Bipyramide trigonale
6	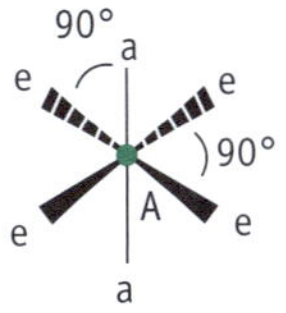	Octaédre

Figure 3.1 Géométrie VSEPR (e = liaison équatoriale; a = liaison axiale).

Les solutions sont représentées en fonction du nombre de points.

Règles : On détermine à partir d'un schéma de Lewis le nombre a de paires liantes entre A l'atome central, et X ions ou atomes voisins, et le nombre b de paires non liantes E.

On a donc la formule type AX_aE_b, composé dont la géométrie dépend des $(a + b)$ paires. Pour toute liaison, la direction de la liaison étant confondue avec la direction de l'axe de l'orbitale moléculaire (OM) décrivant la paire liante, on obtient ainsi une valeur approchée de l'angle de liaison.

Dans le cas ou l'atome central a des liaisons multiples (doubles ou triples), on considèrera, en première approche, que cela correspond à une seule paire d'électrons, donc à une simple liaison. La géométrie sera donc identique, mais on pourra, ensuite, améliorer le modèle, en tenant compte qu'une liaison double ou triple est plus volumineuse, ce qui modifie sensiblement la valeur des angles de liaison. On pourra aussi prendre en compte la taille plus importante des doublets non liants (voir exercices).

3. Formation des orbitales moléculaires (OM)

On applique la méthode de combinaison linéaire des orbitales atomiques OA (méthode LCAO) : il s'agit, mathématiquement, de combiner deux fonctions d'onde atomiques, en choisissant les coefficients appropriés, afin d'obtenir la fonction d'onde de l'orbitale moléculaire qui va décrire les deux électrons de la liaison covalente.

Cette méthode peut s'appliquer même en cas de coordinence. On obtient deux solutions mathématiques, respectivement appelées orbitales moléculaires **liante** et **antiliante**.

Pour que cela puisse se faire, il faut que les orbitales atomiques aient des énergies voisines, soit un ΔE **inférieur** à 12 eV, et des symétries qui conviennent.

Si on combine deux orbitales atomiques de type *s*, donc symétriques, les orbitales moléculaires obtenues sont dites de type σ : cela signifie qu'elles possèdent une symétrie de révolution autour de l'axe internucléaire. On note σ_{1s} l'OM liante, et σ^*_{1s} l'OM antiliante. L'OM σ_{1s} possède, en outre, une forte densité de probabilité, entre les deux noyaux, ce qui n'est pas le cas pour l'OM σ^*_{1s}. L'énergie de l'orbitale liante est, de plus, inférieure à celle de l'orbitale antiliante.

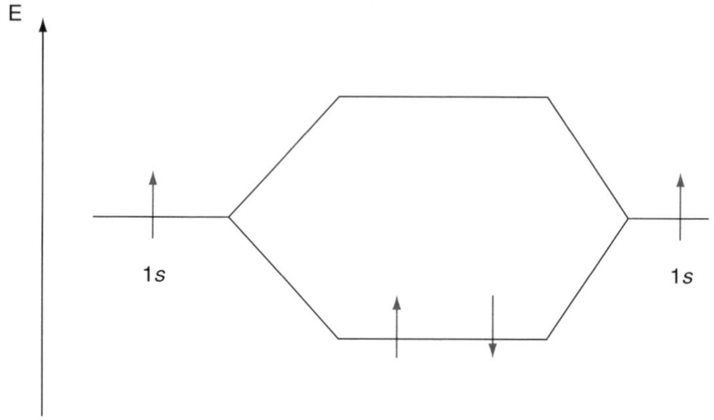

Figure 3.2 Énergie des OM σ_{1s} et σ^*_{1s}/OA pour H_2.

On voit que l'énergie de l'orbitale liante est aussi inférieure à l'énergie des orbitales atomiques 1*s* initiales, alors que l'énergie de l'orbitale antiliante est supérieure.

Comme les règles de remplissage des OM, à l'état fondamental, sont identiques à celles des OA (par niveau d'énergie croissant, règles de Pauli et Hund), les électrons de liaison remplissent d'abord l'orbitale liante σ_{1s}. Comme il n'y a que deux électrons, l'orbitale antiliante n'est pas occupée. On peut maintenant définir l'**indice de liaison** (ou ordre de liaison), et le calculer pour la molécule de dihydrogène :

$$I \cdot L = 1/2(e^- \text{ liants} - e^- \text{ non liants}) = 1/2(2-0) = 1$$

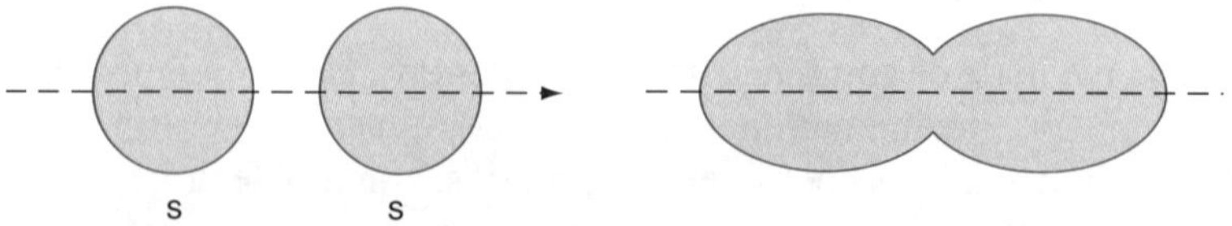

Figure 3.3 Formation de l'orbitale moléculaire σ_{1s}.

Attention

Quand l'indice de liaison est égal à zéro, cela signifie que la molécule n'existe pas !

Il existe aussi des combinaisons d'orbitales atomiques, de type *s* et *p*, ce qui donne encore une OM ayant une symétrie de révolution, autour de l'axe internucléaire : on obtient donc encore une orbitale moléculaire de type σ. C'est aussi ce qui est observé, quand on combine des OA de type *p*.

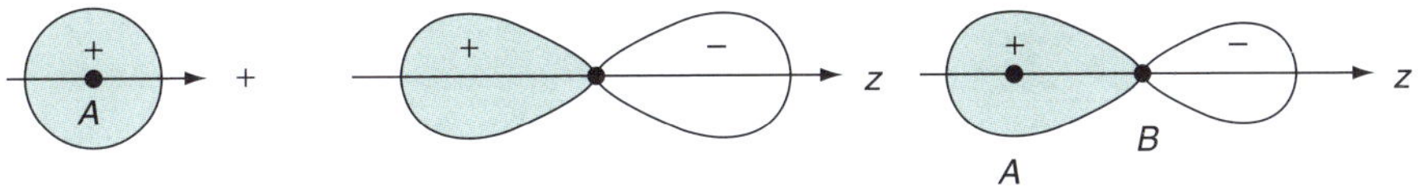

Figure 3.4 Recouvrement axial liant (fusion des 2 lobes) : formation d'une OM s par combinaison d'OA s et p.

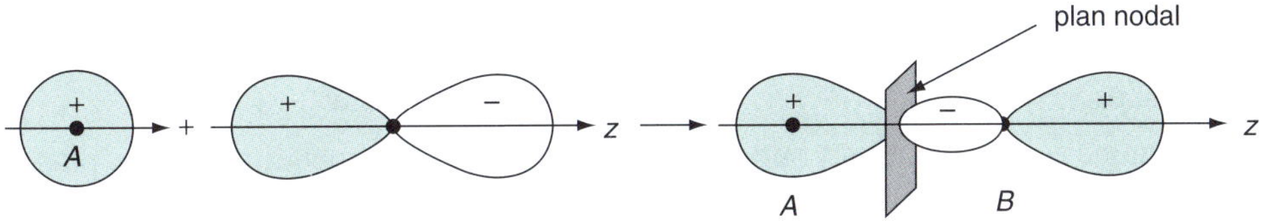

Figure 3.5 Recouvrement axial antiliant.

On peut aussi combiner des orbitales de type *p*, par un recouvrement latéral, correspondant à 2 orbitales $2p_y$, par exemple : on obtient alors des OM qui n'ont plus la forte densité de probabilité internucléaire, et on parle d'orbitales moléculaires de type π. Il existe, de même, deux OM π, liante, et π*, non liantes. Les OM de type π donnent des liaisons moins solides que les liaisons de type σ.

4. Modèle de l'hybridation des OA

La méthode de recouvrement des OA exposée dans le paragraphe précédent ne permet pas d'expliquer toutes les directions des liaisons, déterminées expérimentalement. Ainsi, la molécule de méthane CH_4, avec le carbone central, a une conformation tétraédrique, avec 4 liaisons identiques. Le carbone est dans un état excité (promotion de valence), donc les structures électroniques sont :

$${}_6C : \quad 1s^2\ 2s^1\ 2p^3$$

$${}_1H : \quad 1s^1$$

En combinant les OA des 2 atomes, on doit donc avoir 3 liaisons identiques (2*p* du C/1*s* de H) et une liaison différente (2*s* du C/1*s* de H), ce qui ne correspond pas à l'expérience. Pour expliquer cela, on considère que l'on doit partir d'OA du carbone qui traduisent déjà la symétrie de la molécule de méthane. On peut montrer que les orbitales $2s$, $2p_x$, $2p_y$, $2p_z$, du carbone peuvent être remplacées par 4 OA **hybrides** de ces dernières. On parle d'hybridation de type $\boldsymbol{sp^3}$, ou d'hybridation tétraédrique. Par recouvrement des 4 OA $\boldsymbol{sp^3}$, avec les 4 OA de type $1s$ des hydrogènes, on peut former 4 OM de type σ, qui permettent de décrire les 4 liaisons carbone-hydrogène identiques.

On définit de même des OA hybride de type sp^2 (doubles liaisons) et de type sp (triples liaisons).

Remarque

Les molécules cycliques, comme le benzène C_6H_6, peuvent être décrites, par plusieurs formules; on parle alors de formes **mésomères** (voir É. Marche, *Chimie organique*, Dunod, 2010, chapitre 4). Cette structure est un cycle hexagonal, formé de trois simples liaisons en alternance avec trois doubles liaisons, ce qui devrait conduire à l'observation de 2 valeurs de longueurs de liaison. Or l'expérience montre que les liaisons sont équivalentes. On le comprend, en considérant que les 6 atomes de carbone sont hybridés sp^2, et forment donc 6 liaisons s, par recouvrement des orbitales hybrides. Les orbitales hybrides restantes sont engagées dans les liaisons avec les hydrogènes.

Il reste donc, sur chaque carbone, une orbitale p, d'axe perpendiculaire au plan de l'hexagone. Ces 6 orbitales p se combinent pour donner 6 OM de type π (3 liantes/ 3 antiliantes), qui correspondent à des électrons délocalisés sur l'ensemble du cycle. Cette combinaison stabilise la molécule par **résonance**.

5. Moment dipolaire

Les doublets de liaison ne sont pas partagés de manière symétrique, entre deux atomes d'une molécule hétéronucléaire, du fait de leurs électronégativités différentes. On dit que la molécule est un dipôle électrique (voir cours de physique), ou qu'elle est polaire. Les barycentres des charges négatives et positives ne sont pas confondus. On considère que la molécule, neutre globalement, a une charge $+q$, sur l'atome le moins électronégatif (le plus électropositif), et une charge $-q$, sur l'atome le plus électronégatif. On caractérise alors cette situation par le **moment dipolaire** de la molécule m. Il vaut :

$$\mu = q \cdot d \text{ avec } d\text{, distance entre les charges}$$

Le moment dipolaire est un vecteur orienté de $+q$ vers $-q$ (pour les chimistes).

On exprime le moment électrique en Debye ($1\ \mathrm{D} = 3{,}34 \times 10^{-30}\ \mathrm{S \cdot I}$). Pour 2 charges, e et $-e$, distantes de 1 Angström, μ vaut 4,8 D. Donc, pour des charges quelconques q et $-q$, on exprime le moment selon :

$$\mu = 4{,}8(q/e) \cdot d \text{ avec } d \text{ en Angström}$$

On voit que, pour $q = e$, c'est-à-dire pour une structure complètement ionique, $\mu^* = 4{,}8\ d$. On définit alors le caractère plus ou moins ionique d'une molécule, par le rapport $\mu/\mu^* = q/e$. Ce rapport est souvent exprimé en pourcentage.

Synthèse

Je sais définir

- Liaison covalente
- Orbitale moléculaire
- Recouvrement axial
- Indice (ou ordre) de liaison
- Moment dipolaire

Je connais

- La règle du duet et de l'octet
- Le modèle VSEPR (ou de Gillespie)
- Comment se forment les orbitales moléculaires.
- Le modèle de l'hybridation des OA

Je sais

- Représenter la géométrie VSEPR d'un atome
- Utiliser la méthode de combinaison linéaire des orbitales atomiques (LCAO)

QCM et exercices

1 On considère l'élément hélium $_2He$: à l'aide de la méthode de combinaison linéaire des orbitales atomiques (LCAO), analyser la possibilité de formation d'une molécule He_2. Conclure par rapport à la famille chimique dont fait partie cet élément.

2 On considère l'élément oxygène $_8O$: à l'aide de la méthode de combinaison linéaire des orbitales atomiques (LCAO), analyser la possibilité de formation d'une molécule O_2.

On admettra le classement des OM, par niveaux d'énergie croissant :

$$(\sigma_{1s}), (\sigma^*_{1s}), (\sigma_{2s}), (\sigma^*_{2s}), (\sigma_z), (\pi_y) = (\pi_x), (\pi^*_x) = (\pi^*_y), (\sigma^*_z)$$

3 En utilisant le classement des OM de l'exercice précédent, calculer l'ordre de liaison de la molécule Be_2, et conclure. Le numéro atomique du béryllium est 4.

❒ **a.** 2.

❒ **b.** 3.

❒ **c.** 1.

❒ **d.** 0.

❒ **e.** Aucune réponse exacte.

4 À l'aide des données suivantes :

1. Déterminer le pourcentage de caractère ionique des structures HCl et HBr, respectivement chlorure d'hydrogène et bromure d'hydrogène.

❒ **a.** HCl : 20 % ; HBR : 15 %.

❒ **b.** HCl : 30 % ; HBr : 19 %.

❒ **c.** HCl : 17,7 % ; HBr : 12,2 %.

❒ **d.** HCl : 10,9 % ; HBr : 8,75 %.

❒ **e.** Aucune réponse exacte.

2. Calculer la différence d'électronégativité des atomes constitutifs de chaque espèce et commenter le résultat.

Structure	HCl	HBr
Moment dipolaire (Debye)	1,08	0,82
Longueur de liaison (Angström)	1,27	1,40

Électronégativités : $\chi(H) = 2,1$; $\chi(Cl) = 3$; $\chi(Br) = 2,8$.

❒ **a.** HCl : 0,5 ; HBR : 0,7.

❒ **b.** HCl : 0,9 ; HBR : 0,7.

❒ **c.** HCl : 0,3 ; HBR : 0,5.

❒ **d.** HCl : 0,8 ; HBR : 0,3.

❒ **e.** Aucune réponse exacte.

5 Soit une molécule de type AB, de moment dipolaire égal à 0,4 Debye. Le caractère ionique de cette structure vaut 10,5 %. Déterminer la charge q, et la longueur de liaison de la molécule.

Données : $e = +\ 1{,}6 \times 10^{-19}$ C

❒ **a.** $q = 1{,}68.10^{-20}$ C ; d = 0,79 Angström.
❒ **b.** $q = 6{,}8.10^{-20}$ C ; d = 0,19 Angström.
❒ **c.** $q = 1{,}8.10^{-20}$ C ; d = 0,39 Angström.
❒ **d.** $q = 8.10^{-20}$ C ; d = 0,59 Angström.
❒ **e.** Aucune réponse exacte.

6 (d'après annales Saint-Antoine)

Pour chacune des structures suivantes, donner le schéma de Lewis, et déterminer la géométrie à l'aide du modèle VSEPR :

$$H_2CO_3 ; CO_3^{2-} ; H_3O^+$$

❒ **a.** AX_3 ; AX_3 ; AX_3E respectivement.
❒ **b.** AX_3 ; AX_2 ; AX_2E_2 respectivement.
❒ **c.** AX_4 ; AX_3 ; AX_3E_2 respectivement.
❒ **d.** AX_2 ; AX_3 ; AX_2E respectivement.
❒ **e.** Aucune réponse exacte.

7 (d'après annales Paris-Ouest)

Données : ${}_{16}S$; ${}_{48}Cd$

1. Indiquer les configurations électroniques de Cd et de Cd^{2+}.

❒ **a.** Cd : $1s^22s^22p^63s^23p^64s^23d^{10}4p^64d^{10}5s^1$; Cd^{2+} : $1s^22s^22p^63s^23p^64s^23d^{10}4p^64d^{10}$.
❒ **b.** Cd : $1s^22s^22p^63s^23p^64s^23d^{10}4p^64d^{10}5s^2$; Cd^{2+} : $1s^22s^22p^63s^23p^64s^23d^{10}4p^64d^9$.
❒ **c.** Cd : $1s^22s^22p^63s^23p^64s^23d^{10}4p^54d^{10}5s^2$; Cd^{2+} : $1s^22s^22p^63s^23p^64s^23d^{10}4p^64d^{10}$.
❒ **d.** Cd : $1s^22s^22p^63s^23p^64s^23d^{10}4p^64d^{10}5s^2$; Cd^{2+} : $1s^22s^22p^63s^23p^64s^23d^{10}4p^64d^{10}$.
❒ **e.** Aucune réponse exacte.

2. Une protéine, symbolisée par RSH, peut réagir avec Cd^{2+} et former l'ion $[Cd(RSH)_4]^{2+}$: déterminer sa géométrie, à l'aide du modèle de Gillespie.

❒ **a.** AX_3.
❒ **b.** AX_4.
❒ **c.** AX_3E_2.
❒ **d.** AX_2.
❒ **e.** Aucune réponse exacte.

8 (d'après annales Pitié-Salpétrière)

1. Donner les configurations électroniques du fer et du zinc, dans l'état fondamental.

❒ **a.** Fe : $1s^22s^22p^63s^23p^64s^23d^{10}$; Zn : $1s^22s^22p^63s^23p^64s^23d^{10}$.
❒ **b.** Fe : $1s^22s^22p^63s^23p^64s^23d^6$; Zn : $1s^22s^22p^63s^23p^64s^23d^{10}$.
❒ **c.** Fe : $1s^22s^22p^63s^23p^64s^23d^{10}4p^54d^{10}5s^2$; Zn : $1s^22s^22p^63s^23p^64s^23d^{10}4p^64d^{10}$.
❒ **d.** Fe : $1s^22s^22p^63s^23p^64s^23d^{10}4p^64d^{10}5s^2$; Zn : $1s^22s^22p^63s^23p^64s^23d^{10}4p^64d^{10}$.
❒ **e.** Aucune réponse exacte.

2. Donner, dans l'état fondamental, les structures électroniques de la sous-couche externe, des cations Fe^{2+}, Fe^{3+}, Zn^{2+}, à l'aide des cases quantiques. Nommer la règle appliquée.

❒ **a.** Fe^{2+} : $1s^22s^22p^63s^23p^63d^6$; Zn^{2+} : $1s^22s^22p^63s^23p^63d^{10}$.

❒ **b.** Fe^{3+} : $1s^22s^22p^63s^23p^64s^23d^6$; Zn^{2+} : $1s^22s^22p^63s^23p^64s^2$.

❒ **c.** Fe^{2+} : $1s^22s^22p^63s^23p^64s^23d^{10}4p^5$; Zn^{2+} : $1s^22s^22p^63s^23p^64s^23d^1$.

❒ **d.** Fe^{2+} : $1s^22s^22p^63s^23p^64s^23d^{10}4p^6$; Zn^{2+} : $1s^22s^22p^63s^23p^64s^2$.

❒ **e.** Aucune réponse exacte.

9 (d'après annales Pitié-Salpétrière)

À l'aide des données suivantes, expliquer pourquoi la liaison B–Cl a une multiplicité supérieure à l'unité. Le numéro atomique du chlore vaut 17.

Molécule	Cl–Cl	B–B	B–Cl
Longueur de liaison	2 Angströms	1,74 Angström	1,75 Angström

10 Dans le modèle VSEPR, est il vrai que :

a. la molécule SiH_4 est du type AX_2 ?
b. l'ion CO_3^{2-} est du type AX_3 ?
c. la molécule CO_2 est du type AX_3 ?
d. le degré d'oxydation du carbone de la molécule CO_2 est + IV ?
e. la molécule CO_2 est triangulaire ?
f. l'ion CO_3^{2-} est triangulaire ?
g. la molécule SiH_4 est pentaédrique ?

❒ **A** = a. + b. + c.

❒ **B** = a. + b. + d.

❒ **C** = b. + d. + f.

❒ **D** = d. + f. + g.

11 À propos du modèle VSEPR, on peut affirmer que :

❒ **a.** Dans ce modèle, on distingue trois types de paires d'électrons;

❒ **b.** Dans ce modèle, on note B les doublets non liants;

❒ **c.** Dans ce modèle, on note D les doublets liants;

❒ **d.** Dans ce modèle, on note Z l'atome considéré comme central;

❒ **e.** Dans ce modèle, on détermine la géométrie en cherchant celle qui correspond aux distances minimales entre les paires d'électrons;

❒ **f.** Une structure de type AX_3 correspond à une géométrie triangulaire;

❒ **g.** Une structure de type AX_4 correspond à une géométrie tétraédrique.

12 Soit le diagramme d'énergie suivant :

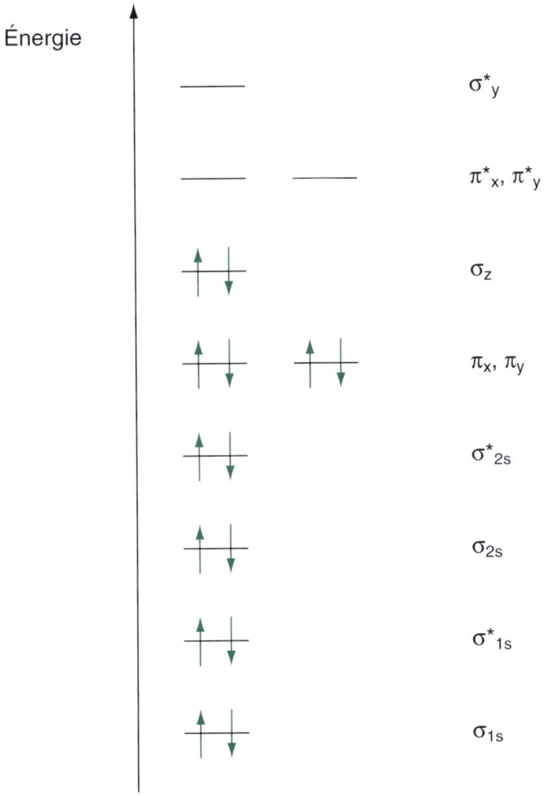

Est il vrai que :

❒ **a.** La structure électronique de cette molécule est :
$(s_{1s})^2(s^*_{1s})^2(s_{2s})^2(s^*_{2s})^2(s_z)^2(p_x)^2(p_y)^2(p^*_x)^1(p^*_y)^1(s^*_z)^0$?

❒ **b.** L'orbitale s^*_z est vide ?

❒ **c.** Il n'y a pas d'électrons célibataires ?

❒ **d.** La molécule correspondant à ce diagramme d'énergie est paramagnétique ?

❒ **e.** La molécule correspondant à ce diagramme d'énergie est diamagnétique ?

❒ **f.** L'indice de liaison de cette structure vaut 4 ?

❒ **g.** L'indice de liaison de cette structure vaut 3 ?

13 On considère les structures chimiques suivantes : CO_2, HCOH, CH_2Cl_2. On peut affirmer que dans la théorie VSEPR :

❒ **a.** CO_2 est de type AX_3 ;

❒ **b.** CO_2 est linéaire ;

❒ **c.** HCOH est de type AX_3 ;

❒ **d.** HCOH est tétraédrique ;

❒ **e.** CH_2Cl_2 est de type AX_3 ;

❒ **f.** CH_2Cl_2 est tétraédrique.

14 Parmi les propositions suivantes, trouver les réponses fausses :

❐ **a.** Certaines molécules correspondent à plusieurs schémas de Lewis possibles

❐ **b.** Dans une liaison covalente, les électrons des doublets de liaison proviennent des deux atomes liés.

❐ **c.** Une liaison A-B est d'autant plus forte que la distance internucléaire d_{AB} est faible.

❐ **d.** Dans la théorie VSEPR, l'expression AX_mE_n indique qu'il y a n atomes E liés à l'atome central A.

❐ **e.** Le moment dipolaire d'une molécule est obtenu expérimentalement.

❐ **f.** Dans la théorie VSEPR, l'expression AX_mE_n indique qu'il y a m atomes X liés à l'atome central A.

Corrigés

1 D'après la règle de Klechkowsky, la configuration électronique de l'hélium est :

$$_2He : 1s^2$$

Pour former une molécule, à partir de deux atomes, il faut donc un recouvrement des deux orbitales 1*s*, ce qui conduit à deux orbitales moléculaires de type σ_{1s} (liante) et σ^*_{1s} (antiliante). Chaque orbitale, liante et antiliante, accueille deux électrons, au cours de la mise en commun (d'après les règles de remplissage des orbitales); la configuration de la molécule serait donc :

$$He_2 : (\sigma_{1s})^2\ (\sigma^*_{1s})^2$$

On peut donc calculer l'indice de liaison I · L :

$$I \cdot L = 1/2(e^- \text{ liants} - e^- \text{ antiliants}) = 1/2(2 - 2) = 0$$

L'ordre de liaison étant nul, cela indique que cette molécule n'existe pas. En effet, l'hélium est un gaz rare, c'est-à-dire que sa couche externe est saturée; en quelque sorte, il satisfait déjà à la règle de l'octet, il est donc stable à l'état monoatomique.

2 L'atome d'oxygène a la structure électronique suivante :

$$_8O : 1s^2\ 2s^2\ 2p_x^{\ 2}\ 2p_y^{\ 1}\ 2p_z^{\ 1}$$

En se combinant les OA de type 1*s* et 2*s* forment 4 OM (σ_{1s}, σ_{2s} et σ^*_{1s}, σ^*_{2s}). De même, les OA de type $2p_z$ se recouvrent de façon coaxiale (voir schéma ci-après), donc on obtient deux OM, σ_z et σ^*_z, possédant une symétrie de révolution. Par contre, sur le schéma qui suit, on voit bien que les OA de type $2p_y$ et $2p_x$ se recouvrent latéralement, puisque leurs axes sont parallèles : on obtient donc des orbitales de type π_y et π^*_y, et π_x et π^*_x.

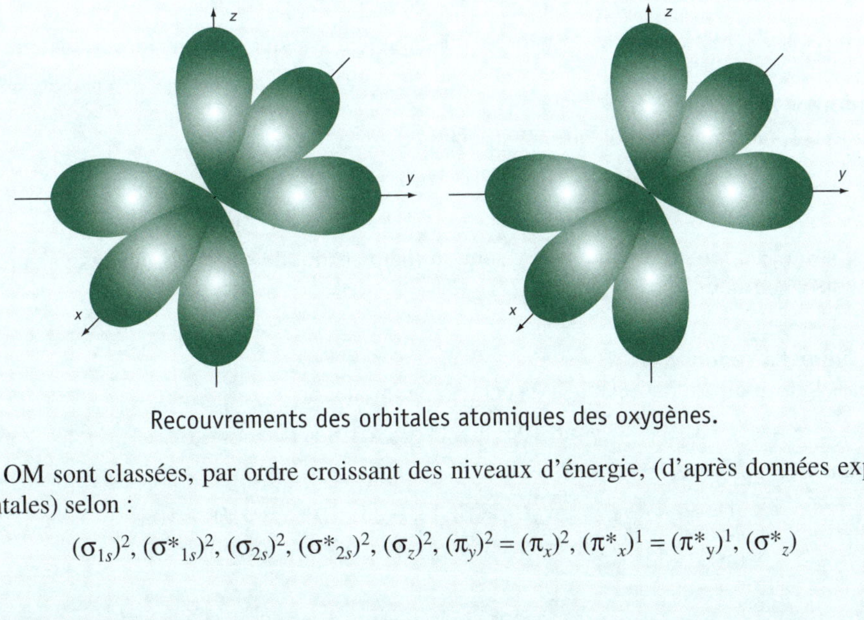

Recouvrements des orbitales atomiques des oxygènes.

Les OM sont classées, par ordre croissant des niveaux d'énergie, (d'après données expérimentales) selon :

$$(\sigma_{1s})^2, (\sigma^*_{1s})^2, (\sigma_{2s})^2, (\sigma^*_{2s})^2, (\sigma_z)^2, (\pi_y)^2 = (\pi_x)^2, (\pi^*_x)^1 = (\pi^*_y)^1, (\sigma^*_z)$$

On a rempli les OM à l'aide des règles des niveaux d'énergie croissant, et de Hund, avec les 16 électrons des deux atomes. On peut canuler l'indice de liaison, à partir des électrons de la couche externe ($n = 2$) :

$$I \cdot L = 1/2\ (e^- \text{ liants} - e^- \text{ antiliants}) = 1/2\ (8 - 4) = 2$$

On a donc une double liaison oxygène-oxygène, et la molécule O_2 existe bien !

3 Bonne(s) réponse(s) : d.

La structure électronique du béryllium est :

$$_4Be : 1s^2\ 2s^2$$

Les OA des deux atomes peuvent se combiner, et donner 4 OM (σ_{1s}), (σ^*_{1s}), (σ_{2s}), (σ^*_{2s}), remplies successivement par les 8 électrons : $(\sigma_{1s})^2$, $(\sigma^*_{1s})^2$, $(\sigma_{2s})^2$, $(\sigma^*_{2s})^2$.

On peut donc calculer l'ordre de liaison de cette molécule :

$$I \cdot L = 1/2\ (e^- \text{ liants} - e^- \text{ antiliants}) = 1/2\ (2 - 2) = 0$$

Conclusion : cette molécule n'existe pas !

4 1. Bonne(s) réponse(s) : c.

On a vu dans les rappels de cours que le pourcentage s'exprime selon :

$\% = \dfrac{\mu}{\mu^*}$ avec μ moment de la structure, et $\mu^* = 4{,}8\ d$, moment de la structure ionique.

Pour HCl, on écrit donc :

$$\% = \frac{\mu}{\mu^*} = (1{,}08)/(4{,}8 \times 1{,}27) = 0{,}177 = 17{,}7\ \%$$

On voit que le chlorure d'hydrogène a un caractère ionique peu marqué, et que la liaison covalente entre les deux atomes n'est pas très polarisée.

Pour HBr, on écrit donc :

$$\% = \frac{\mu}{\mu^*} = (0{,}82)/(4{,}8 \times 1{,}40) = 0{,}122 = 12{,}2\ \%$$

On voit que le bromure d'hydrogène a un caractère ionique encore moins marqué que l'halogénure précédent, et que la liaison covalente entre les deux atomes est peu polarisée.

2. Bonne(s) réponse(s) : b.

Calculons les différences d'électronégativité, notées $\Delta\chi$:

$$\Delta\chi(HCl) = \chi(Cl) - \chi(H) = 3 - 2{,}1 = 0{,}9$$

$$\Delta\chi(HBr) = \chi(Br) - \chi(H) = 2{,}8 - 2{,}1 = 0{,}7$$

Conclusion : on remarque que les $\Delta\chi$ sont du même ordre de grandeur que les valeurs des moments électriques.

5 Bonne(s) réponse(s) : a.

D'après la formule du pourcentage de caractère ionique, on a :

$$\% = q/e = 0{,}105 \Rightarrow q = 0{,}105 \cdot e = 0{,}105 \times 1{,}6 \times 10^{-19} = 1{,}68 \times 10^{-20}\ C$$

Le moment dipolaire est :

$$\mu = q \cdot d \Rightarrow d \quad = \mu/q = (0{,}4 \times 3{,}34 \times 10^{-30})/1{,}68 \times 10^{-20}$$

$$= 7{,}95 \times 10^{-11}\ \mu = 0{,}79 \text{ Angström}$$

6 **Bonne(s) réponse(s) : a.**

D'après les structures électroniques des atomes C, O, et H, on voit que C est tétravalent, O est divalent, et H est monovalent, ce qui signifie qu'il est en bout de chaîne :

$${}_6C : 1s^2\ 2s^1\ 2p_x^1\ 2p_y^1\ 2p_z^1 \text{ (promotion de valence)}$$

$${}_8O : 1s^2\ 2s^2\ 2p_x^2\ 2p_y^1\ 2p_z^1$$

$${}_1H : 1s^1$$

La formule de Lewis de H_2CO_3 est donc :

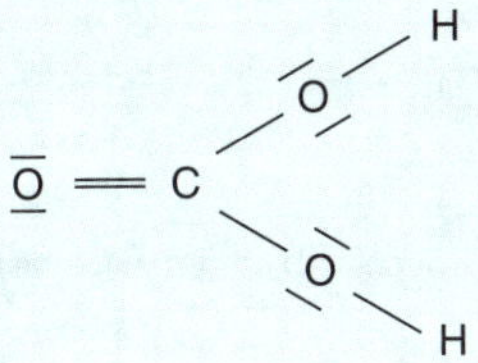

On a satisfait à la règle du duet pour H, et à la règle de l'octet pour C et O. L'atome central A est le carbone, qui est relié à 3 substituants *X*, et qui n'a pas de paires non liantes E : la molécule est donc du type AX_3 dans le modèle VSEPR. Sa géométrie est donc triangulaire plane. On peut affiner le modèle, car la double liaison est plus volumineuse qu'une simple, donc l'angle entre les liaisons simples sera inférieur à 120°.

Pour l'ion carbonate, on a :

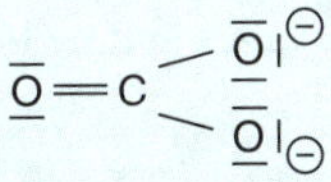

Il s'agit donc encore d'une structure de type AX_3 dans le modèle VSEPR, soit une géométrie triangulaire, ou trigonale plane.

L'ion hydronium, ou oxonium, est une molécule d'eau sur laquelle s'est fixé un ion H^+, par l'intermédiaire d'un doublet libre de l'oxygène; le schéma de Lewis est donc :

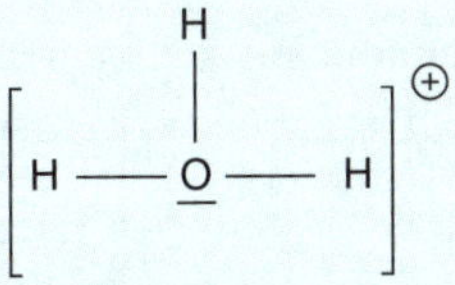

L'atome central O a 3 substituants *X* et une paire libre E : c'est une structure AX_3E, de géométrie bipyramide trigonale. La molécule, sans tenir compte de la paire libre E, est donc une pyramide trigonale.

7 **1. Bonne(s) réponse(s) : d.**

D'après Klechkowsky, on a :

$${}_{48}Cd : 1s^2\ 2s^2\ 2p^6\ 3s^2\ 3p^6\ 4s^2\ 3d^{10}\ 4p^6\ 4d^{10}\ 5s^2$$

$$Cd^{2+} : 1s^2\ 2s^2\ 2p^6\ 3s^2\ 3p^6\ 4s^2\ 3d^{10}\ 4p^6\ 4d^{10}$$

2. Bonne(s) réponse(s) : b.
Le soufre a pour configuration électronique :

$$_{16}S : 1s^2\ 2s^2\ 2p^6\ 3s^2\ 3p^4$$

Il possède donc deux doublets non liants, et peut engendrer deux liaisons : S est divalent. L'ion Cd^{2+} ayant des orbitales vides (1 de type 5*s* et 3 de type 5*p*), il peut alors accepter les doublets libres du soufre : on parle de liaison *dative*, ou de *coordinence*. Le schéma de Lewis est donc :

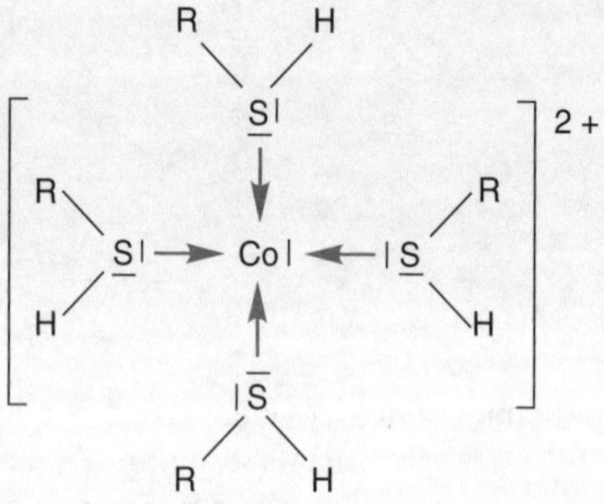

On voit que Cd est central, et qu'il a 4 substituants : l'ion est du type AX_4, il est tétraédrique.

8 **1. Bonne(s) réponse(s) : b.**
Les configurations sont données par la règle de Klechkowsky :

$$_{26}Fe : 1s^2\ 2s^2\ 2p^6\ 3s^2\ 3p^6\ 4s^2\ 3d^6$$

$$_{30}Zn : 1s^2\ 2s^2\ 2p^6\ 3s^2\ 3p^6\ 4s^2\ 3d^{10}$$

2. Bonne(s) réponse(s) : a.
En séparant les OA du fer en différents groupes, on repère les électrons les plus externes qui partent au cours de l'ionisation :

$$Fe : 1s^2 / 2s^2\ 2p^6 / 3s^2\ 3p^6\ 3d^6 / 4s^2$$

Les cations ferreux et ferrique ont donc respectivement les structures :

$$Fe^{2+} : 1s^2\ 2s^2\ 2p^6\ 3s^2\ 3p^6\ 3d^6$$

$$Fe^{3+} : 1s^2\ 2s^2\ 2p^6\ 3s^2\ 3p^6\ 3d^5$$

De même, pour l'ion zinc :

$$Zn^{2+} : 1s^2\ 2s^2\ 2p^6\ 3s^2\ 3p^6\ 3d^{10}$$

9 On calcule la longueur de liaison, de la molécule B–Cl, en faisant la moyenne arithmétique des deux autres longueurs, soit :

$$L = (2 + 1{,}74) : 2 = 3{,}74/2 = 1{,}87 \text{ Angström}$$

Or la valeur expérimentale de L est inférieure : la multiplicité n'est donc pas égale à 1 (simple liaison), elle est supérieure à l'unité, ce qui indique qu'il s'agit d'une liaison qui se rapproche d'une liaison double.

10 Bonne(s) réponse(s) : C.

a. Le silicium est l'atome central A ;il y a quatre liaisons simples, avec les hydrogènes, et il n'y a pas de paires libres, donc la structure est du type AX_4.
b. Le carbone est l'atome central A; il y a deux liaisons simples et une double, avec les trois oxygènes, et il n'y a pas de paires libres, donc la structure est du type AX_3.
c. Le carbone est l'atome central A; il y a deux doubles liaisons, avec les oxygènes, et il n'y a pas de paires non liantes donc c'est une structure du type AX_2.
d. Il y a deux oxygènes, de nombre d'oxydation – II, donc, comme la molécule est neutre, le nombre d'oxydation du carbone est + IV.
e. La molécule est du type AX_2 : elle est donc linéaire.
f. L'ion est du type AX_3 : il est donc triangulaire.
g. La molécule est du type AX_4 : elle est donc tétraédrique.

11 Bonne(s) réponse(s) : f. et g.

a. Il y en a deux : les doublets liants et libres.
b. Les doublets non liants sont notés E.
c. Les doublets liants sont notés X.
d. Par convention, on le note A.
e. C'est le contraire, on cherche les distances maximales.
f. Par exemple, l'ion CO_3^{2-}.
g. Par exemple, la molécule de méthane SiH_4.

12 Bonne(s) réponse(s) : b., c. et e.

a. D'après la répartition des électrons.
b. Puisqu'elle ne contient pas d'électrons.
c. Il y en a aucun.
d. Car il n'y a pas deux électrons célibataires.
e. Car tous les électrons sont appariés.
f. On calcule l'indice de liaison :

$$i_1 = \frac{1}{2}\{n_{e^-}(\text{OM liantes}) - n_{e^-}(\text{OM antiliantes})\} = \frac{1}{2}\{10 - 4\} = 3$$

g. D'après le calcul précédent.

13 Bonne(s) réponse(s) : b. et c.

Avec le carbone en atome central, le dioxyde de carbone est de type AX_2, donc linéaire ; pour HCOH, il y a une liaison double et deux simples donc trois directions de liaisons, soit AX_3 ; enfin pour CH_2Cl_2, les 4 directions des 4 liaisons covalentes correspondent à une structure tétraédrique soit AX_4.

14 Bonne(s) réponse(s) : b., c. et d.

a. Vrai : ce sont les formes mésomères ou limites.

b. Faux : il existe la covalence par coordination avec 2 électrons provenant d'un même atome.

c. Faux : plus d_{AB} est petite, plus l'énergie de liaison est grande.

d. Faux : il s'agit des *n* paires libres E de l'atome central A.

e. Vrai : il est mesurable et on le compare au moment théorique.

f. Vrai

Cinétique

4

Plan

Objectifs

- Savoir calculer une vitesse de réaction
- Connaître les principales lois de vitesse
- Comprendre les notions de mécanisme de réaction et de catalyseur

La cinétique est l'étude des vitesses des réactions. Quand une réaction est thermodynamiquement possible (voir chapitre 6), il convient de savoir si elle peut se dérouler sur des durées satisfaisantes d'un point de vue pratique, et s'il est possible d'agir sur le facteur temps, c'est-à-dire d'accélérer ou au contraire de ralentir la réaction, en fonction du but recherché.

1. Facteurs cinétiques

Ils sont nombreux. Citons principalement les concentrations des réactifs et la température, mais aussi les ondes lumineuses, les catalyseurs, les solvants, etc.

Pour les concentrations des réactifs, il est aisé de comprendre que les molécules doivent se rencontrer pour pouvoir réagir : on parle alors de collisions ou de chocs entre espèces réactives.

À noter

Plus les concentrations sont élevées, plus la probabilité de rencontre des espèces qui réagissent est grande, et plus la vitesse de réaction sera élevée.

Par ailleurs, les collisions ne sont pas toutes favorables ou efficaces, c'est-à-dire qu'elles ne conduisent pas toutes à la formation des produits, et le choc doit être suffisamment « énergétique » ou les particules suffisamment « agitées » au moment de la rencontre, pour que le choc soit efficace.

À noter

La température étant une mesure de l'agitation microscopique des particules, plus elle sera élevée, plus le nombre de chocs favorables sera grand, et plus la vitesse de réaction sera importante.

De manière empirique, on considère que pour multiplier la vitesse par deux, il faut augmenter la température de 10 °C environ.

2. Vitesse de réaction

Considérons une réaction du type $xA + yB \rightarrow zC + tD$.

Nous pouvons donc définir la **vitesse de réaction** par :

$$V = -\frac{1}{x}\cdot\frac{d[A]}{dt} = -\frac{1}{y}\cdot\frac{d[B]}{dt} = +\frac{1}{z}\cdot\frac{d[C]}{dt} = +\frac{1}{t}\cdot\frac{d[D]}{dt}$$

Nous voyons que cette relation prend en compte les coefficients stœchiométriques de chacune des espèces chimiques, ce qui permet de calculer une vitesse de réaction indépendante du composé retenu.

Mathématiquement, l'expression $d[A]/dt$ représente la dérivée de la concentration du réactif A par rapport au temps. Au cours de la réaction, cette concentration diminue puisque A est consommé : donc la dérivée $d[A]/dt$ est négative. C'est la raison pour laquelle on ajoute un signe négatif pour les réactifs, ce qui permet de définir une vitesse de réaction positive.

La vitesse s'exprime en $mol \cdot m^{-3} \cdot s^{-1}$ dans le système international (SI) et en $mol \cdot L^{-1} \cdot s^{-1}$ de manière plus usuelle.

Comme la vitesse de réaction est proportionnelle à une dérivée, on peut déterminer celle-ci graphiquement, à partir de la courbe expérimentale donnant la concentration d'un réactif ou d'un produit, en fonction du temps.

On trace alors la **tangente** à la courbe, au point considéré (donc à l'instant t considéré); on calcule ensuite la pente de cette tangente, qui nous donne la valeur de la vitesse de la réaction à l'instant t choisi.

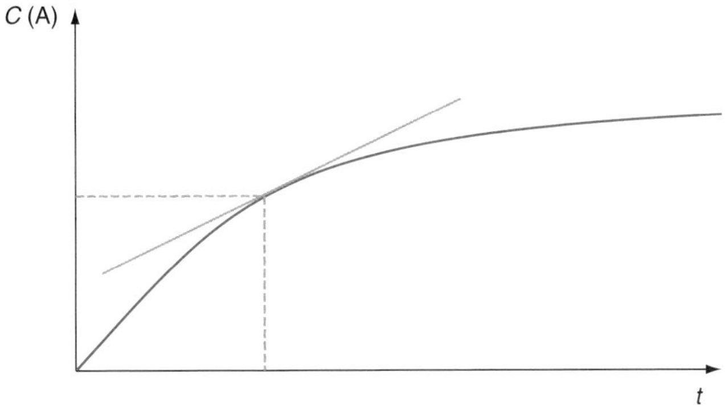

Figure 4.1 Schéma du tracé de la tangente pour un produit A.

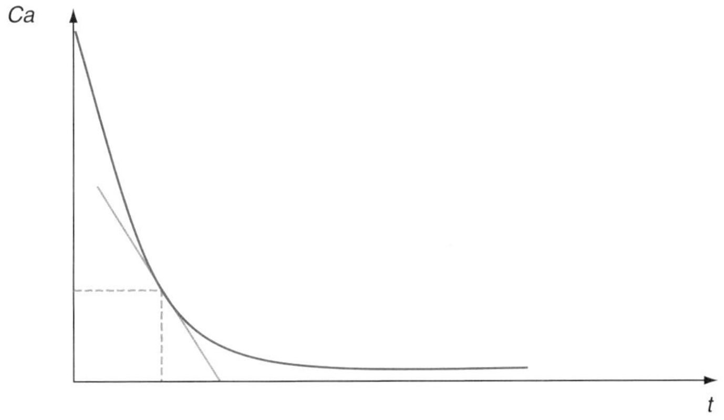

Figure 4.2 Schéma du tracé de la tangente pour un réactif A.

On peut aussi définir une vitesse moyenne, et le tracé correspond alors non plus à un instant t, mais à un intervalle de temps, c'est-à-dire à une durée :

$$\Delta t = t_2 - t_1.$$

La droite tracée, entre t_2 et t_1, n'est donc plus une tangente.

On peut calculer la vitesse sur l'intervalle $\Delta t = t_2 - t_1$, selon :

$$v_{\text{moyen}} = \Delta C / \Delta t = (C_2 - C_1)/(t_2 - t_1)$$

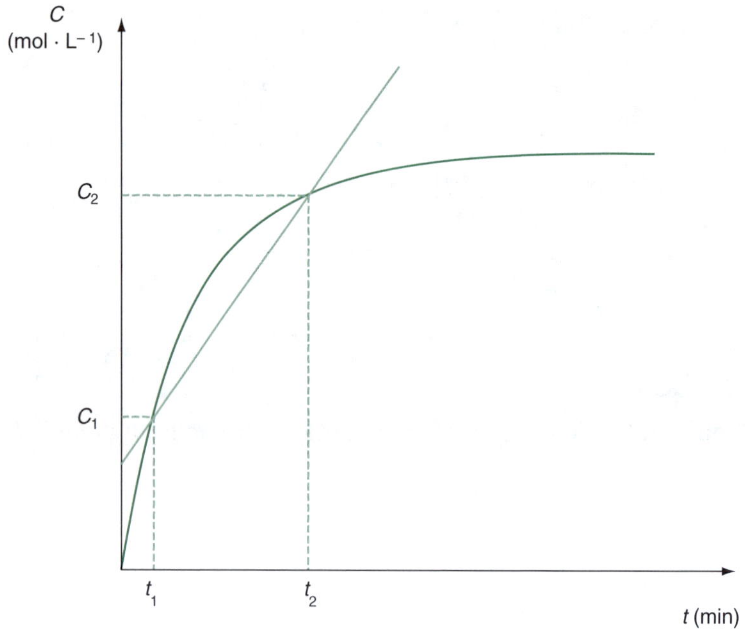

Figure 4.3 Détermination graphique d'une vitesse moyenne.

2.1 Lois de vitesse

On étudie toujours la réaction générale :

$$xA + yB \rightarrow zC + tD$$

On cherche à exprimer la vitesse de réaction en fonction des concentrations des composés chimiques. Selon la réaction étudiée, l'expression appelée **loi de vitesse**, peut être plus ou moins compliquée. Dans un grand nombre de cas, la vitesse est du type :

$$v = k[A]^a \cdot [B]^b$$

On dit alors que la réaction est d'**ordre partiel** a par rapport à A et d'ordre partiel b par rapport à B. Les exposants a et b peuvent être des fractions, des entiers ou des décimaux. La quantité $a + b$ représente l'**ordre global** de la réaction. Les ordres a et b ne sont pas égaux (pas toujours) aux coefficients stœchiométriques de A et B.

La constante de proportionnalité k s'appelle la constante de vitesse; elle dépend de la température, selon l'équation d'Arrhenius (1899), détaillée dans le paragraphe suivant.

Réaction d'ordre zéro

Soit la réaction :

$$aA \rightarrow bB$$

On a donc :

$$V = -\frac{1}{a} \cdot \frac{d[A]}{dt} = k[A]_0$$

Soit :

$$-\frac{1}{a} \cdot \frac{d[A]}{dt} = k \qquad \text{d'où :} \qquad d[A] = akdt$$

soit en intégrant :

$$\int_{A_0}^{A_t} d[A] = -ak\int_{t_0}^{t} dt$$

$$\Rightarrow \quad [A]_t - [A]_0 = -akt$$

$$\Rightarrow \quad [A]_t = -akt + [A]_0 \text{ (Loi de vitesse)}$$

ou

$$[A]_0 - [A]_t = akt$$

Nous voyons que tracer $[A] = f(t)$ nous donne une droite de pente $p = -ak$, dont nous pouvons déduire la valeur de la constante de vitesse k.

On voit que $k = \frac{[A]_0 - [A]_t}{at}$, ce qui implique que k s'exprime en $mol \cdot L^{-1} \cdot s^{-1}$ dans le système international (S · I).

Par définition, le **temps de demi-réaction** $t_{1/2}$ est la durée nécessaire pour que la concentration initiale du réactif soit divisée par 2.

On a donc :

$$[A]t_{1/2} = \frac{[A]_0}{2}$$

D'où, en substituant dans la loi de vitesse :

$$[A]t_{1/2} = \frac{[A]_0}{2} = akt_{1/2} + [A]_0 \qquad \text{soit :} \qquad akt_{1/2} = \frac{[A]_0}{2}$$

$$t_{1/2} = \frac{[A]_0}{2ak}$$

On voit que $t_{1/2}$ dépend de la concentration initiale.

Réaction d'ordre 1

Soit la réaction : $aA \rightarrow bB + cC$

On a donc :

$$V = -\frac{1}{a}\cdot\frac{d[A]}{dt} = k[A]$$
$$= +\frac{1}{b}\cdot\frac{d[B]}{dt} = +\frac{1}{c}\cdot\frac{d[C]}{dt}$$

d'où :

$$\frac{d[A]}{A} = -kadt$$

soit en intégrant :

$$\int_{[A]_0}^{[A]_t}\frac{d[A]}{A} = -ka\int_{t_0}^{t}dt$$

donc :

$$\ln[A]_t - \ln[A]_0 = -kat$$

Soit :

$$\ln[A]_t = -kat + \ln[A]_0$$

On peut aussi écrire :

$$\ln\frac{[A]_0}{[A]_t} = kat$$

Ou encore :

$$[A]_t = [A]_0 \cdot e^{-akt}$$

On voit que tracer le graphe $\ln[A]_t = f(t)$ nous donne une droite de pente $p = -ka$, dont nous pouvons déduire la constante de vitesse k.

On a :

$$k = \frac{1}{at}\cdot\ln\frac{[A]_0}{[A]_t}$$

donc k est l'inverse d'un temps et s'exprime en s^{-1} dans le système international (S · I).

D'après $[A]_{t_{1/2}} = \frac{[A]_0}{2}$ et par substitution dans la loi de la vitesse, on obtient :

$$\ln\frac{[A]_0}{[A]_{t_{1/2}}} = kat_{t_{1/2}}$$

Soit :

$$\ln\frac{2[A]_0}{[A]_{t_{1/2}}} = kat_{t_{1/2}}$$

D'où :

$$t_{1/2} = \frac{\ln 2}{ka}$$

À noter

> En général, on considérera des réactions telles que le coefficient stœchiométrique *a* soit égal à l'unité; dans tous les cas, il faudra préciser l'équation bilan associée à la loi de vitesse. Pour une même réaction, on peut écrire l'équation avec des coefficients différents (en général, on choisit les plus petits entiers !); cela n'est pas gênant, car il suffit de poser $k' = ka$, constante de vitesse associée à l'équation écrite avec un coefficient *a* différent de l'unité.

On voit que, pour une réaction d'ordre λ, le $t_{1/2}$ ne dépend pas de la concentration initiale.

Les réactions nucléaires, que sont les désintégrations radioactives, obéissent à une cinétique de premier ordre. Dans ce cas, on ne raisonne plus en terme de concentrations, mais en nombre de noyaux radioactifs, présents à l'instant t, notés $N(t)$. La loi de vitesse, dite de décroissance radioactive, s'écrit alors :

$$\ln\left(\frac{N_0}{N}\right) = \lambda t$$

$$\Rightarrow N(t) = N_0 \cdot e^{-\lambda t}$$

On voit que la constante de vitesse est notée λ, plutôt que k : on l'appelle alors **constante radioactive**. De même, le temps de demi-réaction est noté T, plutôt que $t_{1/2}$, et on l'appelle alors **période radioactive**.

Réaction d'ordre 2

Soit la réaction du type :

$$a\text{A} \rightarrow b\text{B} + c\text{C}$$

$$v = -\frac{1}{a} \cdot \frac{d[\text{A}]}{dt} = k[\text{A}]^2$$

Soit :

$$\frac{d[\text{A}]}{\text{A}} = -ka\,dt$$

donc en intégrant :

$$\int_0^t -\frac{d[\text{A}]}{[\text{A}]^2} = +ka\int_0^t dt$$

d'où :

$$\frac{1}{[\text{A}]_t} - \frac{1}{[\text{A}]_0} = kat \text{ (loi de vitesse)}$$

ou :

$$\frac{1}{[\text{A}]_t} = kat + \frac{1}{[\text{A}]_0}$$

Nous voyons que tracer la courbe $\frac{1}{[A]} = f(t)$ nous donne une droite de pente $p = ka$, dont nous pouvons déduire la constante de vitesse k. De même que pour les réactions d'ordre 1, on écrira plutôt les équations avec un coefficient stœchiométrique a égal à l'unité; si ce n'est pas le cas, on posera $k' = ka$, constante de vitesse associée à l'équation bilan écrite avec un coefficient a différent de l'unité.

On voit que $k = \frac{1}{at} \cdot \left[\frac{1}{[A]_t} - \frac{1}{[A]_0}\right]$.

Donc k s'exprime en $L \cdot mol^{-1} \cdot s^{-1}$ dans le système international (S · I).

D'après $[A]_{t_{1/2}} = \frac{[A]_0}{2}$ et par substitution dans la loi de vitesse, nous obtenons :

$$\frac{1}{[A]_{t_{1/2}}} - \frac{1}{[A]_0} = kat_{t_{1/2}}$$

soit :

$$\frac{2}{[A]_0} - \frac{1}{[A]_0} = kat_{t_{1/2}}$$

d'où :

$$\frac{1}{[A]_0} = kat_{t_{1/2}}$$

donc :

$$t_{1/2} = \frac{1}{ka[A]_0}$$

On voit que, pour une réaction d'ordre 2, le $t_{1/2}$ dépend de la concentration initiale.

3. Théorie du complexe activé

On a vu que la constante de vitesse d'une réaction ne dépend que de la température. En effet, selon l'équation d'Arrhénius (1899) :

$$k = Ae^{-Ea/RT}$$

Dans cette relation, A, le facteur pré-exponentiel, est appelé facteur de fréquence : il traduit la fréquence des collisions ($10^{10} - 10^{13}$ par seconde).

- R est la constante des gaz parfaits, elle vaut 8,31 $J \cdot K^{-1}$.
- T est la température absolue en K.
- E_a représente l'énergie d'activation.

Selon la théorie du complexe activé ou de l'état de transition, c'est l'énergie que doivent posséder les espèces réactives au cours de leur rencontre, pour pouvoir réagir.

Elles conduisent alors à la formation d'un composé intermédiaire, le **complexe activé** CA, d'énergie supérieure à celle des réactifs (*figure 4.4*).

Ce composé de transition peut se décomposer en donnant les produits. Plus l'énergie d'activation E_a est élevée, plus la réaction est lente, car le nombre de molécules possédant cette énergie sera d'autant plus faible, pour une même température. L'énergie E_a s'exprime en $J \cdot mol^{-1}$.

On peut représenter un diagramme d'énergie, en fonction de l'avancement de la réaction.

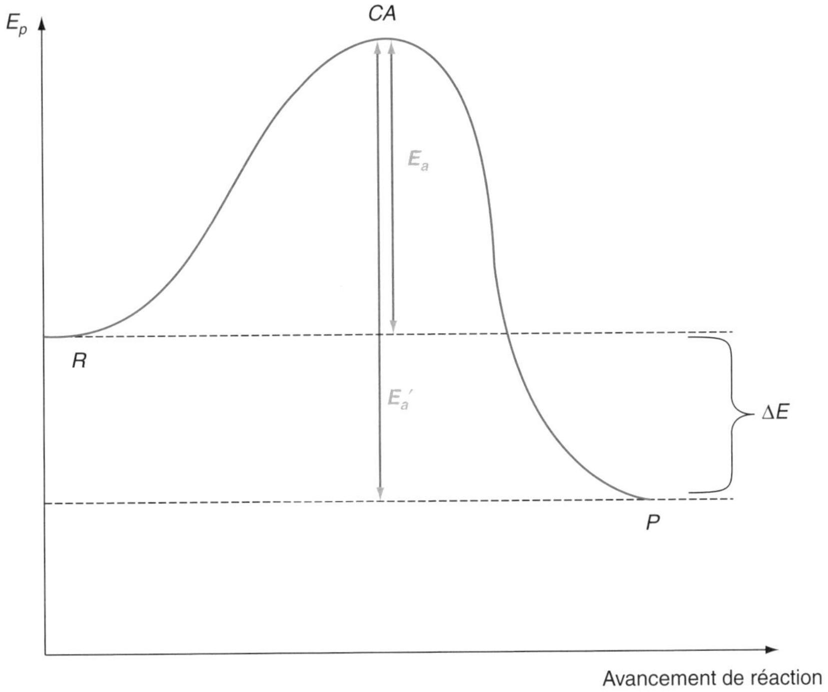

Figure 4.4 Énergie potentielle en fonction de l'évolution d'une réaction exothermique.

On voit que, dans cet exemple, ΔE représente la variation d'énergie entre les réactifs et les produits : l'énergie des produits étant inférieure à celle des réactifs, cela signifie que ΔE est négative. Si la réaction s'effectue à pression constante, ΔE correspond à la variation d'enthalpie ΔH, qui est, elle aussi, négative : la réaction est donc exothermique, et l'énergie est cédée au milieu extérieur. On remarque aussi que l'énergie d'activation n'a pas la même valeur, selon que l'on considère la réaction dans le sens direct ou inverse : ici, le complexe activé est le même dans les deux sens, mais E_a est inférieure à E_a'.

Remarques

Si la réaction étudiée est équilibrée, cela signifie qu'on atteint l'état d'équilibre quand les vitesses des réactions, dans les sens direct et inverse, sont égales. On peut alors exprimer la constante d'équilibre en fonction des constantes de vitesse (voir exercices).

Il existe, bien sûr, des réactions dont le profil énergétique correspond à une transformation endothermique.

Il existe aussi des réactions dont le profil énergétique passe par deux états de transition (voir É. Marche, *Chimie organique*, Dunod, 2010, chapitre 5).

On voit qu'il y a deux étapes élémentaires, correspondant aux deux maxima d'énergie potentielle et aux deux états de transition, notés CA. On remarque aussi un minimum d'énergie potentielle, correspondant à l'existence d'un intermédiaire réactionnel (IR), espèce chimique de durée de vie assez longue pour pouvoir en déterminer la structure.

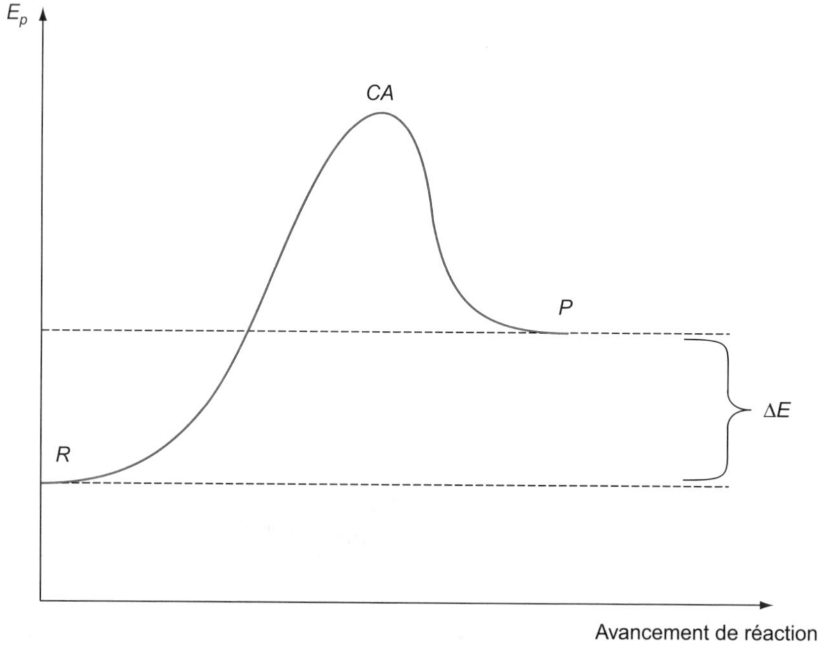

Figure 4.5 Énergie potentielle en fonction de l'évolution d'une réaction endothermique.

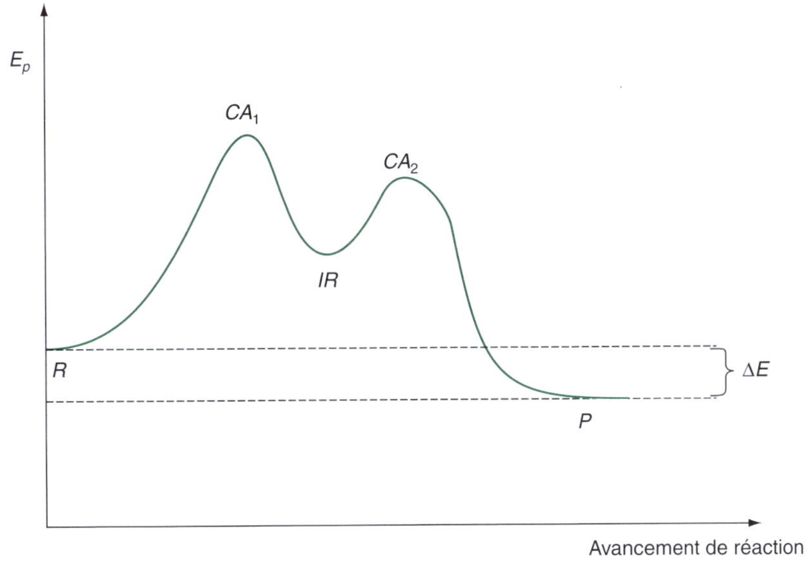

Figure 4.6 Énergie potentielle en fonction de l'évolution d'une réaction complexe.

4. Détermination expérimentale de l'ordre d'une réaction

Soit la réaction suivante :

$$A + B \rightarrow C + D$$

Si on mélange les deux réactifs, de telle sorte que la concentration de B, par exemple, soit très majoritaire devant la concentration de A, alors on peut considérer que, bien qu'il y ait réaction, la concentration de B ne varie pratiquement pas, c'est-à-dire qu'on peut l'assimiler à une constante. La vitesse s'écrit alors :

$$v = -\,d[A]/dt = -\,d[B]/dt = k[B]^{\alpha}\,[A]^{\beta} = k'\,[A]^{\beta}$$

On peut donc déterminer la vitesse par rapport à A, et la constante de vitesse k' dépend de la concentration initiale de B : on dit qu'il y a *dégénérescence de l'ordre* de la réaction.

Soit la réaction suivante : $A \rightarrow B$

On peut tracer le graphe représentant la concentration du réactif, en fonction du temps.

On peut ensuite en déduire les différentes vitesses v, v', v''… aux différents instants t, t', t''…en traçant les tangentes nécessaires. La vitesse de la réaction s'écrit : $v = k[A]^{\alpha}$

On peut linéariser cette expression selon : $\log v = \log k + a \log[A]$

À partir des valeurs de v, v', v''…on trace $v = f(\log[A])$. La pente de la droite obtenue nous donne l'ordre α et l'ordonnée à l'origine nous permet de calculer la valeur de la constante de vitesse k. Cette méthode s'appelle la **méthode différentielle** de Van't'Hoff.

À noter

Pour déterminer l'ordre d'une réaction, on peut aussi comparer les temps au bout desquels certains pourcentages des réactifs ont réagi. On fait un rapport entre le $t_{1/2}$ et le $t_{1/4}$. Cette méthode sera détaillée dans les exercices.

5. Mécanismes réactionnels

L'étude des mécanismes de réaction permet de déterminer les processus physiques, réels, qui se produisent au cours d'une transformation chimique.

Quand on écrit une équation bilan, il s'agit d'identifier les états initial et final de la transformation chimique. Il arrive fréquemment que, pour passer des réactifs aux produits, plusieurs étapes soient nécessaires. Bien entendu, ces étapes intermédiaires n'apparaissent pas dans l'équation bilan globale. On appelle **réaction élémentaire** une réaction chimique dont l'équation bilan correspond à la seule étape physique qui se déroule. Le plus souvent, les réactions font intervenir plusieurs transformations successives, et on parle alors de réactions complexes, nécessitant plusieurs étapes (ou actes) élémentaires.

On appelle **molécularité** d'une transformation chimique la somme des coefficients stœchiométriques des réactifs.

On admet que l'ordre d'une réaction élémentaire est égal à sa molécularité (attention, c'est une propriété univoque, c'est-à-dire qu'elle ne fonctionne que dans un sens). De plus les coefficients stœchiométriques sont égaux aux ordres partiels de la réaction.

On peut en déduire que si l'ordre d'une réaction n'est pas égal à sa stœchiométrie, il ne s'agit pas d'une réaction élémentaire, et la transformation se fait en plusieurs étapes.

6. Catalyse homogène

On peut augmenter ou diminuer la vitesse d'une réaction en ajoutant au milieu réactionnel un composé qui n'apparaît pas dans l'équation bilan. Quand la réaction est accélérée, le composé est appelé **catalyseur**. Si la réaction est ralentie, on parle d'**inhibiteur**. Comme le catalyseur n'est pas dans l'équation bilan, sa concentration n'apparaît pas dans l'expression de la loi d'action de masse (constante d'équilibre). Par ailleurs, si le catalyseur agit au niveau d'une réaction d'équilibre, son action sera la même dans le sens direct que dans le sens inverse. On voit que le catalyseur ne modifie pas l'équilibre chimique, mais qu'il permet d'atteindre cet équilibre plus rapidement. Il ne peut rien modifier d'une réaction thermodynamiquement impossible.

En outre, le catalyseur se retrouve inchangé en fin de réaction. Il intervient généralement en faible quantité; il est souvent spécifique, c'est-à-dire qu'il favorisera une réaction, quand plusieurs sont possibles : on parle de sa sélectivité.

Quand le catalyseur et le milieu réactionnel ne forment qu'une seule phase, alors la catalyse est dite **homogène**. C'est par exemple le cas de la déshydratation des alcools en milieu acide : l'acide fort catalyse la réaction. Le rôle du catalyseur est d'abaisser l'énergie

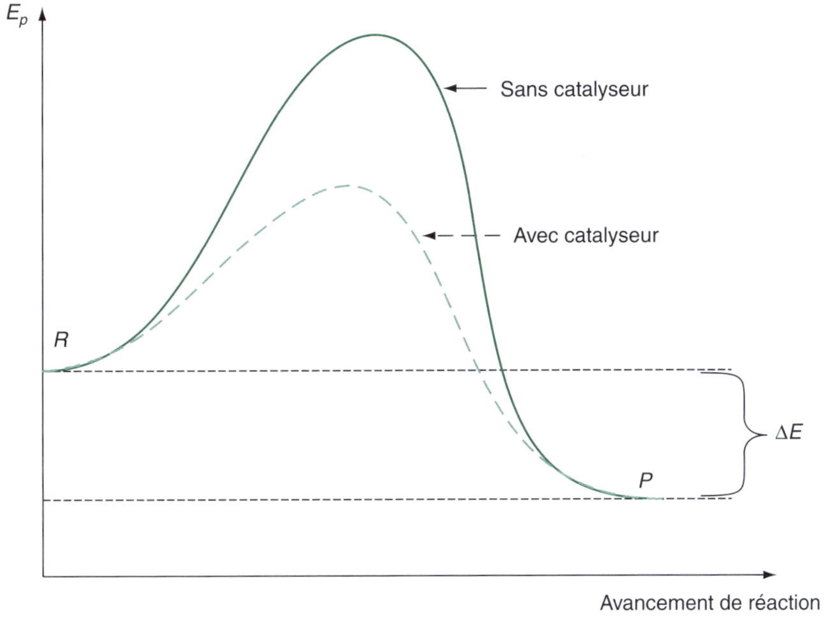

Figure 4.7 Énergie potentielle avec et sans catalyseur.

d'activation de la réaction. On peut visualiser son action en traçant le diagramme d'énergie correspondant à l'évolution de la réaction, sans catalyseur, puis avec catalyseur.

On voit que le catalyseur permet le passage des réactifs aux produits par un autre « chemin », qui nécessite une énergie plus faible que celle de la réaction plus difficile qu'on observe en son absence.

7. Catalyse hétérogène

On parle de **catalyse hétérogène** quand le catalyseur et le milieu réactionnel ne sont pas dans la même phase. C'est le cas de l'hydrogénation d'un alcène (phase liquide) en présence d'un catalyseur métallique (phase solide) comme le platine ou le nickel.

On remarque, expérimentalement, que plus la surface du catalyseur est importante, plus la vitesse de réaction sera grande. On utilisera donc le catalyseur à l'état pulvérulent (poudre). D'autres constatations permettent de préciser le mode de fonctionnement de ce type de catalyseur. Écrivons d'abord une équation bilan d'hydrogénation :

$$H_2C = CH_2 + H_2 \xrightarrow{Ni} H_3C\text{–}CH_3$$

En premier lieu, les molécules d'hydrogène se fixent sur les sites actifs du catalyseur métallique (ici Ni), en restant à la surface de celui-ci : on dit qu'il y a **adsorption** de l'hydrogène. Au cours de cette adsorption, la molécule d'hydrogène se retrouve dissociée. La molécule d'éthylène fixe alors les hydrogènes, et quitte ensuite la surface du catalyseur : il s'agit alors de la **désorption**.

On voit qu'il s'agit encore d'un abaissement de la valeur de l'énergie d'activation, puisque le catalyseur a permis la rupture de la liaison H–H sans qu'il y ait besoin d'une grande quantité d'énergie.

Le catalyseur n'est plus actif, au bout d'un certain temps : certains composés chimiques s'adsorbent sur la surface du catalyseur, mais ne se désorbent plus. On parle alors de poisons catalytiques (composés soufrés).

Remarque

Quand l'adsorption met en jeu des énergies du même ordre de grandeur que les celui des liaisons chimiques, on parle de *chimisorption*.

8. Catalyse enzymatique

On appelle **métabolisme** l'ensemble des réactions chimiques se produisant au sein des êtres vivants. Il existe de nombreuses réactions du métabolisme humain, par exemple, qui sont catalysées par des espèces chimiques appelées **enzymes**. Ce sont des protéines de grandes masses moléculaires. Leur mode de fonctionnement est très sélectif. Une enzyme peut, par exemple, conduire à la formation d'un seul des deux isomères optiques, alors que la même réaction, non catalysée, permettra la formation d'un mélange des deux isomères. Le mécanisme de la réaction catalysée par une enzyme est résumé par l'équation suivante :

$$S + E = SE = P + E$$

Le réactif est appelé **substrat**, d'où la notation S. L'enzyme est notée E, et le produit de la réaction P. L'association substrat/enzyme, notée SE, est très brève. On retrouve bien le catalyseur, ici l'enzyme, inchangé en fin de réaction. Les détails de ce mécanisme de Michaelis ne seront pas évoqués ici.

Synthèse

Je sais définir
- Facteurs cinétiques
- Vitesse de réaction
- Ordre partiel, Ordre global
- Réaction d'ordre 0, d'ordre 1, d'ordre 2
- Temps de demi-réaction
- Molécularité
- Catalyse homogène, hétérogène
- Catalyse enzymatique

Je connais
- L'équation d'Arrhénius
- La théorie du complexe activé

Je sais
- Calculer la constante de vitesse d'une réaction.
- Déterminer expérimentalement l'ordre d'une réaction.
- Calculer le temps de demi-réaction d'une réaction

QCM et exercices

1 En milieu gazeux, on étudie la cinétique de composition de l'éthanal, en monoxyde de carbone et méthane. La réaction est totale, et s'effectue à $t = 480$ °C, et on mesure la pression totale P au cours du temps :

t(h)	0	1/6	1/3	1/2	2/3	5/6	1
P(bar)	0,42	0,49	0,55	0,58	0,61	0,64	0,66

On admet que le réactif et les produits sont des gaz parfaits.
($R = 0{,}082$ bar · K^{-1} · mol^{-1} · dm^3).

1. Exprimer la concentration molaire de l'éthanal en fonction de sa pression partielle P_1.
❒ **a.** P_1RT.
❒ **b.** $(RT)/P_1$.
❒ **c.** $P_1/(RT)$.
❒ **d.** $(P_1R)/T$.
❒ **e.** Aucune réponse exacte.

2. Exprimer P_1 en fonction de P et de P_0 pression initiale.
❒ **a.** $P_1 = P_0 - P$.
❒ **b.** $P_1 = P_0 + P$.
❒ **c.** $P_1 = P_0 - 2P$.
❒ **d.** $P_1 = 2P_0 - P$.
❒ **e.** Aucune réponse exacte.

3. Calculer la concentration molaire de l'éthanal aux différents instants du tableau.
❒ **a.** $C_0 = 6{,}8$ mmol.L^{-1} ; $C_{1/6} = 5{,}7$ mmol.L^{-1}.
❒ **b.** $C_{1/3} = 3{,}8$ mmol.L^{-1} ; $C_{1/2} = 5{,}2$ mmol.L^{-1}.
❒ **c.** $C_{2/3} = 3{,}8$ mmol.L^{-1} ; $C_{5/6} = 3{,}7$ mmol.L^{-1}.
❒ **d.** $C_1 = 3{,}0$ mmol.L^{-1}.
❒ **e.** Aucune réponse exacte.

4. Montrer que cette décomposition est une réaction du second ordre par rapport à l'éthanal et calculer sa constante de vitesse.
❒ **a.** $k = 309$ $mol^{-1}.L.h^{-1}$.
❒ **b.** $k = 186$ $mol^{-1}.L.h^{-1}$.
❒ **c.** $k = 95$ $mol^{-1}.L.h^{-1}$.
❒ **d.** $k = 521$ $mol^{-1}.L.h^{-1}$.
❒ **e.** Aucune réponse exacte.

5. Déterminer le temps de demi-réaction $t_{1/2}$, par calcul, puis graphiquement.
❒ **a.** $t_{1/2} = 0{,}21$ h.
❒ **b.** $t_{1/2} = 0{,}15$ h.
❒ **c.** $t_{1/2} = 0{,}79$ h.
❒ **d.** $t_{1/2} = 0{,}98$ h.
❒ **e.** Aucune réponse exacte.

6. En justifiant, compléter le tableau suivant :

t(h)	…	…	…
C_{CH_3CHO} (mol · L^{-1})	$\frac{C_0}{4}$	$\frac{C_0}{8}$	$\frac{C_0}{16}$

❒ **a.** $t_1 = 3,37$ h ; $t_2 = 4,53$ h ; $t_3 = 10,8$ h.

❒ **b.** $t_1 = 2,37$ h ; $t_2 = 5,53$ h ; $t_3 = 11,8$ h.

❒ **c.** $t_1 = 1,37$ h ; $t_2 = 4,53$ h ; $t_3 = 9,8$ h.

❒ **d.** $t_1 = 5,37$ h ; $t_2 = 7,53$ h ; $t_3 = 13,8$ h.

❒ **e.** Aucune réponse exacte.

7. Au bout de combien de temps, peut-on considérer que l'éthanal a pratiquement disparu ?

❒ **a.** t = 23,8 h.

❒ **b.** t = 49,8 h.

❒ **c.** t = 52,8 h.

❒ **d.** t = 78,3 h.

❒ **e.** Aucune réponse exacte.

2 On étudie la décomposition du pentoxyde de diazote N_2O_5 en phase liquide. L'équation bilan de la réaction est :

$$N_2O_5 \rightarrow N_2O_4 + 1/2\ O_2$$

On obtient, expérimentalement, l'évolution de la concentration du réactif, au cours du temps.

t (min)	3	6	9	12	15	18
$C_{réactif}$ (mol · L^{-1})	2,1	1,87	1,66	1,49	1,33	1,19

1. Par une méthode graphique, montrer que la réaction est d'ordre 1 par rapport au pentoxyde de diazote, et déterminer sa concentration initiale.

❒ **a.** 1,3 mol.L^{-1}.

❒ **b.** 2,3 mol.L^{-1}.

❒ **c.** 3,3 mol.L^{-1}.

❒ **d.** 4,3 mol.L^{-1}.

❒ **e.** Aucune réponse exacte.

2. Déterminer la constante de vitesse de la réaction, notée *k*.

❒ **a.** k = 0,0378 min^{-1}.

❒ **b.** k = 0,0278 min^{-1}.

❒ **c.** k = 0,0478 min^{-1}.

❒ **d.** k = 0,0578 min^{-1}.

❒ **e.** Aucune réponse exacte.

3. Définir et déterminer le temps de demi-réaction $t_{1/2}$, en démontrant sa formule.
❒ **a.** $t_{1/2} = 8,3$ min.
❒ **b.** $t_{1/2} = 28,3$ min.
❒ **c.** $t_{1/2} = 18,3$ min.
❒ **d.** $t_{1/2} = 38,3$ min.
❒ **e.** Aucune réponse exacte.

4. Déterminer $t_{1/4}$, le temps de quart de réaction, qui est la durée nécessaire pour que le quart du réactif initial soit consommé.
❒ **a.** $t_{1/4} = 8,3$ min.
❒ **b.** $t_{1/4} = 6,3$ min.
❒ **c.** $t_{1/4} = 5,3$ min.
❒ **d.** $t_{1/4} = 4,3$ min.
❒ **e.** Aucune réponse exacte.

5. Déterminer $t_{1/8}$, le temps de huitième de réaction, qui est la durée nécessaire pour que le huitième du réactif initial soit consommé.
❒ **a.** $t_{1/8} = 6,3$ min.
❒ **b.** $t_{1/8} = 3,5$ min.
❒ **c.** $t_{1/8} = 2,3$ min.
❒ **d.** $t_{1/8} = 1,5$ min.
❒ **e.** Aucune réponse exacte.

6. Déduire des questions précédentes l'expression de $t_{1/n}$, avec $n \in N^*$.
❒ **a.** $t_{1/n} = Ln(n - 1)$.
❒ **b.** $t_{1/n} = 3Ln(n - 1)$.
❒ **c.** $t_{1/n} = Ln(2n - 1)$.
❒ **d.** $t_{1/n} = Ln(n - 1/n)$.
❒ **e.** Aucune réponse exacte.

3 Soit la réaction monomoléculaire élémentaire suivante :

$$A \rightarrow B + C$$

1. Cette réaction étant d'ordre 1, établir la loi de vitesse, en fonction de l'avancement de la réaction $x = A° - A$, avec A° concentration initiale du réactif, et A sa concentration à l'instant t.
❒ **a.** $x - A° = 1$.
❒ **b.** $1/x - A° = 2t$.
❒ **c.** $(A° - x)/(x) = 3t$.
❒ **d.** $(1/x)/(A° - 1) = 4t$.
❒ **e.** Aucune réponse exacte.

2. On définit le temps de quart de réaction $t_{1/4}$, comme la durée nécessaire pour que la quart du réactif initial soit consommé. Exprimer $t_{1/4}$ en fonction de A°, puis comparer le temps de demi-réaction à $t_{1/4}$. Conclure.
❒ **a.** $(t_{1/2})/(t_{1/4}) = 1,8$.
❒ **b.** $(t_{1/2})/(t_{1/4}) = 2,9$.
❒ **c.** $(t_{1/2})/(t_{1/4}) = 3,5$.
❒ **d.** $(t_{1/2})/(t_{1/4}) = 2,4$.
❒ **e.** Aucune réponse exacte.

4 Soit la réaction :

$$A \rightarrow B + C$$

1. Cette réaction étant d'ordre 2 par rapport au réactif A, exprimer la loi de vitesse, en fonction de $x = A° - A$, l'avancement de la réaction (A° représente la concentration initiale du réactif, et A sa concentration à l'instant *t*).

❒ **a.** $x - A° = k$.

❒ **b.** $1/x - kA° = 2t$.

❒ **c.** $(A° - 2x)/(x) = 2kt$.

❒ **d.** $(1/x)/(A° - k) = 4t$.

❒ **e.** Aucune réponse exacte.

2. Comparer les valeurs de $t_{1/2}$ et de $t_{1/4}$ (voir exercice précédent).

❒ **a.** $(t_{1/2})/(t_{1/4}) = 1$.

❒ **b.** $(t_{1/2})/(t_{1/4}) = 2$.

❒ **c.** $(t_{1/2})/(t_{1/4}) = 3$.

❒ **d.** $(t_{1/2})/(t_{1/4}) = 4$.

❒ **e.** Aucune réponse exacte.

5 On considère la réaction nucléaire suivante :

$${}^{40}_{19}K \rightarrow {}^{40}_{18}Ar + {}^{0}_{+1}e$$

La particule émise est un positon, l'antiparticule de l'électron (même masse, mais de charge opposée, et faisant partie de l'antimatière).

Cette désintégration radioactive, de type β^+, obéit à une cinétique du premier ordre, par rapport au noyau père ${}^{40}_{19}K$.

1. Établir la loi de décroissance radioactive, qui est la loi de vitesse de cette réaction, en raisonnant sur le nombre de noyaux de l'isotope du potassium.

❒ **a.** $N = 1/N° - t$.

❒ **b.** $N = N°.e^{-\lambda t}$.

❒ **c.** $N = N°.e^{+\lambda t}$.

❒ **d.** $N° = N.e^{+\lambda t}$.

❒ **e.** Aucune réponse exacte.

2. En déduire la loi de vitesse par rapport au noyau fils, l'argon.

❒ **a.** $N' = 1/N° - 2t$.

❒ **b.** $N' = N°(1 - e^{-t})$.

❒ **c.** $N' = 2N°.e^{+\lambda t}$.

❒ **d.** $N° = 2N'.e^{+\lambda t}$.

❒ **e.** Aucune réponse exacte.

3. Sachant que le temps de demi-réaction, appelé aussi période radioactive, vaut $1{,}26 \times 10^9$ ans, déterminer la valeur de la constante de vitesse, appelée aussi constante radioactive λ.

❒ **a.** $\lambda = 1{,}3.10^{-10}$ an^{-1}.

❒ **b.** $\lambda = 2{,}9.10^{-10}$ an^{-1}.

❒ **c.** $\lambda = 5{,}5.10^{-10}$ an^{-1}.

❒ **d.** $\lambda = 7{,}1.10^{-10}$ an^{-1}.

❒ **e.** Aucune réponse exacte.

4. Sur un même graphe, tracer les courbes :

$$N_{\text{Ar}} = f(t)$$
$$N_{\text{K}} = f(t)$$
$$N_{\text{K}} + N_{\text{Ar}} = f(t)$$

On utilisera un axe des temps gradué en « $t_{1/2}$ ». Il y a uniquement des noyaux de potassium à l'instant initial, et leur nombre est $N° = 6 \times 10^{22}$ noyaux.

Calculer le nombre de noyaux de potassium restants à $t = 3{,}78 \times 10^{9}$ ans, et vérifier que la valeur concorde avec celle obtenue graphiquement.

❒ **a.** $N = 7{,}5.10^{21}$ noyaux.
❒ **b.** $N = 2{,}3.10^{11}$ noyaux.
❒ **c.** $N = 5{,}8.10^{20}$ noyaux.
❒ **d.** $N = 3{,}2.10^{17}$ noyaux.
❒ **e.** Aucune réponse exacte.

6 (d'après annales Broussais)

On étudie la cinétique de la décomposition du peroxyde d'hydrogène H_2O_2 (eau oxygénée) en solution aqueuse. L'eau oxygénée se décompose en eau et en dioxygène, et l'énergie d'activation E_a de cette décomposition spontanée vaut 75 kJ · mol^{-1}.

1. Exprimer la constante de vitesse k en fonction de l'énergie d'activation E_a et du facteur de fréquence A.

❒ **a.** $k = AEa.e^{-RT}$.
❒ **b.** $k = A.e^{-EaRT}$.
❒ **c.** $k = AEa.e^{-R/T}$.
❒ **d.** $k = A.e^{+EaRT}$.
❒ **e.** Aucune réponse exacte.

2. On donne les deux réactions suivantes :

$$2\ H^+ + H_2O_2 + 2\ Fe^{2+} = 2\ H_2O + 2\ Fe^{3+}$$
$$H_2O_2 + 2\ Fe^{3+} = O_2 + 2\ Fe^{2+} + 2\ H^+$$

Écrire le bilan de ces deux réactions, et préciser le rôle des ions fer, sachant que l'énergie d'activation de la décomposition de H_2O_2 devient très inférieure à la précédente.

❒ **a.** $H_2O_2 = H_2O + O$.
❒ **b.** $2H_2O_2 = 2H_2O + 2O$.
❒ **c.** $H_2O_2 = H_2O + O_2$.
❒ **d.** $2H_2O_2 = 2H_2O + O_2$.
❒ **e.** Aucune réponse exacte.

3. La catalase est une enzyme dont la structure renferme des complexes porphyriniques du Fe (II). En présence de catalase, l'énergie d'activation de la décomposition de H_2O_2 est $E_a = 30$ kJ · mol^{-1}. Exprimer, puis calculer le rapport des constantes de vitesse k (sans l'enzyme) et k' (avec enzyme), en supposant que le facteur de fréquence A ne change pas.

❒ **a.** $k/k' = 5{,}2.10^{-5}$.
❒ **b.** $k/k' = 2{,}7.10^{-6}$.
❒ **c.** $k/k' = 8{,}5.10^{-7}$.
❒ **d.** $k/k' = 1{,}3.10^{-8}$.
❒ **e.** Aucune réponse exacte.

4. Dessiner le schéma donnant le profil énergétique de la réaction, afin d'illustrer le rôle des ions fer.

5. Parmi les couples redox formés par les halogènes, indiquer ceux qui peuvent avoir un rôle similaire à celui des ion fer.

❒ **a.** Cl_2/Cl^- et Br_2/Br^-.

❒ **b.** I_2/I^- et Br_2/Br^-.

❒ **c.** Fe^{3+}/Fe^{2+} et I_2/I^-.

❒ **d.** O_2/H_2O et Br_2/Br^-.

❒ **e.** Aucune réponse exacte.

6. Conclure sur le stockage de l'eau oxygénée, ainsi que sur sa synthèse à partir de l'eau de ville.

Données :

Couple redox	Cl_2/Cl^-	Br_2/Br^-	I_2/I^-	H_2O_2/H_2O	O_2/H_2O	Fe^{3+}/Fe^{2+}
***E*° en V**	1,36	1,06	0,54	1,77	0,68	0,77

$R = 8{,}31\ J \cdot K^{-1}$; $T = 298$ K.

7 (d'après annales Kremlin-Bicêtre)

Dans cet exercice, l'état standard correspond à $[H_3O^+] = 1\ mol \cdot L^{-1}$, et à $T = 298$ K.

1. Soit la réaction suivante, en milieu aqueux, et à $T = 298$ K :

$$CrO_{2\,(aq)}^{2+} \rightarrow Cr_{(aq)}^{2+} + O_{2(aq)}$$

Cette réaction est du premier ordre, et sa constante de vitesse vaut :

$$k = 2{,}5 \times 10^{-4}\ s^{-1}$$

À $t = 10^3$ s, $[CrO_{2\,(aq)}^{2+}] = 1{,}5 \times 10^{-4}\ mol \cdot L^{-1}$. Calculer la concentration initiale $C°$ des ions $CrO_{2\,(aq)}^{2+}$.

❒ **a.** $C° = 3{,}7.10^{-3}\ mol.L^{-1}$.

❒ **b.** $C° = 7{,}2.10^{-5}\ mol.L^{-1}$.

❒ **c.** $C° = 1{,}93.10^{-4}\ mol.L^{-1}$.

❒ **d.** $C° = 4{,}75.10^{-3}\ mol.L^{-1}$.

❒ **e.** Aucune réponse exacte.

2. Soit la réaction suivante, en milieu aqueux, et à $T = 298$ K :

$$Cr_{(aq)}^{2+} + O_{2(aq)} \rightarrow CrO_{2\,(aq)}^{2+}$$

Cette réaction est du second ordre, et sa constante de vitesse vaut :
$k' = 1{,}6 \times 10^8\ mol^{-1} \cdot L \cdot s^{-1}$. À $t = 0$, les concentrations des deux réactifs sont égales, et valent $1{,}5 \times 10^{-4}\ mol \cdot L^{-1}$. Calculer le temps de demi-réaction $t_{1/2}$.

❒ **a.** $t_{1/2} = 2{,}6.10^{-3}$ s.

❒ **b.** $t_{1/2} = 4{,}2.10^{-5}$ s.

❒ **c.** $t_{1/2} = 6.10^{-2}$ s.

❒ **d.** $t_{1/2} = 7{,}8.10^{-3}$ s.

❒ **e.** Aucune réponse exacte.

3. Déduire de ce qui précède la valeur de la constante d'équilibre K de la transformation suivante :

$$Cr^{2+}_{(aq)} + O_{2(aq)} = CrO_{2\ (aq)}^{2+}$$

❒ **a.** $K = 3{,}4.10^{11}$.
❒ **b.** $K = 4{,}4.10^{11}$.
❒ **c.** $K = 5{,}4.10^{11}$.
❒ **d.** $K = 6{,}4.10^{11}$.
❒ **e.** Aucune réponse exacte.

4. À la même température et en milieu aqueux, on considère la réaction équilibrée suivante :

$$CrO_2^{2+} + AH^- = CrO_2H^{2+} + A^-$$

À $t = 0$, on a : $C°(CrO_2^{2+}) = C°(AH^-) = C°(A^-) = 10^{-4}\ mol \cdot L^{-1}$. La constante d'équilibre de cette réaction est $K' = 1{,}2$. Calculer la concentration en CrO_2H^{2+} à l'équilibre.
❒ **a.** $C = 4{,}2.10^{-5}\ mol.L^{-1}$.
❒ **b.** $C = 3{,}6.10^{-5}\ mol.L^{-1}$.
❒ **c.** $C = 8{,}3.10^{-5}\ mol.L^{-1}$.
❒ **d.** $C = 6{,}4.10^{-5}\ mol.L^{-1}$.
❒ **e.** Aucune réponse exacte.

8 (d'après annales Paris-Ouest)

Le site actif d'une enzyme est $Fe_4S_4^{2+}$. Celle-ci est inactivée par le peroxyde d'hydrogène selon la réaction suivante :

$$Fe_4S_4^{2+} + H_2O_2 + 2H^+ \longrightarrow Fe_3S_4^+ + Fe^{3+} + 2\ H_2O$$

En milieu tamponné, on obtient les observations suivantes :

Concentrations initiales	Paramètre obtenu
$[Fe_4S_4{}^{2+}]_i = 10^{-6}\ mol \cdot L^{-1}$ $[H_2O_2]_i = 10^{-4}\ mol \cdot L^{-1}$	Temps de demi-réaction : $t_{1/2} = 11{,}55$ s
$[Fe_4S_4^{2+}]_i = 10^{-6}\ mol \cdot L^{-1}$ $[H_2O_2]_i = 5 \times 10^{-4}\ mol \cdot L^{-1}$	Constante de vitesse apparente : $k_{app} = 0{,}3\ s^{-1}$

Dans les deux expériences, la réaction suit une loi exponentielle.

1. Déterminer l'ordre apparent de la réaction.
❒ **a.** 4.
❒ **b.** 3.
❒ **c.** 2.
❒ **d.** 1.
❒ **e.** Aucune réponse exacte.

2. Déterminer la constante de vitesse apparente, pour la première expérience.
❒ **a.** $k = 0{,}03\ s^{-1}$.
❒ **b.** $k = 0{,}02\ s^{-1}$.
❒ **c.** $k = 0{,}04\ s^{-1}$.
❒ **d.** $k = 0{,}06\ s^{-1}$.
❒ **e.** Aucune réponse exacte.

3. Montrer que la réaction est d'ordre global 2; calculer sa constante de vitesse.
❒ **a.** $k = 600\ mol^{-1}.L.s^{-1}$.
❒ **b.** $k = 500\ mol^{-1}.L.s^{-1}$.
❒ **c.** $k = 400\ mol^{-1}.L.s^{-1}$.
❒ **d.** $k = 300\ mol^{-1}.L.s^{-1}$.
❒ **e.** Aucune réponse exacte.

4. Les concentrations initiales sont maintenant :

$$[Fe_4S_4^{2+}]_i = [H_2O_2]_i = y\ \text{mol} \cdot L^{-1}$$

Au bout de combien de temps la concentration de l'eau oxygénée sera-t-elle égale à $y/5$ mol · L^{-1} ? En déduire alors la concentration de $Fe_4S_4^{2+}$.
❒ **a.** t = 1/(600y) ; C = 5y mol.L^{-1}.
❒ **b.** t = 2/(600y) ; C = y/5 mol.L^{-1}.
❒ **c.** t = 3/(600y) ; C = 5y mol.L^{-1}.
❒ **d.** t = 4/(600y) ; C = y/5 mol.L^{-1}.
❒ **e.** Aucune réponse exacte.

9 Soit la réaction suivante, à volume constant, d'ordre 1 par rapport au réactif A :

$$A \rightarrow b\,B + c\,C$$

On peut affirmer que :
❒ **a.** La vitesse de réaction s'écrit : $v = +\ d[A] / dt = k\ [A]^2$.
❒ **b.** La concentration du réactif A vérifie : $\ln[A°] = \ln[A] - k\,t$.
❒ **c.** La concentration du réactif A vérifie : $[A] = [A°] \cdot e^{-kt}$.
❒ **d.** La durée nécessaire pour que le tiers du réactif soit consommé est : $t_{1/3} = 4{,}5\ t_{1/2}$.

10 Soit la désintégration du radium :

$$^{226}_{88}Ra \rightarrow\ ^{226}_{86}Rn +\ ^{4}_{2}He$$

Elle obéit à une cinétique d'ordre un, par rapport au radium. Une masse de 2g de radium émet $7{,}25 \cdot 10^{10}$ particules chaque seconde.
Données : $N_A = 6{,}02 \cdot 10^{23}\ mol^{-1}$; $M_{Ra} = 226\ g \cdot mol^{-1}$.

On peut affirmer que :
❒ **a.** $3\ t_{1/2} = 4\ 851$ ans (avec $t_{1/2}$ demi-vie du radium).
❒ **b.** La constante de vitesse de la réaction (ou constante radioactive) vaut : $8{,}15 \cdot 10^{-10}\ min^{-1}$.
❒ **c.** À la date $t = 3\ 234$ ans, il ne reste plus que 0,35 g de la masse initiale (2 g).
❒ **d.** Le nombre de noyaux de radon ($^{222}_{86}Rn$) s'écrit $N = N_o\ e^{-\lambda t}$.

11 On considère la réaction suivante :

$$CaCO_{3(s)} + 2H_3O^+_{(aq)} = Ca^{2+}_{(aq)} + CO_{2(g)} + 3H_2O_{(l)}$$

La solution aqueuse d'acide nitrique a un volume V_{ac} = 100 mL et sa concentration vaut $C_{ac} = 10^{-1}$ mol.L^{-1}.

Le volume de dioxyde de carbone produit est mesuré en fonction du temps :

t(s)	0	5	10	20	30	50	100
V(CO₂) en m	0	7,15	14,2	23,9	34,9	53,1	77,1

Données : $V_m = 24$ L · mol^{-1} ; $m(CaCO_3) = 500$ mg .

On peut affirmer que la vitesse moyenne de formation v_f des ions calcium entre t = 10 s et t' = 30 s est :

❒ **a.** $v_f = 3{,}66 \cdot 10^{-5}$ mol · s^{-1}

❒ **b.** $v_f = 6{,}85 \cdot 10^{-5}$ mol · s^{-1}

❒ **c.** $v_f = 2{,}60 \cdot 10^{-5}$ mol · s^{-1}

❒ **d.** $v_f = 1{,}23 \cdot 10^{-5}$ mol · s^{-1}

❒ **e.** $v_f = 7{,}56 \cdot 10^{-5}$ mol · s^{-1}

❒ **f.** $v_f = 4{,}31 \cdot 10^{-5}$ mol · s^{-1}

12 Trouver les réponses vraies :

❒ **a.** Le nickel de Raney est un catalyseur enzymatique.

❒ **b.** Un catalyseur agit dans les 2 sens d'une réaction renversable.

❒ **c.** Un catalyseur ne change pas la composition du mélange à l'équilibre (réaction limitée).

❒ **d.** Un catalyseur agit sur le mécanisme réactionnel d'une réaction.

❒ **e.** Un catalyseur n'agit que sur une seule des réactions possibles à partir des mêmes réactifs.

❒ **f.** Dans une réaction chimique seule une modification de température augmente la vitesse de réaction.

Corrigés

1 Bonne(s) réponse(s) : c.

1. D'après la relation des gaz parfaits, on écrit :

$$P_1V = n_1RT$$

$$\Rightarrow P_1 = \frac{n_1}{V} \cdot RT$$

$$\Rightarrow \frac{P_1}{RT} = \frac{n_1}{V}$$

$$\Rightarrow [CH_3 - CHO] = \frac{P_1}{RT}$$

2. Bonne(s) réponse(s) : d.

Écrivons le tableau d'avancement de la réaction :

	$CH_3 - CHO$	$\rightarrow$	CO	+	CH_4
$t = 0$	n_0		0		0
t	n_{0-y}		y		y

Le nombre total de moles gazeuses s'écrit donc :

$$n_t = n_0 - y + y + y = n_0 + y$$

La pression totale P est donc :

$$P = \frac{(n_0 + y) \cdot (RT)}{V}$$

$$\Rightarrow P = \frac{n_0RT}{V} + \frac{yRT}{V}$$

$$\Rightarrow P = P_0 + \frac{yRT}{V} \qquad \text{(a)}$$

Les pressions partielles respectives de CO et CH_4 s'écrivent :

$$P_{CH_4} = P_{CO} + \frac{yRT}{V} \qquad \text{(b)}$$

D'après (a) et (b), on déduit :

$$P_{CH_4} = P_{CO} = P - P_0$$

La pression totale étant la somme des pressions partielles, on a :

$$P = P_1 + P_{CH_4} + P_{CO}$$

$$\Rightarrow P = P_1 + (P - P_0) + (P - P_0)$$

$$\Rightarrow P_1 = 2P_0 - P$$

La concentration molaire initiale, d'après le 1°), s'écrit donc :

$$C_0 = \frac{P_0}{RT} = \frac{0{,}42}{0{,}082 \times (480 + 273{,}15)} \approx 6{,}8 \times 10^{-3}\ \text{mol} \cdot \text{L}^{-1}$$

À l'instant $t_1 = \frac{1}{6} h$, on calcule :

$$P_1 = 2\,P_0 - P$$
$$\Rightarrow P_1 = 2 \times 0{,}42 - 0{,}49 = 0{,}35\ \text{bar}$$

On peut déduire C_1 à la même date :

$$C_1 = \frac{P_1}{RT} = \frac{0{,}35}{0{,}082 \times (480 + 273{,}15)} \approx 5{,}7 \times 10^{-3}\ \text{mol} \cdot \text{L}^{-1}$$

On trouve ensuite successivement :

***t* (h)**	0	1/6	1/3	1/2	2/3	5/6	1
***P* (bar)**	0,42	0,49	0,55	0,58	0,61	0,64	0,66
C (mol · L^{-1})	6,8 $\times 10^{-3}$	5,7 $\times 10^{-3}$	4,8 $\times 10^{-3}$	4,2 $\times 10^{-3}$	3,7 $\times 10^{-3}$	3,3 $\times 10^{-3}$	3,0 $\times 10^{-3}$

3. Bonne(s) réponse(s) : a. et d.

Si la réaction est du 2e ordre, alors elle satisfait à la relation :

$$\frac{1}{C} = \frac{1}{C_0} + kt$$

C'est une fonction affine, d'ordonnée à l'origine égale à $\frac{1}{C_0}$, et de pente k (constante de vitesse).

Calculons $\frac{1}{C}$ aux différents instants afin de tracer $\frac{1}{C} = f(t)$.

***t* (h)**	0	1/6	1/3	1/2	2/3	5/6	1
1/*C* (mol^{-1} · L)	147	175	208	238	270	303	333

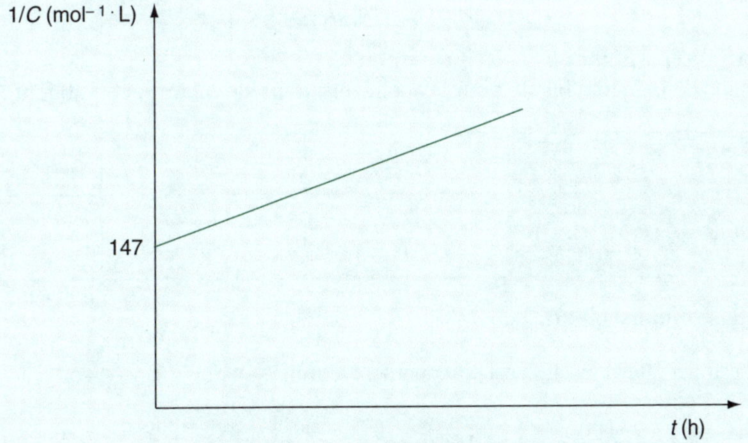

Courbe $1/C = f(t)$.

On obtient bien une droite, de pente croissante.

La réaction est bien d'ordre deux.

Calculons la pente, égale à k :

$$k = \frac{\Delta\left(\frac{1}{c}\right)}{\Delta t} = \frac{333 - 147}{1 - 0} = +\ 186\ \text{mol}^{-1} \cdot \text{L} \cdot \text{h}^{-1}$$

4. Bonne(s) réponse(s) : b.

Le temps de demi-réaction est :

$$t_{\frac{1}{2}} = \frac{1}{C_O k} = \frac{1}{(6{,}8 \times 10^{-3}) \times 186} = 0{,}79\ \text{h}$$

Graphiquement, à $t_{\frac{1}{2}}$, on a $C = \dfrac{C_O}{2}$ soit :

$$\frac{1}{C} = \frac{2}{C_O} = 2 \times \frac{1}{C_O} = 2 \times 147 = 294\ \text{mol}^{-1} \cdot \text{L}$$

On reporte cette valeur sur l'axe des ordonnées et on lit l'abscisse correspondante, soit environ 0,79 h.

5. Bonne(s) réponse(s) : c.

On effectue les calculs, d'après l'équation :

$$\frac{1}{C} = \frac{1}{C_O} + kt$$

$$\Rightarrow \frac{1}{C} = \frac{1}{C_O} + 186t$$

Pour $C = \dfrac{C_O}{4}$, on obtient :

$$\frac{4}{C_O} = \frac{1}{C_O} + 186t \Rightarrow \frac{3}{C_O} = 186t$$

$$\Rightarrow t = \frac{3}{186 C_O} = \frac{3}{186 \times 6{,}8 \times 10^{-3}} \approx 2{,}37\ \text{h}$$

6. Bonne(s) réponse(s) : b.

On procède de la même façon, pour les concentrations suivantes, et on obtient :

t(h)	2,37	5,53	11,8
C_{CH_3CHO} (mol · L^{-1})	$\dfrac{C_0}{4}$	$\dfrac{C_0}{8}$	$\dfrac{C_0}{100}$

7. Bonne(s) réponse(s) : d.

On peut estimer que la réaction est pratiquement terminée quand $C = \dfrac{C_O}{100}$, soit :

$$\frac{100}{C_O} = \frac{1}{C_O} + 186t \Rightarrow t = \frac{99}{186 C_O} = \frac{99}{186 \times 6{,}8 \times 10^{-3}} \approx 78{,}3\ \text{h}$$

2 Bonne(s) réponse(s) : b.

1. Si la réaction est d'ordre 1, elle satisfait à la relation :

$$\ln C = \ln C_0 - kt$$

Si on trace le graphe $\ln C = f(t)$, on doit donc obtenir une droite de pente négative $p = -k$, avec k constante de vitesse de la réaction, et d'ordonnée à l'origine égale à $\ln C_0$. Calculons les valeurs de $\ln C$ aux différents instants, et disposons-les dans un tableau.

t (min)	3	6	9	12	15	18	21
ln C	0,74	0,63	0,51	0,39	0,29	0,17	0,058

Traçons le graphe, pour vérifier la loi de vitesse.

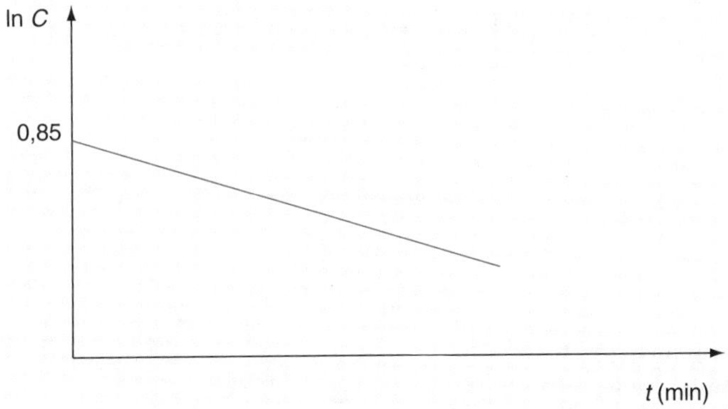

$\ln C = f(t)$.

On obtient bien une droite de pente négative : la réaction est donc d'ordre 1.

Calculons la concentration initiale à partir de la valeur de l'ordonnée à l'origine :

$$\ln C_0 = 0{,}85$$

$$\Rightarrow C_0 = e^{+0{,}85}$$

$$\Rightarrow C_0 = 2{,}3 \text{ mol} \cdot \text{L}^{-1}$$

2. Bonne(s) réponse(s) : a.

Calculons la constante de vitesse de la réaction k, à partir du coefficient directeur p.

On a :

$$p = \frac{\ln C_2 - \ln C_1}{t_2 - t_1}$$

$$\Rightarrow p = \frac{0{,}058 - 0{,}74}{21 - 3}$$

$$\Rightarrow p = -0{,}0378 \text{ min}^{-1}$$

$$\Rightarrow k = -p = +0{,}0378 \text{ min}^{-1}$$

3. Bonne(s) réponse(s) : c.
À $t_{1/2}$, on a, par définition, $C = C_0/2$. La relation du 1°) s'écrit donc :

$$\ln C = \ln C_0 - kt \Rightarrow \ln(C/C_0) = -kt$$
$$\Rightarrow \ln(C_0/2\,C_0) = -kt_{1/2}$$
$$\Rightarrow \ln(1/2) = -kt_{1/2}$$
$$\Rightarrow \ln 1 - \ln 2 = -kt_{1/2}$$
$$\Rightarrow t_{1/2} = (\ln 2)/k$$
$$\Rightarrow t_{1/2} = (\ln 2)/0{,}0378 \approx 18{,}3 \text{ min}$$

Le temps de demi-réaction d'une réaction d'ordre 1 étant indépendant de la concentration initiale, il faudra toujours 18,3 min, pour diviser une concentration donnée par 2.

4. Bonne(s) réponse(s) : e.
Au temps de quart de réaction $t_{1/4}$, on a consommé le quart du réactif initial, donc $C = 3\,C_0/4$. On écrit donc :

$$\ln(C/C_0) = \ln\{(3\,C_0)/(4\,C_0)\}$$
$$\Rightarrow \ln(3/4) = -kt_{1/4}$$
$$\Rightarrow t_{1/4} = \frac{\ln\left(\frac{4}{3}\right)}{k}$$
$$\Rightarrow t_{1/4} = \frac{\ln\left(\frac{4}{3}\right)}{0{,}0378} \approx 7{,}6 \text{ min}$$

5. Bonne(s) réponse(s) : b.
D'après ce qui précède, on a :

$$C(t = 1/8) = 7\,C_0/8$$
$$\Rightarrow t_{1/8} = \frac{\ln\left(\frac{8}{7}\right)}{0{,}0378} \approx 3{,}5 \text{ min}$$

6. Bonne(s) réponse(s) : e.
D'après les questions précédentes, quand $t = t_{1/n}$, on a :

$$C(\mathrm{t}_{1/n}) = C_0 - C_0/n$$
$$\Rightarrow C(\mathrm{t}_{1/n}) = C_0(n/n - 1/n)$$
$$\Rightarrow C(\mathrm{t}_{1/n}) = C_0[(n-1)/n]$$
$$\Rightarrow \ln(C/C_0) = \ln[(n-1)/n]$$
$$\Rightarrow \ln[(n-1)/n] = -k \cdot t_{1/n}$$
$$\Rightarrow t_{1/n} = 1/k\{\ln[n/(n-1)]\} \text{ avec } n \in \mathbb{N}^*$$

3 Bonne(s) réponse(s) : e.
1. Établissons la loi de vitesse, en fonction de l'avancement x :

$$\mathrm{A}° - \mathrm{A} = x \Rightarrow \mathrm{A} = \mathrm{A}° - x$$
$$\Rightarrow v = -\mathrm{dA}/\mathrm{d}t = -\mathrm{d}(\mathrm{A}° - x)/\mathrm{d}t$$
$$\Rightarrow v = +\mathrm{d}x/\mathrm{d}t$$

La réaction est du premier ordre, donc on peut écrire :

$$v = -\,\mathrm{dA}/\mathrm{d}t = k \cdot \mathrm{A}$$
$$\Rightarrow \mathrm{d}x/\mathrm{d}t = k\,(\mathrm{A}° - x)$$
$$\Rightarrow \mathrm{d}x/(\mathrm{A}° - x) = k \cdot \mathrm{d}t$$

Pour intégrer, posons $\mathrm{A}° - x = X$:

$$\Rightarrow x = \mathrm{A}° - X$$
$$\Rightarrow \mathrm{d}x = -\,\mathrm{d}X$$
$$\Rightarrow -\,\mathrm{d}X/X = k \cdot \mathrm{d}t$$
$$\Rightarrow \int_{X°}^{X} \frac{\mathrm{d}X}{X} = -k\int_{0}^{t} \mathrm{d}t \text{ avec } X = X° \text{ quand } x = 0, \text{ soit } X° = \mathrm{A}°$$
$$\Rightarrow \ln(X/X°) = -\,k \cdot t$$
$$\Rightarrow \ln\,[\mathrm{A}°/(\mathrm{A}° - x)] = +\,k \cdot t \text{ (loi de vitesse)}$$

Remarque

On exprime fréquemment la loi de vitesse de cette façon, car, expérimentalement, il est plus facile d'avoir accès à la quantité de réactif qui a réagi.

2. Bonne(s) réponse(s) : d.

D'après la définition du $t_{1/4}$, on a :

$$C(t_{1/4}) = C_0 - C_0/4 = 3\,C_0/4$$

La loi de vitesse s'écrit donc :

$$\ln(C/C_0) = -\,kt$$
$$\Rightarrow \ln(3/4) = -\,k \cdot t_{1/4}$$
$$\Rightarrow t_{1/4} = 1/k\,\{\ln(4/3)\}$$

L'expression du temps de demi-réaction est :

$$t_{1/2} = (\ln 2)/k$$

Comparer deux valeurs signifie faire le rapport R de ces valeurs :

$$R = t_{1/2}/t_{1/4}$$
$$\Rightarrow R = \frac{\frac{\ln 2}{k}}{\frac{\ln(4/3)}{k}}$$
$$\Rightarrow R = \frac{\ln 2}{\ln(4/3)} = 2{,}41$$

On voit que ce rapport R est constant et ne dépend pas de la réaction considérée. La valeur de R est caractéristique d'une réaction d'ordre 1. En comparant le $t_{1/2}$ au $t_{1/4}$, on peut donc savoir si une réaction est du premier ordre : en procédant ainsi, on applique la *méthode du pourcentage des réactions*.

4 Bonne(s) réponse(s) : e.

1. La vitesse de réaction peut s'écrire :

$$v = -\,\mathrm{dA}/\mathrm{d}t = k \cdot \mathrm{A}^2$$

L'avancement donne :

$$A = A^\circ - x$$
$$\Rightarrow - dA = - d(A^\circ - x) = + dx$$
$$\Rightarrow - dA/dt = + dx/dt$$
$$\Rightarrow dx/dt = k\,(A^\circ - x)^2$$
$$\Rightarrow dx/(A^\circ - x)^2 = k \cdot dt$$

On pose $A^\circ - x = X$, donc :

$$dx = d(A^\circ - X) = - dX$$
$$\Rightarrow X^\circ = A^\circ \text{ car à } t = 0,\ x = 0$$

On peut donc écrire :

$$- dX/X^2 = k \cdot dt$$
$$\Rightarrow \int_{X^\circ}^{X} \frac{dX}{X^2} = -\int_0^t k \cdot dt$$
$$\Rightarrow 1/X - 1/X^\circ = kt$$
$$\Rightarrow 1/(A^\circ - x) - 1/A^\circ = k \cdot t \text{ (loi de vitesse)}$$

2. Bonne(s) réponse(s) : c.
Quand $t = t_{1/2}$, on a $A = A^\circ/2$:

$$\Rightarrow A = A^\circ - x = A^\circ/2$$
$$\Rightarrow 2/A^\circ - 1/A^\circ = k \cdot t_{1/2}$$
$$\Rightarrow 1/A^\circ = k \cdot t_{1/2}$$
$$\Rightarrow t_{1/2} = 1/(k \cdot A^\circ)$$

Exprimons de même $t_{1/4}$, tel que $A = (3\ A^\circ)/4$, d'où :

$$4/(3\ A^\circ) - 1/A^\circ = k \cdot t_{1/4}$$
$$\Rightarrow 1/3\ A^\circ = k \cdot t_{1/4}$$
$$\Rightarrow t_{1/4} = 1/(3\ kA^\circ)$$

Comparons le $t_{1/2}$ à $t_{1/4}$, en effectuant le rapport R :

$$R = t_{1/2}/t_{1/4}$$
$$\Rightarrow R = (3\ kA^\circ)/(kA^\circ) = 3$$

On voit que ce rapport est constant, et ne dépend pas de la réaction considérée. La valeur de ce rapport est caractéristique d'une réaction d'ordre 2. On a encore utilisé la méthode du pourcentage de réaction (exercice précédent).

5 Bonne(s) réponse(s) : b.
1. On note N le nombre de noyaux de potassium, à l'instant t, et N° la valeur de N à $t = 0$. Les désintégrations radioactives entraînent une diminution de N. Cette variation du nombre de noyaux est proportionnelle au temps écoulé, et à la quantité de potassium présente. Écrivons cette variation, au niveau élémentaire :

$$dN = - \lambda N dt$$

La variation dN étant négative (diminution), on ajoute un signe moins dans la relation.
La constante de proportionnalité λ s'écrit :

$$\lambda = - dN/dt$$

On voit que λ a pour dimension l'inverse d'un temps : λ s'identifie donc à la constante de vitesse de cette cinétique d'ordre 1.

D'après ce qui précède, on écrit :

$$\mathrm{d}N/N = -\lambda \mathrm{d}t \Rightarrow \int_{N^\circ}^{N} \frac{\mathrm{d}N}{N} = -\lambda \int_0^t \mathrm{d}t$$
$$\Rightarrow \ln(N/N^\circ) = -\lambda t$$
$$\Rightarrow N(t) = N^\circ \cdot \mathrm{e}^{-\lambda t}$$

2. Bonne(s) réponse(s) : b.

On note N' le nombre de noyaux d'argon, à l'instant t. D'après l'équation bilan, quand 1 noyau père disparaît, 1 noyau fils apparaît.

On peut donc écrire :

$$N^\circ = N + N'$$
$$\Rightarrow N' = N^\circ - N$$
$$\Rightarrow N' = N^\circ - N^\circ \cdot \mathrm{e}^{-\lambda t}$$
$$\Rightarrow N' = N^\circ (1 - \mathrm{e}^{-\lambda t})$$

3. Bonne(s) réponse(s) : c.

Quand $t = t_{1/2}$, on a $N = N^\circ/2$. On a donc :

$$\ln(N/N^\circ) = -\lambda t$$
$$\Rightarrow \ln(1/2) = -\lambda \mathrm{t}_{1/2}$$
$$\Rightarrow \lambda = \ln 2/\mathrm{t}_{1/2}$$
$$\Rightarrow \lambda = \ln 2/(1{,}26 \times 10^9)$$
$$\Rightarrow \lambda = 5{,}5 \times 10^{-10}\ \mathrm{an}^{-1} = 9{,}8 \times 10^{-17}\ \mathrm{s}^{-1}$$

4. Bonne(s) réponse(s) : a.

On calcule les nombres de noyaux pour $t = 0$, $t = t_{1/2}$, $t = 2\,t_{1/2}$, etc.

Au bout de chaque durée valant $t_{1/2}$, le nombre de noyaux de potassium est divisé par 2.

On obtient :

t	0	$t_{1/2}$	$2\,t_{1/2}$	$3\,t_{1/2}$	$4\,t_{1/2}$	$5\,t_{1/2}$	$6\,t_{1/2}$
$N(t)$	6×10^{22}	3×10^{22}	$1{,}5 \times 10^{21}$	$7{,}5 \times 10^{21}$	$3{,}75 \times 10^{21}$	$1{,}875 \times 10^{20}$	$9{,}375 \times 10^{20}$

On calcule le nombre de noyaux N' à partir de la relation $N' = N^\circ - N$, et on obtient :

t	0	$t_{1/2}$	$2\,t_{1/2}$	$3\,t_{1/2}$	$4\,t_{1/2}$	$5\,t_{1/2}$	$6\,t_{1/2}$
$N(t)$	0	3×10^{22}	$4{,}5 \times 10^{22}$	$5{,}25 \times 10^{22}$	$5{,}625 \times 10^{22}$	$5{,}81 \times 10^{22}$	$5{,}9 \times 10^{22}$

Pour la dernière représentation graphique, on a :

$$N + N' = \mathrm{cte} = N^\circ$$

Il s'agit donc d'une droite horizontale, d'ordonnée égale à N°.

Traçons les trois courbes représentant $N(t)$, $N'(t)$ et $N + N'$ sur le même graphe :

On voit que les courbes $N(t)$ et $N'(t)$ se coupent quand $t = t_{1/2}$, et que la limite de N', quand t tend vers l'infini est égale à N°. Bien sûr, la limite de N, quand t tend vers l'infini, est zéro.

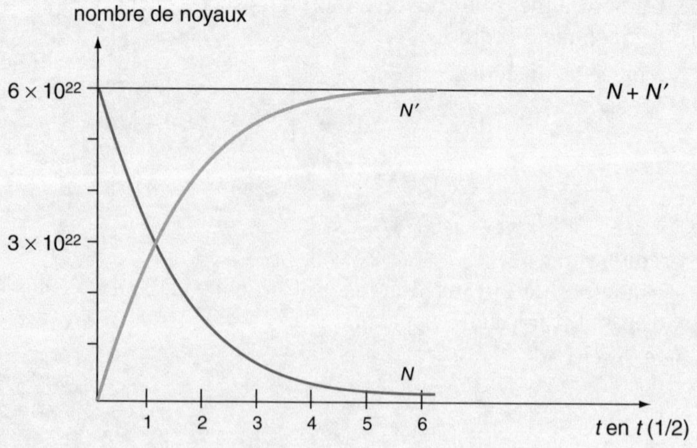

Noyaux pères/noyaux fils au cours du temps.

6 Bonne(s) réponse(s) : b.

1. Il s'agit de donner l'équation d'Arrhenius :

$$k = Ae^{-Ea/RT}$$

2. Bonne(s) réponse(s) : d.

On fait la somme des deux équations, membre à membre, ce qui donne :

$$2\,H^+ + H_2O_2 + 2\,Fe^{2+} = 2\,H_2O + 2\,Fe^{3+}$$

$$H_2O_2 + 2\,Fe^{3+} = O_2 + 2\,Fe^{2+} + 2\,H^+$$

$$\overline{2\,H_2O_2 = 2\,H_2O + O_2}$$

On voit que les ions fer n'interviennent pas dans l'équation bilan : ils sont donc inchangés, en fin de réaction, ce qui correspond au rôle d'un catalyseur. Cela est d'ailleurs confirmé par le fait que l'énergie d'activation est abaissée. En présence des ions fer, la vitesse de réaction est augmentée.

3. Bonne(s) réponse(s) : d.

On écrit le rapport, en exprimant les constantes de vitesse, à l'aide de la relation d'Arrhenius :

$$k/k' = (A \cdot e^{-Ea/RT})/(A \cdot e^{-Ea'/RT})$$

$$\Rightarrow k/k' = (e^{-Ea/RT})/(e^{-Ea'/RT})$$

$$\Rightarrow k/k' = e^{(-Ea + Ea')/RT}$$

$$\Rightarrow k/k' = e^{(-75+30)/(0,00831 \times 298)}$$

$$\Rightarrow k/k' = 1,3 \times 10^{-8}$$

On voit que la constante de vitesse sans catalyseur k est beaucoup plus faible que la constante de vitesse avec le catalyseur, ce qui souligne bien le rôle joué par ce dernier.

4. Traçons le diagramme d'énergie de la réaction avec et sans les ions fer (**voir schéma page suivante**).

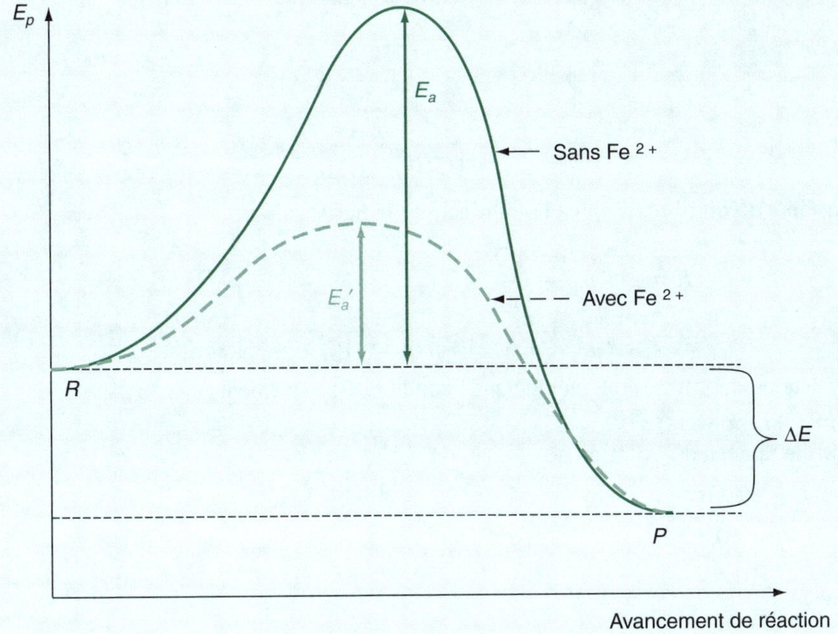

Profil énergétique de la réaction catalysée.

5. Bonne(s) réponse(s) : a.

On voit que le couple redox Fe^{3+}/Fe^{2+} a son potentiel redox standard compris entre les potentiels standard des couples de l'eau oxygénée. Les couples redox correspondant à cette situation sont Cl_2/Cl^- et Br_2/Br^-. Ils pourront eux aussi faciliter les échanges électroniques.

6. Pour stocker de l'eau oxygénée, il ne faut pas que le milieu contienne des ions fer, ou chlorure, ou bromure. Le problème avec l'eau de ville, c'est qu'elle contient des ions chlorure.

7 Bonne(s) réponse(s) : c.

1. La réaction est du premier ordre, elle obéit donc à la relation :

$$C_t = C° \cdot e^{-kt} \Rightarrow 1{,}5 \times 10^{-4} = C° \cdot \exp(-2{,}5 \times 10^{-4} \times 10^3)$$

$$\Rightarrow C° = 1{,}93 \times 10^{-4}\ \text{mol} \cdot \text{L}^{-1}$$

2. Bonne(s) réponse(s) : b.

La réaction est du second ordre, donc on peut écrire :

$$\frac{1}{C} - \frac{1}{C°} = k' \cdot t$$

Quand $t = t_{1/2}$, $C = C°/2$, d'où :

$$t_{1/2} = \frac{1}{k' \cdot C°} = \frac{1}{1{,}6 \times 10^8 \times 1{,}6 \times 10^{-4}} = 4{,}2 \times 10^{-5}\ \text{s}$$

3. Bonne(s) réponse(s) : d.

On a vu dans les rappels de cours que l'équilibre est atteint quand les vitesses de réaction, dans les sens direct et indirect, sont égales. On peut donc écrire :

$$Cr^{2+}_{(aq)} + O_{2(aq)} = CrO_2^{2+}{}_{(aq)}$$

Les vitesses v', pour le sens direct, et v, pour le sens inverse, vérifient :

$$v' = v$$
$$\Rightarrow k' \cdot [Cr^{2+}] \cdot [O_2] = k \cdot [CrO_2^{2+}]$$
$$\Rightarrow \frac{[CrO_2^{2+}]}{[Cr^{2+}] \cdot [O_2]} = k'/k$$

La constante d'équilibre, d'après la loi d'action de masse, s'écrit :

$$K = \frac{[CrO_2^{2+}]}{[Cr^{2+}] \cdot [O_2]} =$$
$$\Rightarrow K = k'/k = (1{,}6 \times 10^{8})/(2{,}5 \times 10^{-4}) = 6{,}4 \times 10^{11}$$

Cette valeur est énorme, ce qui indique que l'équilibre est totalement déplacé dans le sens direct.

4. Bonne(s) réponse(s) : b.

Écrivons le tableau d'évolution de la réaction :

	CrO_2^{2+}	+	AH^-	=	CrO_2H^{2+}	+	A^-
t_0	10^{-4}		10^{-4}		0		10^{-4}
t	$10^{-4} - x$		$10^{-4} - x$		$+x$		$10^{-4} - x$

La constante d'équilibre s'écrit :

$$K' = \frac{[CrO_2H^{2+}] \cdot [A^-]}{[CrO_2^{2+}] \cdot [AH^-]} = \frac{(+x) \cdot (10^{-4} - x)}{(10^{-4} - x)^2} = 1{,}2$$
$$\Rightarrow 0{,}2\, x^2 - 3{,}4 \times 10^{-4}\, x + 1{,}2 \times 10^{-8} = 0$$
$$\Rightarrow x = 3{,}6 \times 10^{-5} \text{ mol} \cdot L^{-1}$$

8 **Bonne(s) réponse(s) : d.**

1. Dans les deux cas, la concentration en eau oxygénée est très supérieure à celle de $Fe_4S_4^{2+}$: on peut donc considérer, que $[H_2O_2]$ ne varie pas beaucoup au cours de la réaction. On a donc $[H_2O_2]$ = cte. Exprimons la vitesse de la réaction :

$$v = k \cdot [H_2O_2]^a \cdot [Fe_4S_4^{2+}]^b$$
$$\Rightarrow v = k_{app} \cdot [Fe_4S_4^{2+}]^b \text{ en posant } k_{app} = k \cdot [H_2O_2]^a = k \cdot [H_2O_2]_i^a$$

Il y a donc dégénérescence de l'ordre global $a + b$ en ordre apparent b. Comme il s'agit d'une loi de vitesse exponentielle du type $C = C° \cdot e^{-k_{app}t}$ (avec C concentration de $Fe_4S_4^{2+}$ à l'instant t), on en déduit que la cinétique est d'ordre 1. C'est, bien sûr, l'ordre **apparent** de la réaction ($b = 1$).

2. Bonne(s) réponse(s) : d.

On a $C = C° \cdot e^{-k_{app}t}$ avec le temps de demi-réaction $t_{1/2}$ tel que :

$$C(t_{1/2}) = C°/2 = C° \cdot e^{-k_{app}t}$$
$$\Rightarrow \text{Ln}2 = k_{app} \cdot t_{1/2}$$
$$\Rightarrow k_{app} = \text{Ln}2/t_{1/2}$$
$$\Rightarrow k_{app} = \text{Ln}2/(11{,}55)$$
$$\Rightarrow k_{app} = 6 \times 10^{-2} \text{ s}^{-1}$$

On a donc $C = C° \cdot e^{-0{,}06t}$.

3. Bonne(s) réponse(s) : a.
Pour la deuxième expérience, on a, d'après le 1°) :

$$k'_{\text{app}} = k \cdot [H_2O_2]_i^a = 0{,}3\ \text{s}^{-1}$$

On peut donc écrire le rapport des constantes de vitesse apparentes :

$$k'_{\text{app}}/k_{\text{app}} = \{k \cdot [H_2O_2]'^a_i\}/\{k \cdot [H_2O_2]_i^a\}$$
$$\Rightarrow k'_{\text{app}}/k_{\text{app}} = \{[H_2O_2]'^a_i\}/\{[H_2O_2]_i^a\}$$
$$\Rightarrow k'_{\text{app}}/k_{\text{app}} = \{(5 \times 10^{-4})^a\}/\{(10^{-4})^a\}$$
$$\Rightarrow (0{,}3)/(0{,}06) = 5a$$
$$\Rightarrow 5 = 5a$$
$$\Rightarrow 1 = a$$

L'ordre global de la réaction est donc :

$$a + b = 1 + 1 = 2$$

Calculons maintenant la constante de vitesse k; nous disposons de deux équations, d'après ce qui précède :

$$k_{\text{app}} = k \cdot [H_2O_2]_i^a$$
$$\text{ou } k'_{\text{app}} = k \cdot [H_2O_2]'^a_i$$
$$\Rightarrow k = (k'_{\text{app}})/[H_2O_2]'^a_i$$
$$\text{ou } k = (k_{\text{app}})/[H_2O_2]_i^a$$
$$\Rightarrow k = 0{,}3/5 \times 10^{-4}$$
$$\text{ou } k = 0{,}06/10^{-4}$$
$$\Rightarrow k = 600\ \text{mol}^{-1} \cdot \text{L} \cdot \text{s}^{-1}.$$

4. Bonne(s) réponse(s) : d.
Avec $a = b = 1$, la vitesse de la réaction s'écrit :

$$v = k \cdot [H_2O_2] \cdot [Fe_4S_4^{2+}]$$

On peut aussi écrire :

$v = k \cdot C \cdot C'$ avec C et C' les concentrations respectives des espèces réactives.

Dans l'équation bilan, les coefficients stoechiométriques des réactifs sont égaux à l'unité : cela signifie que, pour une mole de $Fe_4S_4^{2+}$ qui réagit, il disparaît simultanément une mole de H_2O_2. Comme, de plus, les concentrations initiales de ces composés sont identiques, on comprend que, pendant toute la réaction, leurs concentrations diminuent, mais restent égales, à chaque instant. On peut donc poser : $C = C' = A$.

On peut donc écrire la vitesse de réaction selon :

$$v = k \cdot A^2$$

La loi de vitesse, d'après le cours, est donc :

$$1/A - 1/A° = kt$$
$$\Rightarrow t = 1/k\{1/A - 1/A\}$$

D'après l'énoncé, $A° = y$ et $A = y/5$

On substitue dans l'équation précédente :

$$t = 1/k \cdot \{5/y - 1/y\}$$

$$\Rightarrow t = 1/600 \times \{4/y\} = 4/600y$$

On voit que le temps déterminé est inversement proportionnel à la concentration initiale y : plus celle-ci sera faible, et plus t sera grand.

Bien sûr, d'après ce qui précède, on comprend aisément que la concentration de $Fe_4S_4^{2+}$ est égale à celle de l'eau oxygénée.

9 Bonne(s) réponse(s) : c.

Pour une réaction à volume constant (isochore), du type :

$$a\,\mathrm{A} \rightarrow b\,\mathrm{B} + c\,\mathrm{C}$$

la vitesse de réaction s'écrit :

$$v = -\frac{1}{a}\frac{\mathrm{d[A]}}{\mathrm{d}t} = +\frac{1}{b}\frac{\mathrm{d[B]}}{\mathrm{d}t} = +\frac{1}{c}\frac{\mathrm{d[C]}}{\mathrm{d}t}$$

Or, ici, le coefficient stoechiométrique est $a = 1$, d'où :

$$v = -\frac{\mathrm{d[A]}}{\mathrm{d}t}$$

Par ailleurs, expérimentalement, la réaction, puisqu'elle possède un ordre, vérifie l'équation : $v = k[\mathrm{A}]^{\alpha}$, avec ici $\alpha = 1$, puisque l'énoncé indique que la réaction est d'ordre un par rapport au réactif A.

D'après les calculs qui précèdent, on peut écrire :

$$v = -\frac{\mathrm{d[A]}}{\mathrm{d}t} = k\,[\mathrm{A}]$$

soit $\mathrm{d[A]} / a = -k\,\mathrm{d}t$

$$\Rightarrow \int_{A^\circ}^{A} (\mathrm{d[A]})/a = -k\int_{A^\circ}^{A} \mathrm{d}t$$

$$\Rightarrow \ln\{[\mathrm{A}] / [\mathrm{A}^\circ]\} = -k \cdot t$$

$$\Rightarrow \ln [\mathrm{A}] - \ln[\mathrm{A}^\circ] = -k \cdot t$$

$$\Rightarrow \ln [\mathrm{A}] = \ln[\mathrm{A}^\circ] - k \cdot t.$$

On voit que le logarithme népérien de la concentration du réactif est une fonction affine du temps.

D'après le b), on a :

$$\ln\{[\mathrm{A}] / [\mathrm{A}^\circ]\} = -k \cdot t.$$

En utilisant la fonction réciproque du logarithme népérien (donc la fonction exponentielle) dans cette équation, on obtient :

$$[\mathrm{A}] / [\mathrm{A}^\circ] = \mathrm{e}^{-kt}$$

$$\Rightarrow [\mathrm{A}] = [\mathrm{A}^\circ].\ \mathrm{e}^{-kt}.$$

On a : $\ln[\mathrm{A}] = \ln[\mathrm{A}^\circ] - kt$ avec $[\mathrm{A}] = (2 / 3)[\mathrm{A}^\circ]$

soit $\ln(3 / 2) = k\, t_{1/3}$ d'où $t_{1/3} = (1 / k) \ln (3 / 2)$;

de plus $t_{1/2} = (\ln 2) / k$; on en déduit alors $t_{1/3} = \{\ln (3 / 2) / \ln 2\}\ t_{1/2}$

d'où $t_{1/3} = 0{,}58\ t_{1/2}$.

10 Bonne(s) réponse(s) : a. et b.

a. On a une activité $A = 7{,}25 \cdot 10^{10}$ Bq et les relations : $t_{1/2} = (\ln 2) / \lambda$ ainsi que $A = \lambda N$ avec N nombre de noyaux radioactifs tel que $N = (m \times N_A) / M$

donc $t_{1/2} = \{(\ln 2) / A\} \times (m \times N_A) / M$

soit $t_{1/2} = \{(\ln 2) / 7{,}25 \cdot 10^{10}\} \times (2 \times 6{,}02 \cdot 10^{23}) / 226$

d'ou $t_{1/2} = 5{,}1 \cdot 10^{10}$ s = 1 617 ans.

On a donc 3 $t_{1/2}$ = 4 851 ans

b. On a $\lambda = (\ln 2) / t_{1/2} = (\ln 2) / (5{,}1 \cdot 10^{10} / 60) = 8{,}15 \cdot 10^{-10}$ min^{-1}.

c. Rappelons que pour $t = n \cdot t_{1/2}$ (avec n entier naturel, et $t_{1/2}$ demie-vie ou temps de demi-réaction), le nombre de noyaux radioactifs s'écrit :

$$N(t) = N° / (2^n)$$

Comme la masse radioactive m_t est proportionnelle à $N(t)$, on peut donc aussi écrire :

$$m_t = m° / (2^n)$$

On remarque que $t = 2\, t_{1/2}$ d'où $m_t = (m°) / 2^2$

soit $m_t = 2 / 4 = 0{,}5$ g.

d. Rappelons que le nombre de noyaux radioactifs N_{Ra} suit la loi de décroissance radioactive :

$$N_{Ra} = N_o \cdot e^{-\lambda t}$$

On a :

$$N_{Rn} + N_{Ra} = N_o \text{ donc } N_{Rn} = N_o - N_{Ra} = N_o - N_o e^{-\lambda t}$$

On en déduit $N_{Rn} = N_o(1 - e^{-\lambda t})$.

11 Bonne(s) réponse(s) : f.

Commentaire : on a l'équation bilan de la réaction qui donne :

$$n(Ca^{2+}) = n(CO_2).$$

Les volumes de gaz vérifient : $n(CO_2) = (V(CO_2)/V_m)$.

Donc $n(Ca^{2+}) = (V(CO_2)/V_m)$.

La vitesse moyenne s'écrit, par définition :

$$v_f = dn(Ca^{2+})/dt = [V(CO_2)_{tf} - V(CO_2)_{ti}]/\{V_m(t_f - t_i)\}$$

soit numériquement :

$$v_f = [(34{,}9 - 14{,}2).10^{-3}]/[24(30 - 10)] = 4{,}3.10^{-5} \text{ mol.s}^{-1}.$$

12 Bonne(s) réponse(s) : b., c. et d.

a. Faux : c'est un catalyseur hétérogène.

b. Vrai : il agit sur les sens direct et indirect de la réaction.

c. Vrai : puisqu'il agit dans les deux sens.

d. Vrai : cela permet de modifier la vitesse de réaction.

e. Faux : il n'est donc pas sélectif dans ce cas.

f. Faux : en modifiant la concentration des réactifs, on peut aussi agir sur la vitesse de réaction.

Équilibres

5

Plan

Objectifs

- Comprendre la notion de réaction limitée ou d'équilibre
- Connaître les lois de comportement d'un équilibre chimique
- Connaître les différentes formes de la constante d'équilibre
- Connaître la variation de la constante d'équilibre en fonction de la température

1. Notion d'équilibre

Considérons les deux réactions suivantes :

$$R - COCl + R' - OH \rightarrow R - COO - R' + (H^+, Cl^-)$$

$$R - COCH + R' - OH = R - COO - R' + H_2O$$

Quand on a réalisé la première transformation, on ne peut mettre en évidence les réactifs, mais uniquement la présence des produits, dans le milieu réactionnel. Au contraire dans la seconde réaction, même après avoir attendu suffisamment longtemps, on décèle la présence des produits mais aussi des réactifs.

La première réaction est dite totale, alors que la seconde est limitée. Pour la première, les produits formés ne peuvent donner lieu, à leur tour, à la formation des espèces réactives : la réaction est irréversible.

Par contre, pour la seconde réaction, l'ester et l'eau peuvent se recombiner pour permettre la formation de l'acide carboxylique et de l'alcool : la réaction est inversible. C'est la raison pour laquelle on écrit une double flèche ou un signe égal dans l'équation.

On peut donc réaliser la réaction dans le sens direct (sens gauche droite d'écriture) ou dans le sens inverse.

On peut partir d'une mole d'acide et d'une mole d'alcool, ou d'une mole d'ester et d'une mole d'eau : dans les deux cas, les concentrations des quatre composés sont les mêmes en fin de réaction. On dit que le système a atteint son état d'équilibre, et on parle d'**équilibre chimique**.

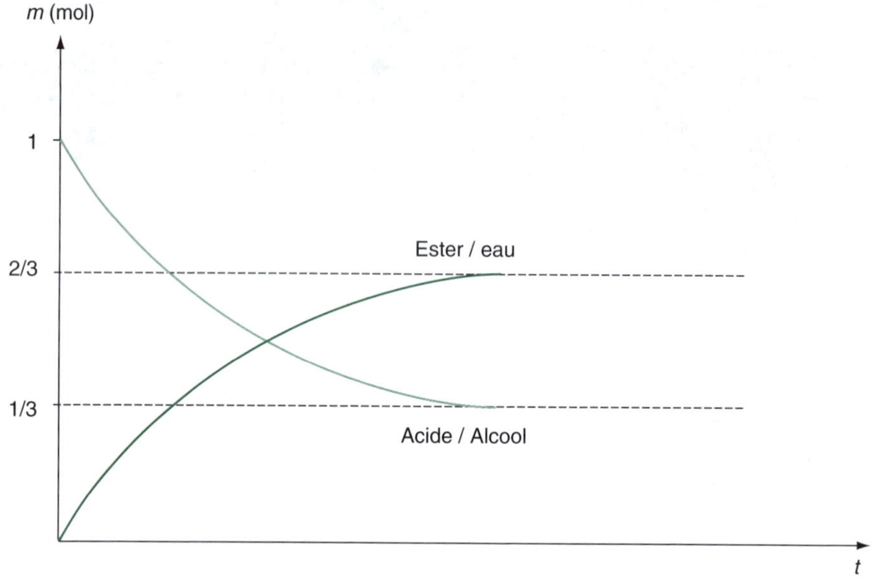

Figure 5.1 Schéma d'évolution du système.

Il s'agit d'un **équilibre dynamique**, car chaque réaction (hydrolyse ou estérification) limite l'autre, et dans l'état d'équilibre, pour chaque espèce, il se forme autant de molécules qu'il s'en décompose.

2. Loi d'action de masse

Cette loi n'est rigoureuse que pour les milieux réactionnels ne contenant que des solutions idéales ou des gaz parfaits. On l'appliquera cependant aux solutions et aux gaz réels.

Soit un système chimique homogène (1 seule phase), dans lequel se produit la réaction :

$$aA + bB = cC + dD$$

On peut démontrer, par des considérations thermodynamiques, qu'à l'équilibre (état final de la réaction limitée) les concentrations molaires vérifient le rapport constant :

$$K_c = \frac{[C]^c \cdot [D]^d}{[A]^a \cdot [B]^b}$$

Cette relation traduit la **loi d'action de masse**.

La constante K_c s'appelle la constante d'équilibre relative aux concentrations ; elle ne dépend que de la température.

Par convention, on écrit K_c en mettant au numérateur les composés à droite de l'équation bilan.

Remarque

En toute rigueur, la loi d'action de masse ne doit pas s'écrire avec les concentrations, mais avec les **activités**. Toutefois on considèrera que les solutions étudiées sont suffisamment diluées, pour pouvoir admettre que les valeurs des coefficients d'activité sont, par approximation, égales à l'unité : la constante d'équilibre sera donc écrite à partir des concentrations.

Exemple

Soit la réaction :

$$cC + dD = aA + bB$$

On écrit alors :

$$K'_c = \frac{[C]^c \cdot [D]^d}{[A]^a \cdot [B]^b} = \frac{1}{K_c}$$

Les constantes d'équilibre K'_c et K_c n'ont pas d'unité.

Pour les systèmes chimiques homogènes gazeux, on peut exprimer la constante d'équilibre en fonction des pressions partielles des gaz (voir chapitre 1).

On écrit donc :

$$K_p = \frac{P_C^c \cdot P_D^d}{P_A^a \cdot P_B^b}$$

K_p, constante d'équilibre relative aux pressions, ne dépend, elle aussi, que de la température.

P_A, P_B, P_C, P_D représentent respectivement les pressions partielles des espèces gazeuses A, B, C, D telles que $P_A + P_B + P_C + P_D = P$ pression totale.

D'après la relation d'état des gaz parfaits on a, par exemple pour l'espèce A :

$$P_A V = n_A RT \text{ soit } P_A = \frac{n_A}{V} RT$$

Or : $$\frac{n_A}{V} = [A] \text{ d'où } P_A = [A] \cdot RT$$

On peut donc écrire que :

$$P_A^a = [A]^a \cdot (RT)^a$$

Donc : $$K_p = \frac{[C]^c (RT)^c \cdot [D]^d (RT)^d}{[A]^a (RT)^a \cdot [B]^b (RT)^b}$$

Soit :

$$K_p = \frac{[C]^c \cdot [D]^d}{[A]^a \cdot [B]^b} \cdot (RT)^{\Delta n} = K_C (RT)^{\Delta n}$$

en posant $\Delta n = (c + d) - (a + b)$, variation de nombre de moles de gaz.

Remarque

La loi d'action de masse est aussi valable pour les systèmes hétérogènes (plusieurs phases). Soit par exemple la réaction :

$$C_{(s)} + CO_{2(g)} = 2\ CO_{(g)}$$

On écrit donc à l'équilibre :

$$K_c = \frac{[CO]^2}{[C] \cdot [CO_2]}$$

ou :

$$K_p = \frac{P_{CO}^2}{P_C \cdot P_{CO_2}}$$

Le carbone étant solide, sa concentration et sa pression de vapeur sont constantes, à température fixée. On peut donc inclure ces grandeurs dans les valeurs des constantes d'équilibre, soit :

$$K'_c = \frac{[CO]^2}{[CO_2]}$$

ou :

$$K'_p = \frac{P_{CO}^2}{P_{O_2}}$$

On écrira donc directement ces constantes apparentes dont les valeurs sont données dans les tables.

Remarque

Le rapport des concentrations des espèces, à la puissance des coefficients stœchiométriques, peut être écrit à un autre instant que celui correspondant à l'état d'équilibre ;

on parlera alors de **quotient de réaction** Qr à l'instant t. Si l'instant t est l'instant initial (au début de la réaction), on parlera de quotient de réaction initial, et on le notera Qr, i ou Qr, o. Si l'instant t est l'instant correspondant à l'état d'équilibre, on parlera de quotient de réaction à l'équilibre, et on le notera Qr, eq. On voit que Qr, eq est la constante d'équilibre que nous avons défini précédemment, soit Qr, eq = Kc. La notion de quotient de réaction est donc plus large, et la constante d'équilibre est un quotient de réaction particulier.

3. Loi de modération de Le Châtelier

Elle permet de prévoir qualitativement l'évolution d'un système chimique à l'équilibre, quand on modifie un des trois facteurs d'équilibre que sont la température, la pression et la concentration.

D'après Le Châtelier, toute variation d'une de ces grandeurs entraîne un déplacement de l'équilibre **dans le sens qui s'oppose** à la variation imposée.

Ainsi, si une réaction limitée produit une espèce chimique, avec un rendement faible en fin de transformation, on peut augmenter la quantité du produit souhaité, en l'éliminant du milieu réactionnel (par distillation à la bonne température), ce qui déplacera l'équilibre dans le sens de la formation de ce produit. On agit ainsi sur la concentration, puisque celle-ci diminue par distillation; le système, lui, tend à augmenter la concentration par déplacement de la réaction dans le sens favorable.

4. Produit de solubilité

C'est le nom donné à la constante d'équilibre apparente, dans le cas particulier d'un solide ionique en équilibre avec ses ions dissous dans une solution aqueuse.

Exemple

Prenons le chromate d'argent en excès dans l'eau :

$$Ag_2CrO_{4(s)} = 2Ag^+_{(aq)} + CrO^{2-}_{4(aq)}$$

On écrit la loi d'action de masse, à l'équilibre :

$$K_c = \frac{[Ag^+]^2 \cdot [CrO_4^{2-}]}{[Ag_2CrO_4]}$$

Comme le solide ionique a une concentration constante, on inclut celle-ci dans la valeur de la constante d'équilibre soit :

$$K_s = [Ag^+]^2 \cdot [CrO_4^{2-}]$$

Cette constante apparente K_s s'appelle **produit de solubilité**, puisque les concentrations de $[CrO_4^{2-}]$ et d'Ag^+ étant maximales, elles sont égales aux solubilités de ces ions (voir chapitre 1) en $mol \cdot L^{-1}$.

Remarque

Si les concentrations des ions ne sont pas maximales, on parle alors de **produit ionique** noté :

$$P_i = [Ag^+]^2 \cdot [CrO_4^{2-}]$$

On voit qu'on atteint exactement la saturation quand $P_i = K_s$.

- La solution est donc saturée si $P_i \geq K_s$.
- La solution n'est pas saturée si $P_i < K_s$.

5. Constante d'acidité

C'est une constante d'équilibre apparente dans le cas d'une réaction d'un *acide faible* avec l'eau.

Exemple

Soit la réaction :

$$CH_3COOH + H_2O = CH_3COO^- + H_3O^+$$

La loi d'action de masse s'écrit :

$$K_c = \frac{[CH_3COO^-] \cdot [H_3O^+]}{[CH_3COOH] \cdot [H_2O]}$$

L'eau, étant le solvant, a une concentration quasi constante, que l'on inclut dans la constante d'équilibre, que l'on note K_A, et qui s'appelle constante d'acidité du couple acido-basique CH_3COOH/CH_3COO^- :

$$K_A = \frac{[CH_3COO^-] \cdot [H_3O^+]}{[CH_3COOH]}$$

6. Constante de dissociation des ions complexes

Les ions complexes sont des édifices polyatomiques en équilibre avec les ions ou molécules qui s'assemblent pour les former.

Prenons l'exemple du cation diammine-argent (I) :

$$Ag(NH_3)_2^+ = Ag^+ + 2NH_3$$

La constante d'équilibre s'écrit :

$$K_d = \frac{[Ag^+] \cdot [NH_3]^2}{[Ag(NH_3)_2^+]}$$

La constante est notée K_d et s'appelle la **constante de dissociation du complexe**.

Plus la valeur de K_d est grande, et plus le complexe est dissocié, donc moins il est stable.

7. Variation de la constante d'équilibre en fonction de la température

D'après la loi de Van't'Hoff, la constante d'équilibre K varie en fonction de la température T selon :

$$\frac{d(\ln K)}{dt} = \frac{\Delta H^0}{RT^2}$$

ΔH^0 représente la variation d'enthalpie standard (voir chapitre thermochimie) pour la réaction étudiée. On peut intégrer la relation de Van't'Hoff, ce qui donne :

$$\ln\frac{K_2}{K_1} = \frac{\Delta H^0}{R} \cdot \frac{T_2 - T_1}{T_2 T_1}$$

K_2 et K_1 représentent les constantes d'équilibre aux températures T_1 et T_2.

Synthèse

Je sais définir

- Équilibre chimique
- Produit de solubilité
- Constante d'acidité
- Constante de dissociation des ions complexes

Je connais

- La loi d'action de masse
- La loi de modération de Le Châtelier

Je sais

- Écrire une réaction d'équilibre
- Calculer la solubilité d'une molécule
- Étudier la variation de la constante d'équilibre en fonction de la température.

QCM et exercices

1 (d'après annales Pitié-Salpétrière)

On mélange V_1 = 15,0 mL d'une solution 1 de nitrate de plomb de concentration $C_1 = 2{,}00 \times 10^{-3}$ mol · L^{-1}, avec V_2 = 20,0 mL d'une solution 2 d'iodure de potassium, de concentration C_2 = 0,500 mol · L^{-1}.

Données : $K_S(PbI_2) = 9 \times 10^{-9}$ à la température de l'équilibre

1. Écrire les formules des composés ioniques des solutions 1 et 2.

❒ **a.** KI_2 et PbI respectivement.

❒ **b.** KI et PbI respectivement.

❒ **c.** KI et PbI_2 respectivement.

❒ **d.** KI_2 et PbI_2 respectivement.

❒ **e.** Aucune réponse exacte.

2.

a. Écrire la réaction d'équilibre entre l'iodure de plomb solide et ses ions dissous dans la solution saturée.

❒ **a.** $PbI_{2(s)} = Pb^{2+}{}_{(aq)} + 2I^-{}_{(aq)}$.

❒ **b.** $PbI_{2(s)} = Pb^{2+}{}_{(s)} + 2I^-{}_{(s)}$.

❒ **c.** $PbI_{(s)} = Pb^{2+}{}_{(aq)} + I^-{}_{(aq)}$.

❒ **d.** $PbI_{(s)} = Pb^+{}_{(aq)} + I^-{}_{(aq)}$.

❒ **e.** Aucune réponse exacte.

b. En déduire l'expression de la constante d'équilibre appelée « produit de solubilité » et notée K_S.

❒ **a.** $Ks = (Pb^+).(I^-)$.

❒ **b.** $Ks = (Pb^+).(I^-)^2$.

❒ **c.** $Ks = (Pb^+)^2.(I^-)$.

❒ **d.** $Ks = (Pb^{2+}).(I^-)^2$.

❒ **e.** aucune réponse exacte.

3. Observe t-on la précipitation de l'iodure de plomb ? Justifiez.

❒ **a.** Il y a précipitation car Qr,i > Ks.

❒ **b.** Il y a précipitation car Qr,i < Ks.

❒ **c.** Il n'y a pas précipitation car Qr,i > Ks.

❒ **d.** Il n'y a pas précipitation car Qr,i < Ks.

❒ **e.** Aucune réponse exacte.

2 On mélange un volume V_1 = 25 mL d'une solution de nitrate de plomb, de concentration $C_1 = 1{,}5 \times 10^{-3}$ mol · L^{-1}, avec un volume V_2 d'une solution d'iodure de potassium, de concentration C_2.

Données : $K_S(PbI_2) = 9 \times 10^{-9}$

1. Sachant que $V_2 = 10$ mL, pour quelle valeur minimale de C_2 observe t-on un précipité d'iodure de plomb ?

❒ **a.** $C_2 = 4{,}0.10^{-2}$ mol.L^{-1}.

❒ **b.** $C_2 = 3{,}0.10^{-2}$ mol.L^{-1}.

❒ **c.** $C_2 = 2{,}0.10^{-2}$ mol.L^{-1}.

❒ **d.** $C_2 = 1{,}0.10^{-2}$ mol.L^{-1}.

❒ **e.** Aucune réponse exacte.

2. Sachant que $V_2 = 20$ mL, déterminer pour quelle valeur minimale de C_2 on observe un précipité d'iodure de plomb.

❒ **a.** $C_2 = 7{,}4.10^{-3}$ mol.L^{-1}.

❒ **b.** $C_2 = 6{,}4.10^{-3}$ mol.L^{-1}.

❒ **c.** $C_2 = 5{,}4.10^{-3}$ mol.L^{-1}.

❒ **d.** $C_2 = 4{,}4.10^{-3}$ mol.L^{-1}.

❒ **e.** Aucune réponse exacte.

3 On considère une solution saturée de chlorure de plomb $PbCl_2$.

Données :

$$K_S(PbCl_2) = 1{,}7 \times 10^{-5} \; ; M(Cl) = 35{,}5 \text{ g} \cdot \text{mol}^{-1}$$
$$M(Na) = 23 \text{ g} \cdot \text{mol}^{-1} \; ; M(Pb) = 207 \text{ g} \cdot \text{mol}^{-1}$$

1. Écrire l'équilibre de précipitation et en déduire l'expression du produit de solubilité K_S (constante d'équilibre !).

❒ **a.** $Ks = (Pb^+).(Cl^-)$.

❒ **b.** $Ks = (Pb^+).(Cl^-)^2$.

❒ **c.** $Ks = (Pb^+)^2.(Cl^-)$.

❒ **d.** $Ks = (Pb^{2+}).(Cl^-)^2$.

❒ **e.** Aucune réponse exacte.

2. Calculer la solubilité s de $PbCl_2$ en g · L^{-1} et les concentrations molaires des ions dissous de la solution saturée.

❒ **a.** s = 5,8 g.L^{-1}.

❒ **b.** s = 3,6 g.L^{-1}.

❒ **c.** s = 4,5 g.L^{-1}.

❒ **d.** s = 1,2 g.L^{-1}.

❒ **e.** Aucune réponse exacte.

3. Décrire, qualitativement, ce qui se passe, si on ajoute du chlorure de sodium (NaCl) à la solution saturée. Conclure.

❒ **a.** L'équilibre n'est pas modifié.

❒ **b.** L'équilibre est déplacé dans le sens indirect.

❒ **c.** L'équilibre est déplacé dans le sens direct.

❒ **d.** Il n'y a pas de précipitation du composé ionique.

❒ **e.** Aucune réponse exacte.

4. Décrire, qualitativement, ce que l'on observe, si on dilue la solution saturée par ajout d'eau distillée.

❐ **a.** L'équilibre n'est pas modifié.

❐ **b.** L'équilibre est déplacé dans le sens indirect.

❐ **c.** L'équilibre est déplacé dans le sens direct.

❐ **d.** Il y a une moins bonne dissolution du composé ionique.

❐ **e.** Aucune réponse exacte.

5. On ajoute m = 2 925 mg de chlorure de sodium à la solution saturée, sans variation du volume. Calculer la nouvelle solubilité de $PbCl_2$ ainsi que les concentrations des ions.

❐ **a.** $s = 3{,}38.10^{-4}$ mol.L^{-1}.

❐ **b.** $s = 6{,}65.10^{-4}$ mol.L^{-1}.

❐ **c.** $s = 4{,}56.10^{-4}$ mol.L^{-1}.

❐ **d.** $s = 1{,}29.10^{-4}$ mol.L^{-1}.

❐ **e.** Aucune réponse exacte.

4 **1.** L'acide éthanoïque réagit avec l'éthanol pour donner un composé inconnu X et de l'eau : nommer cette réaction et la réaction inverse.

On rappelle que le rendement de la réaction (sens direct) en partant d'un mélange équimolaire, dépend de la classe de l'alcool : 67 % pour un alcool primaire, 60 % pour un alcool secondaire, et 5 % pour un alcool tertiaire.

❐ **a.** Réaction : combustion ; réaction inverse : estérification.

❐ **b.** Réaction : précipitation ; réaction inverse : dissolution.

❐ **c.** Réaction : estérification ; réaction inverse : hydrolyse.

❐ **d.** Réaction : saponification ; réaction inverse : estérification.

❐ **e.** Aucune réponse exacte.

2. Écrire l'équation bilan de la question précédente et nommer le composé *X* en donnant sa formule.

❐ **a.** X = $CH_3COCH_2CH_3$.

❐ **b.** X = $CH_3COOCH_2CH_3$.

❐ **c.** X = $CH_3COCHCH_3$.

❐ **d.** X = $CH_3COOCHCH_3$.

❐ **e.** Aucune réponse exacte.

3. On mélange 120 g d'acide éthanoïque, 92 g d'éthanol et 54 g d'eau.

À l'aide d'un tableau d'évolution, déterminer la valeur de la constante d'équilibre K = *Q*r, eq de la réaction écrite à la 2e question.

Dans quel sens la réaction du mélange se déplace-t-elle ? Justifier.

À l'aide d'un tableau d'avancement, déterminer la composition du mélange à l'équilibre.

❐ **a.** K = 1.

❐ **b.** K = 2.

❐ **c.** K = 3.

❐ **d.** K = 4.

❐ **e.** Aucune réponse exacte.

4. Vers quel état d'équilibre évoluerait le mélange suivant :

{1 mol de X + 1 mol d'acide + 1 mol d'eau + 1 mol d'alcool}

On justifiera le sens d'évolution du système.

❒ **a.** $n_X = 4/3$ mol ; $n_{ac} = 2/3$ mol ; $n_{eau} = 4/3$ mol ; $n_{alc} = 2/3$ mol .
❒ **b.** $n_X = 2/3$ mol ; $n_{ac} = 4/3$ mol ; $n_{eau} = 2/3$ mol ; $n_{alc} = 4/3$ mol.
❒ **c.** $n_X = 1/3$ mol ; $n_{ac} = 2/3$ mol ; $n_{eau} = 1/3$ mol ; $n_{alc} = 2/3$ mol.
❒ **d.** $n_X = 4/3$ mol ; $n_{ac} = 1/3$ mol ; $n_{eau} = 4/3$ mol ; $n_{alc} = 1/3$ mol.
❒ **e.** Aucune réponse exacte.

5 On considère une bouteille contenant une solution aqueuse de CO_2 dissous.

1. On chauffe la bouteille : expliquer ce qu'il se passe.

❒ **a.** Rien ne se passe.
❒ **b.** La solubilité du CO_2 augmente.
❒ **c.** La solubilité du gaz diminue.
❒ **d.** Le volume de la solution augmente fortement.
❒ **e.** Aucune réponse exacte.

2. Comment varie alors la constante de l'équilibre de dissolution du gaz ?

❒ **a.** K augmente.
❒ **b.** K ne change pas .
❒ **c.** K diminue .
❒ **d.** On ne peut pas répondre .
❒ **e.** Aucune réponse exacte.

3. Étudier le signe de la variation d'enthalpie de la réaction de dissolution du gaz.

❒ **a.** Strictement positif.
❒ **b.** Strictement négatif.
❒ **c.** Supérieur ou égal à zéro.
❒ **d.** Égal à zéro.
❒ **e.** Aucune réponse exacte.

6 Soit l'équilibre de synthèse du trioxyde de soufre, entre 400 °C et 600 °C :

$$2\,SO_{2\,(g)} + O_{2\,(g)} = 2\,SO_{3\,(g)}$$

Données : $R = 8{,}32\ J \cdot K^{-1} \cdot mol^{-1}$; $\Delta H^0 = -198\ kJ \cdot mol^{-1}$

1. En justifiant, indiquer le signe de la variation d'entropie ΔS^0 de cette réaction de synthèse.

❒ **a.** Strictement positif.
❒ **b.** Strictement négatif.
❒ **c.** Supérieur ou égal à zéro.
❒ **d.** Égal à zéro.
❒ **e.** Aucune réponse exacte.

2. Étudier, qualitativement, l'influence de la pression, de la température, de l'ajout d'un gaz inerte (à P et T constantes) sur cet équilibre.

❒ **a.** Si on augmente P, l'équilibre est déplacé dans le sens direct.
❒ **b.** Si on augmente P, l'équilibre est déplacé dans le sens indirect.
❒ **c.** Si on augmente T, l'équilibre est déplacé dans le sens direct.
❒ **d.** Si on ajoute un gaz inerte, l'équilibre est déplacé dans le sens indirect.
❒ **e.** Aucune réponse exacte.

3. Soit un mélange contenant initialement n mol d'O_2 et $2n$ mol de SO_2. On note y la fraction de SO_2 transformée.

Exprimer, en fonction de n et de y, le nombre total de moles de gaz, à l'équilibre.

Exprimer, en fonction de y et de P (pression totale à l'équilibre), les pressions partielles des trois gaz. En déduire l'expression, puis la valeur de la constante d'équilibre K_p, sachant qu'à la température considérée de 600 °C, y est égale à 0,7 et P vaut 1 bar.

❒ **a.** $Kp = 50{,}2$.

❒ **b.** $Kp = 41{,}7$.

❒ **c.** $Kp = 68{,}9$.

❒ **d.** $Kp = 75{,}4$.

❒ **e.** Aucune réponse exacte.

4. Calculer la variation d'entropie standard ΔS^0 de la première question.

❒ **a.** $\Delta S° = 405$ J.K^{-1}.mol^{-1}.

❒ **b.** $\Delta S° = 209$ J.K^{-1}.mol^{-1}.

❒ **c.** $\Delta S° = 804$ J.K^{-1}.mol^{-1}.

❒ **d.** $\Delta S° = 196$ J.K^{-1}.mol^{-1}.

❒ **e.** Aucune réponse exacte.

5. À quelle température t, en °C, doit on effectuer la synthèse du trioxyde de soufre, sous une pression de 1 bar, pour que la fraction y soit égale à 0,95 ? On considérera que l'enthalpie standard de la réaction est indépendante de la température.

❒ **a.** $t = 238$ °C.

❒ **b.** $t = 445$ °C.

❒ **c.** $t = 785$ °C.

❒ **d.** $t = 201$ °C.

❒ **e.** Aucune réponse exacte.

7 On considère une solution saturée de chromate d'argent, à la température $t = 25$ °C, dont la solubilité vaut $s = 7{,}94 \cdot 10^{-5}$ mol · L^{-1}.

On peut affirmer que :

❒ **a.** Le produit de solubilité du chromate d'argent s'écrit $K_s = s^2$.

❒ **b.** La concentration en ions argent est supérieure à la concentration des ions chromate.

❒ **c.** Le produit de solubilité vaut $K_s = 1{,}2 \cdot 10^{-5}$.

❒ **d.** Le produit de solubilité est égal au quotient de réaction à l'équilibre.

❒ **e.** Le produit de solubilité est égal au quotient de réaction initial.

❒ **f.** Le produit ionique, noté Pi, est tel que $Pi \leq K_s$.

❒ **g.** Le produit ionique est le produit des concentrations, avant toute réaction.

8 On considère l'équilibre hétérogène suivant, à 20 °C :

$$PbI_{2(s)} = 2\ I^-_{(aq)} + Pb^{2+}_{(aq)}$$

Données : $pK_s = 8{,}05$.

On peut donc dire que :

❒ **a.** À 20 °C, la constante d'équilibre K_s vaut $3{,}5 \cdot 10^{-10}$.
❒ **b.** À 75 °C, la constante d'équilibre K_s vaut $9 \cdot 10^{-9}$.
❒ **c.** La constante d'équilibre K_s s'appelle aussi produit de solubilité.
❒ **d.** La constante d'équilibre s'écrit : $K_s = [Pb^{2+}] - [Cl^-]$.
❒ **e.** La solubilité s de PbI_2 s'écrit $s = \sqrt{\frac{K_s}{4}}$.
❒ **f.** La solubilité s de PbI_2 vérifie $K_s = s^3$.

9 Soit un mélange comportant 2,0 mol de méthanol ; 2,0 mol d'acide éthanoïque; 0,3 mol d'eau et 0,7 mol de méthanoate d'éthyle ; le système évolue vers un état d'équilibre.

Données :

– la constante d'équilibre de la réaction d'estérification, à la température considérée, est K ≈ 5,4 ;

– le sens direct correspond à la réaction d'estérification.

On peut donc dire que :

❒ **a.** La réaction inverse est l'hydrolyse de l'ester.
❒ **b.** Le mélange initial évolue dans le sens inverse.
❒ **c.** À l'équilibre, le quotient de réaction vaut $Q_r,eq = 3{,}2$.
❒ **d.** À l'équilibre, la quantité de matière de l'ester est $n_{es} = 1{,}8$ mol.
❒ **e.** À l'équilibre, la quantité de matière de l'acide est $n_{ac} = 0{,}6$ mol.
❒ **f.** À l'équilibre, la quantité de matière du méthanol est $n_m = 0{,}45$ mol.

10 Dans 100 mL de solution aqueuse, on dissout $n_{AH} = 2.10^{-3}$ mol d'acide AH et

$$n_{ClO^-} = 1{,}5.10^{-3} \text{ mol de base } ClO^-.$$

Données : pKa $(AH/A^-) = 3{,}9$; pKa $(HClO/ClO^-) = 7{,}5$.

On peut affirmer que la réaction entre AH et ClO^- a pour constante d'équilibre:

❒ **a.** $K = 2{,}5 \cdot 10^4$.
❒ **b.** $K = 5{,}0 \cdot 10^3$.
❒ **c.** $K = 7{,}5 \cdot 10^6$.
❒ **d.** $K = 6{,}1 \cdot 10^1$.
❒ **e.** $K = 8{,}0 \cdot 10^2$.
❒ **f.** $K = 4{,}0 \cdot 10^3$.

11 On considère la réaction acido-basique du QCM précédent, avec les mêmes quantités de matières initiales. On peut affirmer que les concentrations des différentes espèces chimiques en fin de réaction sont:

❒ **a.** $[ClO^{-]} = 5{,}5 \cdot 10^{-4}\ mol \cdot L^{-1}$.
❒ **b.** $[ClO^-] = 1{,}5 \cdot 10^{-5}\ mol \cdot L^{-1}$.
❒ **c.** $[AH] = 3{,}5 \cdot 10^{-3}\ mol \cdot L^{-1}$.
❒ **d.** $[A^-] = 8{,}5 \cdot 10^{-5}\ mol \cdot L^{-1}$.
❒ **e.** $[HClO] = 1{,}5 \cdot 10^{-2}\ mol \cdot L^{-1}$.
❒ **f.** $[HClO] = 6{,}5 \cdot 10^{-1}\ mol \cdot L^{-1}$.

Corrigés

1 **1. Bonne(s) réponse(s) : c.**

Les ions nitrate et plomb se notent respectivement NO_3^- et Pb^{2+}. Le composé ionique étant neutre électriquement, et le symbole du cation étant nommé en premier dans la formule chimique, on obtient pour le nitrate de plomb : $Pb(NO_3)_2$.

De même, pour les ions iodure et potassium, respectivement I^- et K^+, on obtient l'iodure de potassium KI.

2.

a. Bonne(s) réponse(s) : a.

Pour les mêmes raisons que dans la première question, on obtient l'iodure de plomb : PbI_2.

L'équilibre hétérogène (2 phases) s'écrit alors :

$$PbI_{2(s)} = Pb^{2+}_{(aq)} + 2\,I^-$$

b. Bonne(s) réponse(s) : d.

La constante d'équilibre, d'après la loi d'action de masse s'écrit :

$$K_S = [Pb^{2+}] \cdot [I^-]^2$$

Remarque

L'iodure de plomb étant solide, il n'apparaît pas dans l'expression du produit de solubilité K_S.

3. Bonne(s) réponse(s) : a.

Calculons les concentrations initiales, des ions dissous, de l'équilibre de la question précédente.

On a :

$$[Pb^{2+}]_i = \frac{C_1V_1}{V_1+V_2}$$

$$\Rightarrow [Pb^{2+}]_i = \frac{0{,}002 \times 0{,}015}{0{,}015 + 0{,}020} = 8{,}6 \times 10^{-4}\ \text{mol} \cdot \text{L}^{-1}$$

De même, pour l'ion iodure :

$$[I^-]_i = \frac{C_2V_2}{V_1+V_2}$$

$$\Rightarrow [I^-]_i = \frac{0{,}5 \times 0{,}020}{0{,}015 + 0{,}020} = 2{,}86 \times 10^{-1}\ \text{mol} \cdot \text{L}^{-1}$$

Calculons le quotient de réaction à l'instant initial :

$$Qr{,}i = [Pb^{2+}]_i \cdot [I^-]_i^2$$

$$\Rightarrow Qr{,}i = 8{,}6 \times 10^{-4} \times (2{,}86 \times 10^{-1})^2 = 702 \times 10^{-5}$$

La réaction se déplace vers l'état d'équilibre, c'est-à-dire que les concentrations des ions dissous évoluent de telle sorte que le quotient de réaction soit égal au quotient de réaction à l'équilibre $Qr,eq = K_S = 9 \times 10^{-9}$.

Comme à l'état initial $Qr,i > K_S$, alors le quotient de réaction va diminuer pour atteindre K_S : cela signifie que les concentrations des ions vont diminuer, et que la réaction est déplacée dans le sens indirect (vers la gauche), ce qui conduit à la formation du précipité $PbI_{2(s)}$.

Remarques très importantes

- Dans le cas des réactions de précipitation (ou de dissolution), on écrit en général l'équation bilan dans le sens correspondant à une constante d'équilibre K_S égale au produit des concentrations des ions dissous à l'équilibre. Cela implique que le composé solide soit à gauche dans l'écriture de l'équation.
- De plus, le quotient de réaction initial Qr,i est appelé « produit ionique » et noté P_i.On voit donc que la condition pour qu'il y ait précipitation s'écrit :

$$P_i \geq K_S$$

Il s'en déduit que l'on n'observe pas de précipité si :

$$P_i < K_S$$

On voit immédiatement qu'il s'agit d'une expression particulière des conditions générales :
$Qr,i < K$: évolution de la réaction dans le sens direct, donc ici dans le sens de formation du précipité solide.
$Qr,i > K$: évolution de la réaction dans le sens indirect, donc ici dans le sens de dissolution du composé solide.
$Qr,i = K$: on est à l'équilibre donc pas d'évolution du système.

2 Rappelons que le quotient de réaction Qr,i est appelé *produit ionique* P_i.

1. Bonne(s) réponse(s) : d.

Exprimons le produit ionique P_i (voir exercice 1) :

$$P_i = [Pb^{2+}]_i \cdot [I^-]_i^2$$

$$\Rightarrow P_i = \frac{C_1V_1}{V_1+V_2} \times \left(\frac{C_2V_2}{V_1+V_2}\right)^2 = \frac{C_1V_1 \times C_2^2V_2^2}{(V_1+V_2)^3}$$

Il y a précipitation si $P_i \geq K_S$:

$$\Rightarrow \frac{C_1V_1 \times C_2^2V_2^2}{(V_1+V_2)^3} \geq K_S$$

$$\Rightarrow C_2^2 \geq \frac{K_S(V_1+V_2)^3}{C_1V_1 \times V_2^2}$$

$$\Rightarrow C_2^2 \geq \frac{9 \times 10^{-9}(0{,}025 + 0{,}010)^3}{1{,}5 \times 10^{-3} \times 0{,}025 \times 0{,}010^2}$$

$$\Rightarrow C_2^2 \geq 0{,}000103$$

$$\Rightarrow C_2 \geq \sqrt{0{,}000103}$$

$$\Rightarrow C_2 \geq 1{,}0 \times 10^{-2}\ \text{mol} \cdot \text{L}^{-1}$$

2. Bonne(s) réponse(s) : a.

On raisonne de la même façon que pour la question précédente, avec la condition pour qu'il y ait précipitation :

$$P_\text{i} \geq K_\text{S}$$

$$\Rightarrow \frac{C_1 V_1}{V_1 + V_2} \times \left(\frac{C_2 V_2}{V_1 + V_2}\right)^2 \geq K_\text{S}$$

$$\Rightarrow \frac{C_1 V_1 \times C_2^2 V_2^2}{(V_1 + V_2)^3} \geq K_\text{S}$$

$$\Rightarrow C_2^2 \geq \frac{K_\text{S}(V_1 + V_2)^3}{C_1 V_1 \times V_2^2}$$

$$\Rightarrow C_2^2 \geq \frac{9 \times 10^{-9}(0{,}025 + 0{,}010)^3}{1{,}5 \times 10^{-3} \times 0{,}025 \times 0{,}020^2}$$

$$\Rightarrow C_2 \geq 7{,}4 \times 10^{-3}\ \text{mol} \cdot \text{L}^{-1}$$

3 **1. Bonne(s) réponse(s) : d.**

L'équilibre s'écrit :

$$\text{PbCl}_{2(s)} = \text{Pb}^{2+}_\text{aq} + 2\text{Cl}^-_\text{aq}$$

Le produit de solubilité est donc :

$$K_\text{S} = [\text{Pb}^{2+}]_\text{aq} \cdot [\text{Cl}^-]^2_\text{aq}$$

La solubilité de $PbCl_2$ représente la masse (ou le nombre de moles) maximale dissoute par litre de solution, c'est-à-dire la masse maximale que l'on va retrouver sous forme d'ions dissous. Au-delà de cette masse maximale, tout le chlorure supplémentaire (ajouté en excès) sera sous forme de précipité solide.

2. Bonne(s) réponse(s) : c.

La solubilité peut s'exprimer en $g \cdot L^{-1}$ ou $mol \cdot L^{-1}$ dans un litre de solution.

Raisonnons sur les quantités de matière (pour pouvoir utiliser l'équation bilan).

D'après l'équation bilan, si on dissout s mol de $PbCl_2$, cela conduit à la dissolution de s mol d'ions Pb^{2+}, et à $2s$ mol d'ions Cl^-.

On a donc à l'équilibre :

$$K_S = [Pb^{2+}]_{aq} \cdot [Cl^-]^2_{aq} = (s) \times (2s)^2$$

$$K_S = 4s^3$$

$$\Rightarrow s^3 = \left(\frac{K_S}{4}\right) = \frac{1{,}7 \times 10^{-5}}{4}$$

$$\Rightarrow s \approx 1{,}6 \times 10^{-2} \text{ mol} \cdot \text{L}^{-1}$$

Exprimons cette solubilité en $g \cdot L^{-1}$:

$$M(PbCl_2) = 207 + (2 \times 35{,}5) = 278 \text{ g} \cdot \text{mol}^{-1}$$

$$\Rightarrow s = 1{,}6 \times 10^{-2} \times 278 = 4{,}5 \text{ g L}^{-1}$$

On a aussi :

$$[Pb^{2+}] = s = 1{,}6 \times 10^{-2} \text{ mol} \cdot \text{L}^{-1}$$

$$[Cl^-] = 2s = 2 \times 1{,}6 \times 10^{-2} = 3{,}2 \times 10^{-2} \text{ mol} \cdot \text{L}^{-1}$$

3. Bonne(s) réponse(s) : b.

Si on ajoute du chlorure de sodium à la solution, cela signifie qu'on augmente la concentration des ions chlorure. D'après la loi de modération de Le Châtelier, l'équilibre de précipitation se déplace dans le sens de consommation des ions Cl^-, donc dans le sens indirect (vers la gauche).

Il y a donc précipitation du chlorure de plomb $PbCl_2$ qui devient moins soluble.

C'est *l'effet d'ion commun* : par ajout d'un ion commun, la solubilité du composé ionique devient moins importante.

4. Bonne(s) réponse(s) : c.

Si on dilue la solution saturée, cela revient à diminuer les concentrations des ions dissous. D'après la loi de modération de Le Châtelier, l'équilibre va donc se déplacer dans le sens de formation des ions, donc dans le sens direct (vers la droite).

Par dilution, on augmente donc la dissolution du composé ionique $PbCl_2$.

5. Bonne(s) réponse(s) : a.

Écrivons l'équilibre de dissolution :

$$PbCl_{2(s)} = Pb^{2+}_{aq} + 2Cl^-_{aq}$$

D'après la loi de modération de Le Châtelier, en ajoutant des ions Cl^-, on augmente leur concentration, ce qui a pour effet de déplacer l'équilibre dans le sens de leur consommation, donc dans le sens inverse (vers la gauche).

La solubilité de $PbCl_2$ va donc diminuer.

On a par électroneutralité :

$$[Pb^{2+}] + [Na^+] = [Cl^-]$$

avec :

$$[Pb^{2+}] = s \quad \text{et} \quad [Na^+] = \frac{m}{MV} = \frac{2\,925 \times 10^{-3}}{(23 + 35{,}5) \times 1} = 0{,}05 \text{ mol} \cdot \text{L}^{-1}$$

On écrit donc la constante d'équilibre, c'est-à-dire le produit de solubilité :

$$K_S = [Pb^{2+}] \cdot [Cl^-]^2$$

$$\Rightarrow K_S = s(s + 0{,}05)^2 = 1{,}7 \times 10^{-5}$$

$$\Rightarrow s^2 + 0{,}05s - 1{,}7 \times 10^{-5} = 0$$

$\Rightarrow s = 3{,}38 \times 10^{-4}$ mol · L^{-1} (Seule la racine positive a un sens physique).

On voit bien que par effet d'ion commun, la solubilité est bien plus faible.

On peut donc calculer les concentrations à l'équilibre :

$$[Pb^{2+}] = s = 3{,}38 \times 10^{-4} \text{ mol} \cdot \text{L}^{-1}$$

$$[Cl^-] = 0{,}05 + s = 0{,}05 + 3{,}38 \times 10^{-4} = 5{,}034 \times 10^{-2} \text{ mol} \cdot \text{L}^{-1}$$

4 **1. Bonne(s) réponse(s) : b.**

La réaction dans le sens direct est une estérification.

La réaction inverse est une hydrolyse.

2. Bonne(s) réponse(s) : c.

La réaction s'écrit :

$$CH_3 - COOH + CH_3 - CH_2OH = X + H_2O$$

Le composé X est un ester, de formule :

$$CH_3 - COO - CH_2CH_3$$

3. Bonne(s) réponse(s) : d.

Calculons les quantités de matière :

$$M(CH_3COOH) = 2M(C) + 4M(H) + 2M(O)$$

$$\Rightarrow M(CH_3COOH) = 2 \times 12 + 4 \times 1 + 2 \times 16 = 60 \text{ g} \cdot \text{mol}^{-1}$$

$$\Rightarrow n_0(CH_3COOH) = \frac{m}{M} = \frac{160}{60} = 2 \text{ mol}$$

De même, pour l'eau :

$$M(H_2O) = M(O) + 2M(H)$$

$$M(H_2O) = 16 + 2 \times 1 = 18 \text{ g} \cdot \text{mol}^{-1}$$

$$\Rightarrow n_0(H_2O) = \frac{m}{M} = \frac{54}{18} = 3 \text{ mol}$$

Enfin, pour l'éthanol :

$$\Rightarrow M(CH_3CH_2OH) = 2M(C) + 6M(H) + M(O)$$

$$\Rightarrow M(CH_3CH_2OH) = 2 \times 12 + 6 \times 1 + 16 = 46 \text{ g} \cdot \text{mol}^{-1}$$

$$\Rightarrow n_0(CH_3CH_2OH) = \frac{m}{M} = \frac{92}{46} = 2 \text{ mol}$$

On voit que l'alcool et l'acide sont dans des proportions équimolaires, ce qui correspond à un rendement de 67 %, puisque l'alcool est primaire.

Calculons la constante d'équilibre $K = Q_{r_i}\text{eq}$ en considérant un mélange tel que $n(\text{acide}) = n(\text{alcool}) = 1$ mol.

Le tableau d'avancement s'écrit :

	Acide	+	Alcool	=	Ester	+	Eau
t_0	1		1		0		0
t_{eq}	$1 - y$		$1 - y$		y		y

Le rendement s'écrit :

$$r = \frac{y}{1} = 0{,}67$$

$$\Rightarrow y = 0{,}67$$

On écrit donc :

$$K = \frac{y \times y}{(1-y) \times (1-y)} = \frac{0{,}67^2}{0{,}33^2} \approx \frac{(0{,}33 \times 2)^2}{0{,}33^2}$$

$$\Rightarrow K = 4$$

Calculons maintenant le quotient de réaction initial Qr,i :

$$Q\text{r,i} = \frac{\frac{0 \times 3}{v^2}}{\frac{2 \times 2}{v^2}} = 0$$

On a donc Qr,i < K donc le système évolue dans le sens direct.

Écrivons le tableau d'avancement :

	Acide	+	Alcool	=	Ester	+	Eau
t_0	2		2		0		3
t_{eq}	$2 - y$		$2 - y$		y		$3 + y$

Écrivons la constante d'équilibre :

$$K = \frac{y(3+y)}{(2-y)^2} = 4$$

$$\Rightarrow 4(2-y)^2 = 3y + y^2$$

$$\Rightarrow 3y^2 - 19y + 16 = 0$$

Calculons le discriminant :

$$\Delta = 169$$

$$\Rightarrow \sqrt{\Delta} = 13$$

$$\Rightarrow y = \frac{19 \pm 13}{6} = 1 \text{ ou } y = 5{,}33$$

La solution retenue est $y = 1$ car $y \leq 2$.

Les quantités à l'équilibre sont donc :

$$n(CH_3COOH) = 2 - y = 2 - 1 = 1 \text{ mol}$$

$$n(CH_3CH_2OH) = 2 - y = 2 - 1 = 1 \text{ mol}$$

$$n(CH_3COOCH_2CH_3) = y = 1 \text{ mol}$$

$$n(H_2O) = 3 + y = 3 + 1 = 4 \text{ mol}$$

4. Bonne(s) réponse(s) : a.

Calculons le quotient de réaction initial :

$$Qr{,}i = \frac{1 \times 1}{1 \times 1} = 1$$

On a donc $Qr{,}i < K$: il y a alors évolution dans le sens direct.

Écrivons le tableau d'évolution du système :

	Acide	+	Alcool	=	Ester	+	Eau
t_0	1		1		1		1
t_{eq}	$1 - y$		$1 - y$		$1 + y$		$1 + y$

$$\Rightarrow 4 = \frac{(1+y)^2}{(1-y)^2} \Leftrightarrow 4(1-y)^2 = (1+y)^2$$

$$\Rightarrow 4(1 - 2y + y^2) = 1 + 2y + y^2$$

$$\Rightarrow 4 - 8y + 4y^2 - y^2 - 2y - 1 = 0$$

$$\Rightarrow 3y^2 - 10y + 3 = 0$$

Calculons les discriminants :

$$\Rightarrow \Delta = b^2 - 4ac$$

$$= (-10)^2 - 4 \times 3 \times 3$$

$$= 100 - 36$$

$$= 64$$

$$\Rightarrow \sqrt{\Delta} = 8$$

$$\Rightarrow y = \frac{-b \pm \sqrt{\Delta}}{2a}$$

On calcule : $$y = \frac{10 \pm 8}{6} = 3;\ \frac{1}{3} \text{ avec } y \leq 1$$

On a donc, à l'équilibre :

$$n(CH_3COOH) = 1 - y = 1 - \frac{1}{3} = \frac{2}{3} \text{ mol}$$

$$n(CH_3CH_2OH) = 1 - y = 1 - \frac{1}{3} = \frac{2}{3} \text{ mol}$$

$$n(CH_3COOCH_2CH_3) = 1 + y = 1 + \frac{1}{3} = \frac{4}{3} \text{ mol}$$

$$n(H_2O) = 1 + y = 1 + \frac{1}{3} = \frac{4}{3} \text{ mol}$$

5 **1. Bonne(s) réponse(s) : c.**

En chauffant, on diminue la solubilité de CO_2 (pourquoi conserve-t-on les boissons gazeuses, qui contiennent du CO_2, au réfrigérateur ?) qui s'échappe de la solution : on observe donc un dégagement de dioxyde de carbone.

2. Bonne(s) réponse(s) : a.

On chauffe, donc la constante d'équilibre varie, puisque la température est modifiée.

Comme la concentration de CO_2 dessous diminue, et que simultanément la pression de CO_2 augmente, cela signifie que K augmente.

3. Bonne(s) réponse(s) : a.

D'après la loi de Van't'Hoff, si ΔH^0 est constant sur l'intervalle de température (T_1T_2) :

$$\frac{\mathrm{d}\ln K}{\mathrm{d}T} = \frac{\Delta H^0}{RT^2} \quad \text{ou} \quad \ln\frac{K_2}{K_1} = \frac{\Delta H^0}{R}\cdot\frac{T_1 - T_2}{T_1T_2}$$

Or ici, pour l'équilibre du 2°, quant T augmente, K augmente aussi avec un déplacement de l'équilibre dans le sens direct, donc la dérivée $\frac{\mathrm{d}\ln K}{\mathrm{d}T}$ est positive.

On a aussi :

$$\Delta H^0 = RT^2\frac{\mathrm{d}\ln K}{\mathrm{d}T} \quad \text{avec } RT^2 > 0$$

On peut donc conclure que $\Delta H^0 > 0$.

On voit que le dégagement du CO_2 qui correspond au sens direct, est une transformation endothermique.

On peut aussi raisonner à partir de la loi de modération de Le Châtelier : si on augmente T, le système s'oppose en se déplaçant dans le sens endothermique, ce qui correspond à un ΔH positif.

On peut donc en déduire que le sens exothermique est le sens inverse de l'équilibre, qui correspond à la dissolution du dioxyde de carbone dans l'eau. Donc pour cette réaction, ΔH est négatif.

6 **1. Bonne(s) réponse(s) : b.**

La synthèse du trioxyde de soufre se traduit par une diminution du nombre de moles de gaz, d'après l'équation bilan : il y a donc diminution du « désordre » (ou augmentation de l'ordre), donc diminution de l'entropie au cours de la réaction donc $\Delta S^0 < 0$.

2. Bonne(s) réponse(s) : a. et d.

Si on augmente la pression, l'équilibre se déplace dans le sens qui favorise une diminution de celle-ci (loi de modération de Le Châtelier), c'est-à-dire dans le sens direct, qui correspond à une diminution du nombre de moles gazeuses.

D'après la loi de modification de Le Châtelier, si on augmente la température, l'équilibre se déplace dans le sens endothermique, correspondant à $\Delta H > 0$, donc dans le sens inverse (vers la gauche).

L'introduction d'un gaz inerte entraîne une augmentation du volume du système, à pression totale constante et température constante, d'après l'équation d'états des gaz parfaits :

$$\frac{P_{\text{tot}}}{RT} = \frac{n_{\text{tot}}}{V} = \text{cte}$$

La constante d'équilibre en fonction des pressions partielles s'écrit :

$$K_p = \frac{P^2(SO_3)}{P(O_2) \cdot P^2(SO_2)}$$

$$\Rightarrow K_p = \frac{\left(\frac{n_{SO_2}}{n_{\text{tot}}} P_{\text{tot}}\right)^2}{\left(\frac{n_{O_2}}{n_{\text{tot}}} P_{\text{tot}}\right)^2 \times \left(\frac{n_{SO_2}}{n_{\text{tot}}} P_{\text{tot}}\right)^2}$$

$$\Rightarrow K_p = \frac{n_{\text{tot}} \times n^2_{SO_3}}{P_{\text{tot}} \times n_{O_2} \times n^2_{SO_3}} = \frac{n_{\text{tot}}}{P_{\text{tot}}} \times \frac{n^2_{SO_3}}{n_{O_2} \times n^2_{SO_2}}$$

$$\Rightarrow K_p = \frac{V}{RT} \times \frac{n^2_{SO_3}}{n_{O_2} \times n^2_{SO_2}}$$

$$\Rightarrow K_p = \frac{V}{RT} \times A \left(\text{en posant } A = \frac{n^2_{SO_3}}{n_{O_2} \times n^2_{SO_2}}\right)$$

Comme K_p est constante, à température fixée, cela signifie que si le volume V augmente, la fraction A diminue proportionnellement. La valeur du numérateur de A diminue donc, et la valeur de son dénominateur augmente : l'équilibre se déplace donc dans le sens inverse (vers la gauche).

3. Bonne(s) réponse(s) : b.

La fraction y peut s'écrire :

$$y = \frac{n_{\text{réagi}}}{n_0} = \frac{n_{\text{réagi}}}{2n}$$

$$\Rightarrow n_{\text{réagi}} = y(2n) = 2ny$$

Écrivons donc le tableau d'avancement de la réaction :

	$2\ SO_2$	+	O_2	=	$2\ SO_3$
t_0	$2n$		n		0
t_{eq}	$2n - y(2n)$		$n - ny$		$2ny$
	$= 2n(1 - y)$		$= n(1 - y)$		

Le nombre total de moles gazeuses à l'équilibre s'écrit donc :

$$n_{tot} = 2n(1 - y) + n(1 - y) + 2ny$$
$$\Rightarrow n_{tot} = 2n(1 - y + y) + n(1 - y)$$
$$\Rightarrow n_{tot} = 2n + n - ny$$
$$\Rightarrow n_{tot} = n(3 - y)$$

On a :

$$P_{O_2} = \frac{n_{O_2}}{n_{tot}}P$$

$$\Rightarrow P_{O_2} = \frac{n(1 - y)}{n(3 - y)}P$$

$$\Rightarrow P_{O_2} = \frac{1 - y}{3 - y}P$$

Remarque

Le rapport $\frac{n_{O_2}}{n_{tot}}$ est appelé fraction molaire ou titre molaire (voir rappel de cours chapitre 1).

De même pour SO_2, on a :

$$P_{SO_2} = \frac{n_{SO_2}}{n_{tot}}P$$

$$\Rightarrow P_{SO_2} = \frac{2n(1 - y)}{n(3 - y)}P$$

$$\Rightarrow P_{SO_2} = 2P \times \frac{1 - y}{3 - y}$$

Remarque

On voit que la pression partielle de SO_2 est égale au double de celle du dioxygène, ce qui était prévisible, compte tenu de l'équation bilan et des quantités initiales.

Pour le trioxyde de soufre SO_3 la pression partielle s'écrit :

$$P_{SO_3} = \frac{n_{SO_3}}{n_{tot}}P$$

$$\Rightarrow P_{SO_3} = \frac{2ny}{n(3-y)}P$$

$$\Rightarrow P_{SO_3} = \frac{2y}{3-y}P$$

On peut donc écrire K_p :

$$K_p = \frac{P_{SO_3}^2}{P_{O_2} \cdot P_{SO_2}^2}$$

$$\Rightarrow K_p = \frac{\left(\frac{2y}{3-y}P\right)^2}{\left(\frac{1-y}{3-y}P\right) \times \left(2 \times \frac{1-y}{3-y}P\right)^2}$$

$$\Rightarrow K_p = \frac{\frac{y^2}{(1-y)^2}}{\left(\frac{1-y}{3-y}P\right)}$$

$$\Rightarrow K_p = \frac{y^2(3-y)}{(1-y)^3 P}$$

$$\Rightarrow K_p = \frac{0{,}7^2(3-0{,}7)}{(1-0{,}7)^3 \times 1} = 41{,}7$$

4. Bonne(s) réponse(s) : d.

On a les relations :

$$\Delta G^0 = \Delta H^0 - T\Delta S^0$$

$$\Delta G^0 = -RT \ln K_p$$

Par identification, on a donc :

$$\Delta H^0 - T\Delta S^0 = -RT \ln K_p$$

$$\Rightarrow \Delta S^0 = \frac{\Delta H^0}{T} + R \ln K_p$$

$$\Rightarrow \Delta S^0 = \frac{-198 \times 10^3}{600 + 273{,}15} + 8{,}32 \ln 41{,}7$$

$\Rightarrow \Delta S^0 = 196 \text{ J} \cdot \text{K}^{-1} \cdot \text{mol}^{-1}$

5. Bonne(s) réponse(s) : b.

Si on change la température, la valeur de la constante d'équilibre sera aussi modifiée.

Calculons K_p pour y = 0,95 (soit 95 % de SO_2 qui a réagi), d'après l'expression établie au 3), on a donc :

$$\Rightarrow K_p = \frac{y^2(3-y)}{(1-y)^3 P}$$

$$\Rightarrow K_p = \frac{0{,}95^2(3-0{,}95)}{(1-0{,}95)^3 \times 1}$$

$$\Rightarrow K_p = 14\,801$$

La relation de Van't'Hoff, nous donne la variation de la relation de la constante d'équilibre pour un accroissement de la température.

Avec ΔH^0 constant sur l'intervalle de température, utilisons la forme intégrée de cette loi :

$$\ln\left(\frac{K_{P_2}}{K_{P_1}}\right) = \frac{-\Delta H^0}{R}\left[\frac{1}{T_2} - \frac{1}{T_1}\right]$$

Choisissons $T_1 = 600 + 273{,}15 = 873{,}15$ K et T_2 température inconnue, correspondant à t en °C (choisir T_2 = 873,15 K et T_1 inconnue ne changera pas le résultat !). On a donc $K_{P_2} = 14\,801$ et $K_{P_1} = 41{,}7$.

Exprimons T_2 :

$$\frac{1}{T_2} - \frac{1}{T_1} = -\frac{R}{\Delta H^0}\ln\left(\frac{K_{P_2}}{K_{P_1}}\right)$$

$$\Rightarrow \frac{1}{T_2} = \frac{-R}{\Delta H^0}\ln\left(\frac{K_{P_2}}{K_{P_1}}\right) + \frac{1}{T_1}$$

$$\Rightarrow \frac{1}{T_2} = \frac{-8{,}32}{-198 \times 10^3}\ln\left(\frac{14\,801}{41{,}7}\right) + \frac{1}{873{,}15}$$

$$\Rightarrow T_2 = 718{,}4 \text{ K}$$

On a donc :

$$t = T_2 - 273{,}15 = 718{,}4 - 273{,}15$$

$$\Rightarrow t \approx 445 \text{ °C}$$

7 Bonne(s) réponse(s) : b., d. et g.

a. On a : $(Ag_2CrO_4) = 2\,Ag^+_{aq} + {CrO_4}^{2-}{}_{aq}$

$s \qquad 2\,s \qquad s$

Le produit de solubilité s'écrit donc $K_s = [Ag^+]^2 \times [{CrO_4}^{2-}]$ d'où :

$$K_s = (2\,s)^2 \times (s) = 4\,s^3$$

b. On calcule les deux concentrations :

$$[Ag^+] = 2\,s = 2 \times 7{,}94 \cdot 10^{-5} = 1{,}59 \cdot 10^{-4}\ \text{mol} \cdot \text{L}^{-1}$$

$$[{SO_4}^{2-}] = s = 7{,}94 \cdot 10^{-5}\ \text{mol} \cdot \text{L}^{-1}$$

c. On a $K_s = 4\,s^3 = 4 \times (7{,}94 \cdot 10^{-5})^3 = 2{,}0 \cdot 10^{-5}$

d. On considère une réaction du type :

$$a\,A + b\,B = c\,C + d\,D$$

À chaque instant, le quotient de réaction s'écrit :

$$Q_r = \frac{[C]^c[D]^d}{[A]^a[B]^b}$$

À l'instant initial t_i, ce quotient s'écrit :

$$Q_r,i = \frac{[C°]^c[D°]^d}{[A°]^a[B°]^b}$$

Remarque

Les espèces solides n'interviennent pas dans l'expression du quotient puisque leur activité est égale à l'unité. On considère que les conditions expérimentales permettent d'assimiler les concentrations aux activités des composés chimiques.
À l'équilibre, le quotient de réaction s'écrira :

$$Q_r,eq = \frac{[Ceq]^c[Deq]^d}{[Aeq]^a[Beq]^b}$$

On voit que Q_r,eq est la constante d'équilibre K de la réaction.

e. Non, puisque Q_r,i est le quotient réactionnel à l'instant initial, alors que le produit de solubilité K_s est le quotient de réaction à l'état d'équilibre.

f. Rappelons qu'on appelle produit ionique, noté Pi, le produit des concentrations molaires des ions de la solution, *élevées à la puissance des coefficients stoechiométriques* de l'équation bilan.
Quand il y a saturation, le produit ionique est égal au produit de solubilité K_s. Pour qu'il y ait précipitation, il faut donc que Pi soit supérieur ou égal à K_s.

g. On a l'équation bilan :

$$(Ag_2CrO_4)_s = 2\,Ag^+{}_{aq} + CrO_4{}^{2-}{}_{aq}$$

Le produit ionique s'écrit içi :

$$Pi = [Ag^+]^2\,[CrO_4{}^{2-}]$$

Dans cette expression, les concentrations sont celles des réactifs, à l'instant t_i où l'on prépare le mélange réactionnel, avant toute transformation chimique.

8 Bonne(s) réponse(s) : c.

a. On définit le pK_s par :

$$pK_s = -\log K_s$$
$$\Rightarrow \log K_s = -pK_s$$
$$\Rightarrow K_s = 10^{-pK_s}$$
$$\Rightarrow K_s = 10^{-8,05}$$
$$\Rightarrow K_s = 9,0 \cdot 10^{-9}$$

b. Comme la constante d'équilibre varie avec la température, et que :

$$K_s = 9,0 \cdot 10^{-9} \text{ à } 20\ °C, \text{ alors } K_s \neq 9,0 \cdot 10^{-9} \text{ à } 75\ °C$$

c. Pour les réactions de précipitation, on appelle aussi produit de solubilité la constante d'équilibre, par définition.

d. On tient compte des coefficients stoechiométriques, donc on écrit :

$$K_s = [Pb^{2+}] \cdot [I^-]^2$$

e. On écrit le tableau d'évolution, en fonction de la solubilité s, qui est la concentration maximale :

$PbI_{2(s)}$	$=$	$2\,I^-_{(aq)}$	$+$	$Pb^{2+}_{(aq)}$
		$2\,s$		s

On a donc $Ks = [Pb^{2+}] \cdot [I^-]^2 = [s] \cdot [2\,s]^2 = 4\,s^3$ d'où $s = \sqrt[3]{\frac{K_s}{4}}$.

f. D'après l'étape intermédiaire du calcul précédent, on a :

$$K_s = [Pb^{2+}] \cdot [I^-]^2 = [s] \cdot [2\,s]^2 = 4\,s^3$$

9 **Bonne(s) réponse(s) : a.**

a. D'après le cours : l'hydrolyse de l'ester conduit à la formation d'un alcool et d'un acide acétique.

b. Écrivons l'équation bilan :

$$CH_3OH + CH_3COOH = H_2O + CH_3COOCH_3$$

On calcule le quotient de réaction initial :

$Q_r,i = \dfrac{0{,}5 \times 0{,}5}{1{,}0 \times 1{,}5} = 0{,}17$; donc $Q_r,i < K$, ce qui indique que la réaction se produit dans le sens direct.

Remarque

Comme tout se passe dans le même volume, et que la réaction est équimolaire, le quotient peut se calculer avec les quantités de matière.

c. Par définition : $Q_r,eq = K = 5{,}4$.

d. Écrivons le tableau d'évolution du système :

	CH_3COOH	$+$	CH_3OH	$=$	CH_3COOCH_3	$+$	H_2O
t_0	1,5		1,0		0,5		0,5
t_{eq}	$1{,}5 - x$		$1{,}0 - x$		$0{,}5 + x$		$0{,}5 + x$

On a donc $$K = \frac{(0{,}5 + x)(0{,}5 + x)}{(1{,}5 - x)(1{,}0 + x)} = 5{,}4$$

$$\Rightarrow 5{,}4 = \frac{0{,}25 + 0{,}5x + 0{,}5x + x^2}{1{,}5 - x - 1{,}5x + x^2}$$

$$\Rightarrow 5{,}4 = \frac{0{,}25 + x + x^2}{1{,}5 - 2{,}5x + x^2}$$

$$\Rightarrow 5{,}4\,x^2 - 13{,}5\,x + 8{,}1 = x^2 + x + 0{,}25$$

$$\Rightarrow 4{,}4\,x^2 - 14{,}5\,x + 7{,}85 = 0$$

On calcule $\Delta = (-14{,}5)^2 - 4 \times 4{,}4 \times 7{,}85 = 72{,}09$

$$\Rightarrow x = \frac{14,5 \pm \sqrt{72,09}}{8,8} = 2,61 \text{ mol ou } 0,683 \text{ mol} \text{ ; on sait que}$$

$x = 2,61$ mol ne convient pas, car il faut que $1,0 - x \geq 0$!

On peut donc calculer $n_{es} = 0,5 + x = 0,5 + 0,683 = 1,18$ mol.

e. On calcule, de même, $n_{ac} = 1,5 - x = 1,5 - 0,683 = 0,817$ mol.

f. On calcule aussi, $n_m = 1,0 - x = 1,0 - 0,683 = 0,317$ mol.

10 Bonne(s) réponse(s) : f.

Commentaire : écrivons l'équation bilan de la réaction

$$AH + ClO^- = HClO + A^-$$

La constante d'équilibre est donc :

$$K = \{[HClO][A^-]\}/\{[AH][ClO^-]\} = Ka_1/Ka_2 = 10^{pKa_2 - pKa_1}$$

soit numériquement $K = 4,0 \cdot 10^3$.

11 Bonne(s) réponse(s) : b. et e.

Commentaire : le tableau d'avancement (concentration !) est

	AH	+	ClO^-	=	HClO	+	A^-
t_o	2.10^{-2}		$1,5.10^{-2}$		0		0
t_∞	5.10^{-3}		σ		$1,5.10^{-2}$		2.10^{-2}

La notation σ représente une concentration en $mol \cdot L^{-1}$ très faible, puisque ce réactif est limitant. On calcule σ à partir de la constasnte d'équilibre :

$$K = \{[HClO][A^-]\}/\{[AH][ClO^-]\} = \{[HClO][A^-]\}/\{[AH]\sigma\}$$

donc $\sigma = \{[HClO][A^-]\}/\{[AH]K\} = 1,5 \cdot 10^{-5}\ mol \cdot L^{-1}$.

Thermochimie

6

Plan

Objectifs

- Comprendre les notions de travail et de chaleur
- Connaître les principales fonctions thermodynamiques chimiques
- Comprendre la notion de réaction spontanée
- Savoir déterminer le caractère spontané d'une réaction

La thermochimie s'intéresse aux échanges thermiques des transformations chimiques. Quand la réaction chimique produit de la chaleur, on parle de **réaction exothermique**. Si la réaction absorbe de la chaleur, on parle de **transformation endothermique**. Il existe de rares réactions (estérification) pour lesquelles il n'y a pas d'échange de chaleur : ce sont des **transformations athermiques**.

Le succès de la thermodynamique chimique, après étude des échanges thermiques, est d'avoir introduit une fonction, l'enthalpie libre, dont l'évolution nous informe sur la possibilité, pour une réaction chimique, de se produire spontanément.

1. Définitions

On appelle **variables intensives** les grandeurs indépendantes de la quantité de matière, non additives, pouvant être définies en n'importe quel point du système : ce sont la température, la pression, la concentration…

On appelle **variables extensives**, les grandeurs proportionnelles à la quantité de matière, additives, ne pouvant être définies que sur l'ensemble du système : ce sont la masse, le volume, l'énergie…

On parle de **transformation ouverte** quand l'état initial est différent de l'état final (≠ transformation cyclique).

On définit les transformations :

- isochore : $V = \text{cte}$; $\Delta V = 0$;
- isobare : $P = \text{cte}$; $\Delta P = 0$;
- isotherme : $T = \text{cte}$; $\Delta T = 0$;
- adiabatique : $Q = 0$; pas d'échange de chaleur.

Une **transformation réversible** s'effectue par une succession d'états d'équilibres, infiniment voisins, permettant un éventuel retour en arrière (à ne pas confondre avec une réaction inversible, qui peut se produire dans les 2 sens, direct et inverse, comme la réaction d'estérification/hydrolyse, par exemple). C'est une transformation idéale, difficile à réaliser en pratique.

Une **transformation irréversible** est une transformation réelle, sans succession d'états d'équilibres.

Un **système isolé** ne peut échanger ni matière, ni énergie avec le milieu extérieur.

Un **système fermé** peut échanger uniquement de l'énergie avec le milieu extérieur.

Un **système ouvert** peut échanger de l'énergie et de la matière avec le milieu extérieur.

2. Travail

On définit le **travail élémentaire** de la force $\vec{f}$, au cours du déplacement élémentaire $\mathrm{d}\vec{l}$, par le produit scalaire :

$$\delta W = \vec{f} \cdot \mathrm{d}\vec{l}$$

On écrit δW et non $\mathrm{d}W$, car le travail n'est pas une fonction d'état, c'est-à-dire qu'il dépend du chemin suivi. Une grandeur caractérisée par une fonction d'état ne dépend que de l'état initial et de l'état final, donc ne dépend pas du trajet suivi.

Pour un piston mobile, se déplaçant sans frottement, dans un cylindre contenant un gaz, on montre que le travail élémentaire s'écrit :

$$\delta W = -P_{ext}\mathrm{d}V$$

P_{ext} est la pression extérieure, la variation du volume de gaz, due au déplacement du piston.

3. Chaleur

Une autre forme d'échange d'énergie, autre que le travail mécanique, est la **chaleur**, qui est un échange d'énergie thermique. Par exemple, quand on met en contact un corps chaud et un corps froid, leurs températures varient pour atteindre une température commune d'équilibre. Le corps chaud s'est refroidi et a donc cédé de la chaleur au corps froid qui s'est réchauffé.

4. Premier principe

On appelle **énergie interne U** l'énergie totale du système.

Au cours d'une transformation, la variation de cette énergie interne est égale à la somme du travail et de la chaleur échangés. On écrit donc :

$$\Delta U = W + Q$$

Remarque

Pour un système isolé, on a donc $\Delta U = 0$; l'énergie interne U est une fonction d'état, elle ne dépend que des états initial et final.
Si le travail échangé est nul, par exemple si la transformation s'effectue à volume constant ($\delta W = -P_{ext}dV = 0$), alors :

$\Delta U - Q_v$ avec Q_v chaleur échangée au cours d'une transformation chimique réalisée à volume constant.

5. Enthalpie

Si on effectue la transformation à pression constante on introduit une nouvelle fonction d'état, appelée **enthalpie** et notée H.

On a :

$$H = U + PV$$

La variation d'enthalpie s'écrit alors :

$\Delta H = Q_P$ avec Q_P chaleur échangée au cours de la réaction chimique effectuée à pression constante.

D'après ce qui précède :

$$\Delta H = \Delta U + \Delta(PV)$$

ou :

$$Q_p = Q_v + \Delta(PV)$$

Si la réaction s'effectue en milieu gazeux, on peut appliquer l'équation d'état des gaz parfaits :

$$\Delta H = \Delta U + \Delta(nRT)$$

On peut aussi écrire :

$$Q_p = Q_v + \Delta(nRT)$$

Donc si la transformation se fait sans changement de phase, sans réaction chimique et est isotherme, on écrit :

$$\Delta H = \Delta U + nR\Delta T$$

Si le système est fermé et hétérogène, les valeurs de $\Delta(PV)$, dues aux solides ou aux liquides, sont négligeables devant celles dues aux gaz, donc on considérera la relation toujours valable :

$$\Delta H = \Delta U + \Delta(n_{\text{gaz}}RT)$$

Si de plus T = cte :

$$\Delta H = \Delta U + RT\Delta n_{\text{gaz}}$$

Remarques

- Si $\Delta H = 0$, la réaction est athermique.
- Si $\Delta H > 0$, la réaction est endothermique.
- Si $\Delta H < 0$, la transformation est exothermique.

On parle d'**enthalpie standard** quand les composés sont dans leur forme stable à 298 K et sous une pression de 1 bar. On note alors ΔH^0 la variation d'enthalpie standard.

Si on considère une transformation avec un changement de température de T_i à T_f, on calcule la variation d'enthalpie selon :

$$\Delta H = \int_{T_i}^{T_f} nC_p \mathrm{d}T$$

avec C_p **capacité calorifique à pression constante** en $\mathrm{J \cdot K^{-1} \cdot mol^{-1}}$. C'est l'énergie nécessaire pour élever d'un Kelvin l'unité de quantité de matière.

Pour intégrer, il faut connaître $C_p = f(T)$, mais sur de petits intervalles de température, on pourra considérer que C_p = cte d'où :

$$\Delta H = nC_p\Delta T = nC_p(T_f - T_i)$$

Si au cours d'une réaction chimique, un réactif subit un changement d'état, on devra calculer le transfert d'énergie au cours de ce changement de phase, en faisant intervenir les variations d'enthalpie de changement d'état.

On a alors :

$$\Delta H^0_{\text{solidification}} = -\Delta H^0_{\text{fusion}}$$

$$\Delta H^0_{\text{liquéfaction}} = -\Delta H^0_{\text{vaporisation}}$$

$$\Delta H^0_{\text{sublimation}} = -\Delta H^0_{\text{condensation/solide}}$$

On appelle **enthalpie standard de formation DH0f** d'un composé la variation d'enthalpie associée à la formation d'une mole de ce composé, à P = cte, à partir des corps simples pris dans leur état le plus stable à la température 298 K. On peut considérer par exemple : $C(\Delta) + O_{2(g)} \rightarrow CO_{2(g)}$.

On appelle **enthalpie de liaison**, la variation d'enthalpie associée à la formation d'une liaison à partir des atomes isolés à l'état gazeux.

On peut considérer, par exemple :

$$2Cl_{(g)} \rightarrow Cl_{2(g)}$$

La variation d'enthalpie associée à cette liaison formée, entre deux atomes de chlore, est négative, car la formation d'une liaison est exothermique.

La connaissance des enthalpies de liaison permet le calcul des enthalpies de réaction, notées ΔH_r^0. On écrit, en effet :

$$\Delta H_r^0 = \Sigma\Delta H^0 \text{ (liaisons/formées)} - \Sigma\Delta H^0 \text{ (liaisons/détruites)}$$

On a donc :

$$\Delta H_r^0 = \Sigma\Delta H^0 \text{ (liaisons/produits)} - \Sigma\Delta H^0 \text{ (liaisons/réactifs)}$$

Cette relation constitue la loi de Hess. On écrit aussi cette loi sous la forme :

$\Delta H_r^0 = \sum_i \gamma_i \Delta H_f^0$, avec γ_i coefficient stoechiométrique (> 0 si produits et < 0 si réactifs).

À noter

Il est possible de calculer l'enthalpie de formation d'une molécule, en faisant la somme des enthalpies de liaison. On peut aussi évaluer l'enthalpie de formation expérimentalement. L'écart, parfois observé, entre les deux valeurs, est appelé **énergie de résonance.**

Exemple

Pour C_6H_6, qui a une structure cyclique avec alternance de doubles et simples liaisons carbone-carbone, la valeur expérimentale est inférieure (et négative) à la valeur théorique. Cela traduit une plus grande stabilité de la molécule, due à une délocalisation des électrons π des doubles liaisons, sur l'ensemble du cycle.

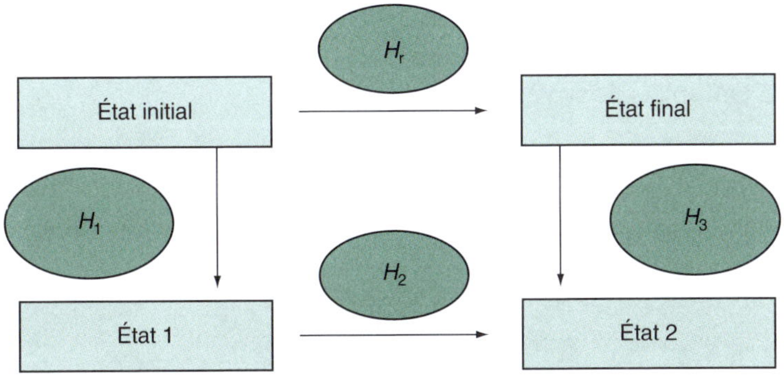

À partir de la loi de Hess, on peut établir les diagrammes de Hess.

On peut alors écrire :

$$\Delta H^\circ_r = \Delta H^\circ_1 + \Delta H^\circ_2 + \Delta H^\circ_3$$

Cela est dû au fait que l'enthalpie est une fonction d'état : sa variation ne dépend pas du chemin suivi, mais uniquement des états initial et final.

6. Second principe

On doit d'abord introduire une nouvelle fonction d'état, l'**entropie S**. L'entropie est une mesure du désordre, de la dispersion de l'énergie.

Plus l'entropie d'un système est élevée, plus son énergie est désordonnée, et moins le système peut fournir du travail.

D'après le deuxième principe de la thermodynamique, au cours d'une transformation spontanée, l'entropie d'un système isolé (donc de l'univers) ne peut que croître, si la transformation est irréversible, ou reste constante si le transformation est effectuée de manière réversible.

On a donc :

- $\Delta S > 0$ si la transformation est irréversible ;
- $\Delta S = 0$ si la transformation est réversible.

On définit, de même que pour l'enthalpie, les conditions standard, quand les composés sont pris dans leur forme la plus stable, à 298 K, et sous une pression de un bar. On notera S^0 et ΔS^0 l'entropie ou la variation d'entropie standard.

Au cours d'une transformation à pression constante, avec changement de température, la variation d'entropie se calcule selon :

$$\Delta S = \int_{T_i}^{T_f} n \frac{C_p}{T} dt$$

C_p est la capacité calorifique à pression constante.

Sur de petits intervalles de température, on pourra considérer C_p constante, donc la variation d'entropie s'écrit :

$$\Delta S = nC_p \ln\left(\frac{T_f}{T_i}\right)$$

De la même façon, si la transformation se fait à volume constant, la variation d'entropie s'écrit :

$$\Delta S = \int_{T_i}^{T_f} n \frac{C_v}{T} dt$$

C_v est la capacité calorifique à volume constant en $J \cdot K^{-1} \cdot mol^{-1}$. Elle dépend de la température, mais sur de petits intervalles on peut la considérer constante, donc après intégration :

$$\Delta S = nC_v \ln\left(\frac{T_f}{T_i}\right)$$

Si la transformation s'effectue avec un changement d'état, la variation d'entropie s'écrit, par exemple :

$$\Delta S = \frac{\Delta H_v}{T_v}$$

ΔH_v est l'enthalpie de changement d'état (ici vaporisation), et T_v est la température du changement d'état (vaporisation).

Au cours d'une réaction chimique, la variation d'entropie s'écrit :

$$\Delta H^\circ_r = \Sigma a_i S^\circ_i \text{ (produits)} - \Sigma b_i S^\circ_i \text{ (réactifs)}$$

a_i et b_i sont les coefficients stœchiométriques respectifs des produits et des réactifs.

Remarque

On définit une origine pour les entropies, en considérant que l'entropie des corps purs est nulle, à la température de 0 K. Cela signifie qu'il n'y a pas de désordre à cette température.

7. Enthalpie libre

Le second principe nous donne le critère d'évolution des systèmes isolés, mais pour de nombreuses transformations, les systèmes ne sont pas isolés. Il faut donc trouver un critère d'évolution pour ceux-ci. On introduit pour cela une nouvelle fonction d'état, l'**enthalpie libre G**, définie pour les transformations à pression constante. On a :

$$G = H - T \cdot S$$

La variation de G s'écrit donc :

$$\Delta G = \Delta H - T\,\Delta S$$

La variation ΔG est négative, au cours d'une transformation spontanée. Cela signifie qu'au cours d'une telle transformation, à pression et à température constantes, l'enthalpie libre ne peut que diminuer.

Quand l'enthalpie libre atteint une valeur minimale, on est dans un état d'équilibre.

On a donc :

- $\Delta G < 0$: la réaction peut se produire spontanément.
- $\Delta G = 0$: on est à l'équilibre, donc pas d'évolution du système.
- $\Delta G > 0$: la réaction ne peut pas se produire spontanément.

Remarque

On définit aussi l'énergie libre ($A = U - TS$), quand la transformation s'effectue à volume constant. La plupart des réactions chimiques se font à pression constante, on utilise donc surtout l'enthalpie libre.

On définit, de la même façon que pour l'entropie, une variation d'enthalpie libre standard, notée ΔG°.

Synthèse

Je sais définir

- Variable intensive, extensive
- Transformation ouverte, réversible, irréversible
- Système isolé, fermé, ouvert
- Travail élementaire
- Énergie interne
- Enthalpie, Enthalpie standard, Enthalpie de liaison
- Enthalpie libre
- Entropie

Je connais

- Le premier principe
- Le second principe

Je sais

- Calculer l'enthalpie d'une réaction
- Déterminer la variation d'enthalpie libre au cours d'une réaction
- Déterminer la variation d'entropie au cours d'une réaction

QCM et exercices

Les données des exercices 1 à 4 sont dans le *tableau 6.1*.

Tableau 6.1 Données (les enthalpies de liaison sont données pour les composés gazeux).

Liaison	C–H	C–C	C–O	Double C=O	Triple C≡O
Enthalpie ($kJ \cdot mol^{-1}$)	410	348	356	795	1 074

Liaison	Double O=O	H–O	H–I	I–I	H–H	Triple N≡N
Enthalpie ($kJ \cdot mol^{-1}$)	494	460	296	151	436	944

1 Calculez l'enthalpie de la réaction de synthèse du méthanol CH_3-OH (gazeux) à partir du monoxyde de carbone et du dihydrogène (enthalpie échangée lors de la production d'1 mol de méthanol).

❒ **a.** 405 $kJ.K^{-1}.mol^{-1}$.

❒ **b.** –209 $kJ.K^{-1}.mol^{-1}$.

❒ **c.** 804 $kJ.K^{-1}.mol^{-1}$.

❒ **d.** –100 $kJ.K^{-1}.mol^{-1}$.

❒ **e.** Aucune réponse exacte.

2 Calculez l'enthalpie de combustion de l'éthanol, de formule semi-développée :

$$CH_3–CH_2OH$$

❒ **a.** 1 400 $kJ.K^{-1}.mol^{-1}$.

❒ **b.** –1 324 $kJ.K^{-1}.mol^{-1}$.

❒ **c.** 850 $kJ.K^{-1}.mol^{-1}$.

❒ **d.** –1 956 $kJ.K^{-1}.mol^{-1}$.

❒ **e.** Aucune réponse exacte.

3 On donne : $NH_{3(g)} \rightarrow 1/2\ N_{2(g)} + 3/2\ H_{2(g)}$ avec $\Delta H_r = 46\ kJ \cdot mol^{-1}$.
Calculez la valeur de l'enthalpie de liaison ΔH (N–H).

❒ **a.** 45 $kJ.K^{-1}.mol^{-1}$.

❒ **b.** 391 $kJ.K^{-1}.mol^{-1}$.

❒ **c.** 234 $kJ.K^{-1}.mol^{-1}$.

❒ **d.** 1 000 $kJ.K^{-1}.mol^{-1}$.

❒ **e.** Aucune réponse exacte.

4 L'enthalpie de formation standard (à 25 °C) de l'iodure d'hydrogène gazeux, à partir de diode solide et de dihydrogène gazeux, est de 26,5 kJ · mol^{-1}.

1. Écrire l'équation bilan de la réaction.

❒ **a.** $I_{2(s)} + H_{2(g)} = 2HI_{(g)}$.

❒ **b.** $½I_{2(s)} + ½H_{2(g)} = 2HI_{(g)}$.

❒ **c.** $I_{(s)} + H_{(g)} = HI_{(g)}$.

❒ **d.** $2I_{2(s)} + 2H_{2(g)} = 2HI_{(g)}$.

❒ **e.** Aucune réponse exacte.

2. Déterminer l'enthalpie molaire de sublimation du diiode.

Masses molaires en g/mol : C = 12 ; H = 1 ; N = 14 ; O = 16.

❒ **a.** 58 kJ.K^{-1}.mol^{-1}.

❒ **b.** 65 kJ.K^{-1}.mol^{-1}.

❒ **c.** 129 kJ.K^{-1}.mol^{-1}.

❒ **d.** 875 kJ.K^{-1}.mol^{-1}.

❒ **e.** Aucune réponse exacte.

5 (d'après annales Cochin)

La réduction monoélectronique du manganèse dans l'anion permanganate, MnO_4^-, conduit successivement à MnO_4^{2-}, MnO_4^{3-} et MnO_2.

1. Déterminer les degrés d'oxydation du manganèse, dans les 4 structures citées.

❒ **a.** 7 ; 6 ; 5 ; 4 respectivement.

❒ **b.** 8 ; 7 ; 6 ; 5 respectivement.

❒ **c.** 6 ; 5 ; 4 ; 3 respectivement.

❒ **d.** 9 ; 8 ; 7 ; 6 respectivement.

❒ **e.** Aucune réponse exacte.

2. Parmi les 3 couples redox qui suivent, quel est le plus réducteur ? le plus oxydant ?

❒ **a.** Plus réducteur MnO_4^{3-}/MnO_2.

❒ **b.** Plus oxydant MnO_4^{2-}/MnO_4^{3-}.

❒ **c.** Plus réducteur MnO_4^{2-}/MnO_4^{3-}.

❒ **d.** Plus oxydant MnO_4^{3-}/MnO_2.

❒ **e.** Aucune réponse exacte.

3. Écrire les demi-équations électroniques pour chaque couple, en milieu acide, si nécessaire.

❒ **a.** $MnO_4^{2-} + e^- = MnO_4^{3-}$.

❒ **b.** $MnO_4^- + 2e^- = MnO_4^{3-}$.

❒ **c.** $2MnO_4^- + e^- = MnO_4^{3-}$.

❒ **d.** $MnO_4^{2-} + e^- = 3MnO_4^-$.

❒ **e.** Aucune réponse exacte.

4. On donne le cycle :

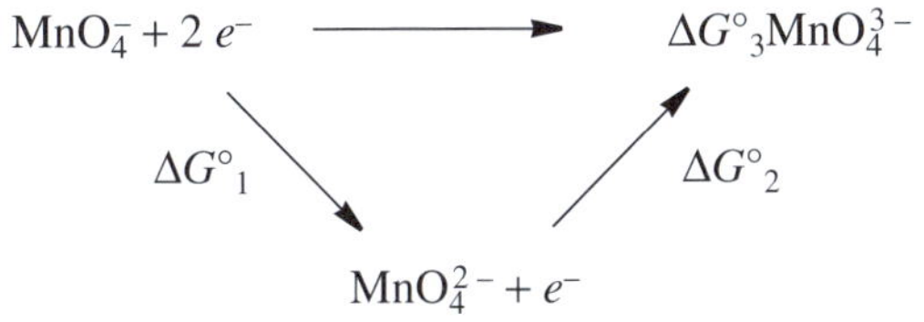

Exprimer les variations d'enthalpie libre standard $\Delta G°_1$, $\Delta G°_2$, $\Delta G°_3$, en fonction du potentiel redox standard du couple, et du nombre d'électrons en jeu. En déduire la valeur de $E°$ (MnO_4^-/MnO_4^{3-}).

❒ **a.** 3,55 V.

❒ **b.** 12,3 V.

❒ **c.** 1,89 V .

❒ **d.** 0,415 V.

❒ **e.** Aucune réponse exacte.

5. Calculer $E°$ (MnO_4^-/MnO_2).

❒ **a.** 7,55 V.

❒ **b.** 1,3 V.

❒ **c.** 8,9 V.

❒ **d.** 5,8 V.

❒ **e.** Aucune réponse exacte.

6. La dismutation de MnO_4^{3-} en MnO_4^{2-} et MnO_2 est-elle spontanée ? Calculer la constante d'équilibre de cette réaction. On considère une solution aqueuse de pH = 0, contenant, à $t = 0$, MnO_4^{2-} à 0,001 mol · L^{-1}, et MnO_4^{3-} à 10^{-4} mol · L^{-1} : déterminer le sens d'évolution spontané de la réaction, et calculer les concentrations de ces ions à l'équilibre.

Données : $E°_1(MnO_4^-/MnO_4^{2-}) = 0{,}56$ V ; $E°_2(MnO_4^{2-}/MnO_4^{3-}) = 0{,}27$ V

$E°_3(MnO_4^{3-}/MnO_2) = 4{,}27$ V ; 1 F = 96 500 C

$R = 8{,}31$ J · K^{-1} · mol^{-1} ; $T = 298$ K

❒ **a.** K = $1{,}8.10^{32}$.

❒ **b.** K = 567.

❒ **c.** K = $6{,}3.10^{67}$.

❒ **d.** K = 48.

❒ **e.** Aucune réponse exacte.

6 (d'après annales)

Soit, à 298 K, l'équilibre suivant, en solution, des deux formes tautomères de la vitamine C, schématisé par :

$$A = B$$

La constante de cet équilibre vaut $K = 10^{-9}$.

1. Déterminer la variation d'enthalpie libre standard de cette réaction, dans le sens direct (de la gauche vers la droite, sens d'écriture).

On donne : $RT \ln \approx 10^3 \times 5{,}7 \log$

❒ **a.** $51{,}3.10^3$ J.mol^{-1}.

❒ **b.** $5{,}3.10^3$ J.mol^{-1}.

❒ **c.** $9{,}5.10^3$ mol.L^{-1}.

❒ **d.** $1{,}8.10^3$ J.mol^{-1}.

❒ **e.** Aucune réponse exacte.

2. Dans les conditions standard, quelle est l'espèce la plus stable (A ou B), d'un point de vue thermodynamique ? Justifier.

❒ **a.** La plus stable est B.

❒ **b.** La plus stable est A.

❒ **c.** La plus stable est B car correspond à une variation d'enthalpie libre négative.

❒ **d.** La plus stable est A car correspond à une variation d'enthalpie libre positive.

❒ **e.** Aucune réponse exacte.

3. Soit, à 298 K, 100 mL de solution de vitamine C, sous la forme A, contenant 10^{-2} mol. Calculer, à l'équilibre, les concentrations des formes tautomères A et B.

❒ **a.** A : 5.10^{-10} mol.L^{-1} ; B : 2.10^{-1} mol.L^{-1}.

❒ **b.** A : 2.10^{-10} mol.L^{-1} ; B : 3.10^{-1} mol.L^{-1}.

❒ **c.** A : 10^{-10} mol.L^{-1} ; B : 10^{-1} mol.L^{-1}.

❒ **d.** A : $1{,}5.10^{-10}$ mol.L^{-1} ; B : 8.10^{-1} mol.L^{-1}.

❒ **e.** Aucune réponse exacte.

4. À 353 K, avec des conditions initiales semblables, à l'équilibre, la concentration de l'espèce B vaut 10^{-8} mol · L^{-1}. En déduire la constante d'équilibre à cette température.

❒ **a.** $K = 10^{-4}$.

❒ **b.** $K = 10^{-5}$.

❒ **c.** $K = 10^{-6}$.

❒ **d.** $K = 10^{-7}$.

❒ **e.** Aucune réponse exacte.

5. En justifiant, indiquer si l'équilibre, dans le sens direct, est exothermique.

Remarque

On rappelle que la tautomérie est le passage d'une forme mésomère à l'autre, par déplacement simultané d'une double liaison et d'un proton (voir tome chimie organique).

❒ **a.** Endothermique.

❒ **b.** Exothermique.

❒ **c.** Athermique.

❒ **d.** On ne peut pas répondre.

❒ **e.** Aucune réponse exacte.

7 (d'après annales Broussais)

On donne les valeurs suivantes, à 298 K :

	$H_2O_{2(l)}$	$H_2O_{(l)}$	$O_{2(g)}$	$H_{2(g)}$
$\Delta_f H^0$ (kJ · mol^{-1})	– 187,6	– 285,6	0	0
S^0 (J · mol^{-1} · K^{-1})	143	70	205	130

La constante des gaz parfaits est $R = 8{,}31$ S.I.

1. Calculer l'enthalpie (en toute rigueur la variation d'enthalpie) $\Delta_f H^0$, l'entropie $\Delta_f S$ et l'enthalpie libre standard $\Delta_f G$ de formation de H_2O_2 à l'état liquide.

❒ **a.** $\Delta_rG° = -130\,384$ J.mol^{-1}.

❒ **b.** $\Delta_rG° = 850$ J.K^{-1}.mol^{-1}.

❒ **c.** $\Delta_rH° = 200$ J.mol^{-1}.

❒ **d.** $\Delta_rS° = -192$ J.K^{-1}.mol^{-1}.

❒ **e.** Aucune réponse exacte.

2. Conclure quant au signe de l'enthalpie libre standard.

❒ **a.** La formation du peroxyde d'hydrogène est stable car $\Delta_rG°$ est négatif.

❒ **b.** La formation du peroxyde d'hydrogène est stable car $\Delta_rG°$ est positif.

❒ **c.** La formation du peroxyde d'hydrogène est stable car $\Delta_rG°$ est nul.

❒ **d.** On ne peut pas répondre.

❒ **e.** Aucune réponse exacte.

8 On considère l'équilibre chimique suivant :

$$2\ SO_{2(g)} + O_{2(g)} = 2\ SO_{3(g)}$$

Données :

	$SO_{2(g)}$	$O_{2(g)}$	$SO_{3(g)}$
$\Delta_rH°_{f\,(298K)}$ en J · mol^{-1}	$-2{,}97 \cdot 10^5$	0	$-3{,}96 \cdot 10^5$
$S°_{(298K)}$ en J · K^{-1} · mol^{-1}	248	205	257

On peut affirmer que :

❒ **a.** La réaction est exothermique dans le sens inverse.

❒ **b.** La réaction est endothermique dans le sens direct.

❒ **c.** Une diminution de température déplace l'équilibre dans le sens inverse.

❒ **d.** Une augmentation de température déplace l'équilibre dans le sens inverse.

❒ **e.** Une augmentation de pression déplace l'équilibre dans le sens inverse.

❒ **f.** Une augmentation de pression déplace l'équilibre dans le sens direct.

❒ **g.** Une modification de pression ne déplace pas l'équilibre.

9 Soit la réaction suivante à 298 K :

$$H_{2(g)} + 1/2\ O_{2(g)} = H_2O_{(l)}$$

Données : $\Delta_rU°_{(298K)}\{H_2O_{(l)}\} = -282\ kJ \cdot mol^{-1}$; R = 8,314 SI.

On peut dire que :

❒ **a.** La variation d'enthalpie standard de la réaction n'a pas la même valeur que la variation d'enthalpie standard de formation de l'eau liquide.

❒ **b.** La variation d'enthalpie standard de la réaction est égale à : $\Delta_rH° = +182\ kJ \cdot mol^{-1}$.

❒ **c.** La variation d'enthalpie standard de la réaction est égale à : $\Delta_rH° = -282\ kJ \cdot mol^{-1}$.

❒ **d.** La variation d'énergie interne standard de la réaction est sensiblement égale à la variation d'enthalpie standard de la réaction.

10 On considère, à 675 K, la réaction de synthèse de l'ammoniac en milieu gazeux, à partir du dihydrogène et du diazote. L'énergie interne standard de la réaction est $\Delta_rU = -9{,}8 \cdot 10^4\ J \cdot mol^{-1}$.

Données : $R = 8{,}314\ J \cdot mol^{-1} \cdot K^{-1}$.

On peut affirmer que la variation Δn_{gaz} et l'enthalpie standard $\Delta_rH°$ de la réaction vérifient :

❒ **a.** $\Delta_rH° = 2{,}3 \cdot 10^4\ J \cdot mol^{-1}$

❒ **b.** $\Delta_rH° = -1{,}09 \cdot 10^5\ J \cdot .mol^{-1}$

❒ **c.** $\Delta_rH° = -5{,}2 \cdot 10^3\ J \cdot mol^{-1}$

❒ **d.** $\Delta_rH° = +9{,}0 \cdot 10^4\ J \cdot mol^{-1}$

❒ **e.** $\Delta n_{gaz} = +3$

❒ **f.** $\Delta n_{gaz} = -2$

11 On considère les réactions suivantes notées respectivement R_1 et R_2 :

$$H_2S + Cl_2 = 2\ HCl + S \quad (R_1)$$

$$3\ O_2 = 2\ O_3 \quad (R_2)$$

Données : Enthalpies standard de formation à T = 298 K, en $kJ \cdot mol^{-1}$

H_2S	−21
HCl	−93
O_3	+143

On peut affirmer que les enthalpies standard de réaction de R_1 et R_2 sont :

❒ **a.** $(R_2) : \Delta_rH°_T = 285\ kJ \cdot moL^{-1}$

❒ **b.** $(R_1) : \Delta_rH°_T = -164\ kJ \cdot moL^{-1}$

❒ **c.** $(R_2) : \Delta_rH°_T = 577\ kJ \cdot moL^{-1}$

❒ **d.** $(R_1) : \Delta_rH°_T = 850\ kJ \cdot moL^{-1}$

❒ **e.** $(R_2) : \Delta_rH°_T = 189\ kJ \cdot moL^{-1}$

❒ **f.** $(R_1) : \Delta_rH°_T = -930\ kJ \cdot moL^{-1}$

Corrigés

1 Bonne(s) réponse(s) : d.

La réaction de synthèse du méthanol s'écrit :

$$CO + 2\ H_2 \rightarrow CH_3OH$$

Il y a une triple liaison entre le carbone et l'oxygène du monoxyde de carbone, et une simple liaison entre les 2 hydrogène de H_2. Dans la molécule de méthanol, il a fallu formé 3 simples liaisons C/H, 1 simple liaison C/O et 1 simple liaison O/H. On a donc :

$$\Delta H°_r = \Sigma\Delta H° \text{ (liaisons/formées)} - \Sigma\Delta H° \text{ (liaisons/détruites)}$$

$$\Rightarrow \Delta H°_r = 1\,074 + (2 \times 436) - (3 \times 410) - 356 - 460$$

$$\Rightarrow H°_r = -\ 100 \text{ kJ} \cdot \text{mol}^{-1}$$

La valeur est négative, c'est donc une chaleur libérée et la réaction est exothermique.

2 Bonne(s) réponse(s) : b.

L'équation bilan de la réaction s'écrit :

$$CH_3CH_2OH_{(l)} + 3O_{2(g)} \rightarrow 2\ CO_{2(g)} + 3\ H_2O_{(l)}$$

L'eau formée au cours de la combustion (flamme) est gazeuse, mais la réaction s'effectuant dans un endroit où la température est très inférieure à 100 °C ($t°$ de vaporisation à $p_{\text{atmosphérique}}$), elle se condense très rapidement en eau liquide. La réaction a permis de rompre 5 simples liaisons C/H, 1 simple liaison C/O, 1 simple liaison C/C, 1 simple liaison O/H (éthanol), ainsi que 3 doubles liaisons O//O (dioxygène). Il a fallu former 4 doubles liaisons C//O (CO_2), et 6 liaisons simples O/H (eau). De plus, il y a eu deux changements d'état : la vaporisation de l'éthanol, et la condensation ou liquéfaction de l'eau. On rappelle que : $\Delta H^0_{\text{liquéfaction}} = -\Delta H^0_{\text{vaporisation}}$.

On peut donc écrire :

$$\Delta H°_r = 5\ \Delta H°(C/H) + \Delta H°(C/O) + \Delta H°(C/C) + \Delta H°(O/H) + 3\ \Delta H°(O//O)$$
$$- 4\ \Delta H°(C//O) - 6\ \Delta H°(O/H) + \Delta H°\text{vap(éthanol)} + 3\ \Delta H°\text{liq(eau)}$$

$$\Rightarrow \Delta H°_r = 5\ \Delta H°(C/H) + \Delta H°(C/O) + \Delta H°(C/C) + \Delta H°(O/H) + 3\ \Delta H°(O//O)$$
$$- 4\ \Delta H°\ (C//O) - 6\ H°(O/H) + \Delta H°\text{vap(éthanol)} - 3\ \Delta H°\text{vap(eau)}$$

$$\Rightarrow \Delta H°_r = 5 \times 410 + 356 + 348 + 460 + 3 \times 494 - 4 \times 795$$
$$- 6 \times 460 + 43 - 3 \times 41$$

$$\Rightarrow \Delta H°_r = -\ 1\,324 \text{ kJ} \cdot \text{mol}^{-1}$$

L'enthalpie de réaction est négative : la transformation est donc exothermique, ce qui était prévisible, car il s'agit d'une combustion, qui dégage de la chaleur !

3 Bonne(s) réponse(s) : b.

La réaction s'écrit :

$$NH_{3(g)} \rightarrow 1/2\ N_{2(g)} + 3/2\ H_{2(g)}$$

On voit qu'il faut rompre 3 simples liaisons N/H, au niveau du réactif, et qu'il faut former une demi (triple liaison N///N) plus une et demi (simple liaison H/H), au niveau des produits. On peut donc écrire :

$$\Delta H°_r = \Sigma\Delta H°\ \text{(liaisons/formées)} - \Sigma\Delta H°\ \text{(liaisons/détruites)}$$

$$\Rightarrow \Delta H°_r = 3\ \Delta H°(N/H) - 1/2\ \Delta H°(N///N) - 3/2\ \Delta H°(H/H)$$

$$\Rightarrow \Delta H°(N/H) = \{\Delta H°_r + 1/2\ H°(N///N) + 3/2\ \Delta H°(H/H)\} \times 1/3$$

$$\Rightarrow \Delta H°(N/H) = \{46 + 1/2\ (944) + 3/2\ (436)\} \times 1/3$$

$$\Rightarrow \Delta H°(N/H) = 391\ \text{kJ} \cdot \text{mol}^{-1}$$

4 1. Bonne(s) réponse(s) : d.

La réaction, pour la formation d'une mole d'halogénure, s'écrit :

$$1/2\ I_{2(s)} + 1/2\ N_{2(g)} \rightarrow HI_{(g)}$$

2. Bonne(s) réponse(s) : a.

L'enthalpie molaire de réaction (ici de formation), compte tenu de changement d'état du diiode (sublimation) est :

$$\Delta H°_r = 1/2\ \Delta H°_{sub}(I_2) + 1/2\ \Delta H°(I/I) + 1/2\ \Delta H°(H/H) - \Delta H°(I/H)$$

$$\Rightarrow \Delta H°_{sub}(I_2) = 2 \times \{\Delta H°_r - 1/2\ \Delta H°(I/I) + 1/2\ \Delta H°(H/H) + \Delta H°(I/H)\}$$

$$\Rightarrow \Delta H°_{sub}(I_2) = 2 \times \{26{,}5 - 1/2\ (151) + 1/2\ (436) + 296\} = 58\ \text{kJ} \cdot \text{mol}^{-1}$$

5 1. Bonne(s) réponse(s) : a.

On applique la propriété : « la somme des degrés d'oxydation est égale à la charge de l'ion », avec le degré – II pour l'oxygène. On obtient :

MnO_4^-	MnO_4^{2-}	MnO_4^{3-}	MnO_2
N · O = 7	N · O = 6	N · O = 5	N · O = 4

2. Bonne(s) réponse(s) : c. et d.

Le couple le plus réducteur a le potentiel le plus faible, c'est donc :

$$MnO_4^{2-}/\ MnO_4^{3-}\ \text{avec}\ E° = 0{,}27\ \text{V}.$$

Le couple le plus oxydant a le potentiel le plus fort, c'est donc MnO_4^{3-}/MnO_2 avec $E°$ = 4,27 V.

3. Bonne(s) réponse(s) : a.

Les demi-équations électroniques sont donc :

$$MnO_4^- + e^- = MnO_4^{2-} \quad \text{(a)}$$

$$MnO_4^{2-} + e^- = MnO_4^{3-} \quad \text{(b)}$$

$$MnO_4^{3-} + e^- + 4\ H^+ = MnO_2 + 2\ H_2O \quad \text{(c)}$$

4. Bonne(s) réponse(s) : d.

On a la relation :

$$\Delta G° = -\,nF\,\Delta E°$$

Or, ici, on considère que les couples sont associés au couple de l'hydrogène, de référence, de potentiel nul ; la variation $\Delta E°$ est donc égale au potentiel du couple considéré. On peut alors écrire :

$$\Delta G_1° = -\,F\,E_1°$$
$$\Delta G_2° = -\,F\,E_2°$$
$$\Delta G_3° = -\,2F\,E_3°$$

D'après la loi de Hess, on a :

$$\Delta G_3° = \Delta G_1° + \Delta G_2°$$
$$\Rightarrow -\,2F\,E_3° = -\,F\,E_1° - F\,E_2°$$
$$\Rightarrow E_3° = 1/2\,(E_1° + E_2°) = 1/2\,(0{,}56 + 0{,}27) = 0{,}415\ \text{V}$$

5. Bonne(s) réponse(s) : e.

Soit la réaction :

$$MnO_4^- + 3e^- + 4\,H^+ = MnO_2 + 2\,H_2O \qquad \text{(d)}$$

On remarque que cette équation est la somme des équations (a), (b), (c), de la question 2.

On peut donc écrire :

$$\Delta G_d° = \Delta G_1° + \Delta G_2° + \Delta G_3°$$
$$\Rightarrow E°(MnO_4^-/MnO_2) = 1/3\,(E°_1 + E°_2 + E°_3)$$
$$\Rightarrow E°(MnO_4^-/MnO_2) = 1/3\,(0{,}56 + 0{,}27 + 4{,}27) = 1{,}7\ \text{V}$$

6. Bonne(s) réponse(s) : c.

La réaction de dismutation s'écrit :

$$2\,MnO_4^{3-} + 4\,H^+ = MnO_4^{2-} + MnO_2 + 2\,H_2O$$

On remarque que cette réaction est la différence des réactions (d) – (b), on a donc :

$$\Delta G° = \Delta G_d° - \Delta G_b° = -\,FE_3° + FE_2°$$
$$\Rightarrow \Delta G° = -\,96\,500\,(4{,}27 - 0{,}27) = -\,386\,000\ \text{J}\cdot\text{mol}^{-1}$$

Conclusion : on a $\Delta G°$ négatif, donc la réaction de dismutation est spontanée.

On calcule la constante d'équilibre d'après la relation :

$$\Delta G° = -\,RT\ln K$$
$$\Rightarrow \ln K = -\,\Delta G°/RT = 386\,000/(8{,}31 \times 298)$$
$$\Rightarrow K = 6{,}3 \times 10^{67}$$

C'est une valeur énorme, la réaction est donc totale dans le sens direct.

Écrivons le tableau d'évolution de la réaction :

	$2\,MnO_4^{3-}$ +	$4\,H^+$ =	MnO_4^{2-} +	$MnO_2 + 2\,H_2O$
t_0	10^{-4}		0,001	
t	$10^{-4} - x$		$0{,}001 + x/2$	

La réaction étant totale, l'avancement vaut $x = 10^{-4}$, et la concentration finale des ions MnO_4^{3-} est nulle. Il y a 0,00105 mol · L^{-1} d'ions MnO_4^{2-}.

6 1. Bonne(s) réponse(s) : a.

On sait que, d'après le cours, la variation d'enthalpie libre standard s'écrit :

$$\Delta G° = - RT \ln K$$

$$\Rightarrow \Delta G° = - 10^3 \times 5{,}7 \log K$$

$$\Rightarrow \Delta \mathrm{G}° = - 10^3 \times 5{,}7 \log 10^{-9}$$

$$\Rightarrow \Delta G° = - 10^3 \times 5{,}7 \times (-9)$$

$$\Rightarrow \Delta G° = + 51{,}3 \times 10^3 \text{ J} \cdot \text{mol}^{-1}$$

2. Bonne(s) réponse(s) : b.

Le sens spontané de la réaction correspond à une variation d'enthalpie libre standard négative, et conduit à la forme la plus stable thermodynamiquement. Dans le sens direct, $\Delta G° = + 51{,}3 \times 10^3$ J · mol^{-1}, donc dans le sens inverse conduisant à la formation de A, $\Delta G° = - 51{,}3 \times 10^3$ J · mol^{-1}. L'espèce la plus stable est donc A.

3. Bonne(s) réponse(s) : c.

Écrivons le tableau d'avancement :

	A	=	B
t_0	10^{-2}		0
t_{eq}	$10^{-2} - y$		y

La constante d'équilibre s'écrit donc :

$$K = [\mathrm{B}]_{eq}/[\mathrm{A}]_{eq}$$

$$\Rightarrow K = y/(10^{-2} - y)$$

La valeur de la constante d'équilibre est très faible (10^{-9}), ce qui signifie que $[\mathrm{B}]_{eq} << [\mathrm{A}]_{eq}$: on a donc formé peu de B, soit $y << 10^{-2}$. On néglige donc y devant la concentration initiale, d'où :

$$K \approx y/10^{-2}$$

$$\Rightarrow y = 10^{-2} \cdot K$$

$$\Rightarrow y = 10^{-2} \times 10^{-9}$$

$$\Rightarrow y = 10^{-11}$$

Les concentrations à l'équilibre sont donc :

$$[\mathrm{B}]_{eq} = y/V = (10^{-11})/(10^{-1}) = 10^{-10} \text{ mol} \cdot \text{L}^{-1}$$

$$[\mathrm{A}]_{eq} = (10^{-2} - y)/V = (10^{-2} - 10^{-11})/(10^{-1}) = 10^{-1} \text{ mol} \cdot \text{L}^{-1}$$

4. Bonne(s) réponse(s) : d.

Les conditions initiales étant identiques, le tableau d'évolution est le même que celui de la question précédente. La concentration de B, à l'équilibre, est donc :

$$[\mathrm{B}]_{eq} = y/V$$

$$\Rightarrow y = V \cdot [\mathrm{B}]_{eq} = (10^{-1}) \times (10^{-8}) = 10^{-9}$$

La concentration de A, à l'équilibre, est donc :

$$[A]_{eq} = (10^{-2} - y)/V = (10^{-2} - 10^{-9})/(10^{-1}) = 10^{-1}\ \text{mol} \cdot \text{L}^{-1}$$

On en déduit la constante d'équilibre :

$$K = 10^{-8}/10^{-1} = 10^{-7}$$

5. Bonne(s) réponse(s) : a.

D'après la loi de Van't'Hoff, la constante d'équilibre K varie en fonction de la température T selon :

$$\frac{d(\ln K)}{dT} = \frac{\Delta H^0}{RT^2}$$

D'après les deux valeurs de la constante d'équilibre qui précèdent, on voit que K croît avec la température, donc ln$K$ est aussi proportionnelle à celle-ci. On sait que RT^2 est positif, donc ΔH^0 est du signe de d(ln$K$)/dT, qui est positif puisque $\ln K = f(T)$ est une fonction croissante : la réaction n'est donc pas exothermique, elle est endothermique.

7 **1. Bonne(s) réponse(s) : a. et d.**

Rappelons que l'enthalpie standard de formation, d'un corps composé, correspond à la variation d'enthalpie de la réaction de formation d'une mole de ce corps, dans l'état standard, à partir de corps simples, sous leur état le plus stable, dans les conditions standard. Il nous faut donc écrire l'équation bilan de la réaction de formation du peroxyde d'hydrogène :

$$H_{2(g)} + O_{2(g)} \rightarrow H_2O_{2(l)}$$

Appliquons la loi de Hess : $\Delta_r H^0 = \sum \nu_i \Delta H_f$ avec í$_i$ coefficients stoechiométriques (positif si produit et négatif si réactif). On a donc :

$$\Delta_r H^0 = \sum \Delta H_f^0(\text{produits}) - \sum \Delta H_f^0(\text{réactifs})$$
$$\Rightarrow \Delta_r H^0 = \Delta_f H^0(H_2O_{2(l)}) - \Delta_f H(O_{2(g)}) - \Delta_f H^0(H_{2(g)})$$
$$\Rightarrow \Delta_r H^0 = -187{,}6\ \text{kJ} \cdot \text{mol}^{-1}$$

De même, on a :

$$\Delta_r S^0 = S(H_2O_{2(l)}) - S(O_{2(g)}) - S(H_{2(g)})$$
$$\Rightarrow \Delta_r S^0 = 143 - 205 - 130 = -192\ \text{J} \cdot \text{mol}^{-1} \cdot \text{K}^{-1}$$

Enfin, on calcule :

$$\Delta_r G^\circ = \Delta_r H - T\Delta_r S^0$$
$$\Rightarrow \Delta_r G^\circ = -187{,}6 \times 10^3 - 298(-192) = -130\,384\ \text{J} \cdot \text{mol}^{-1}$$

2. Bonne(s) réponse(s) : a.

On $\Delta_r G^\circ = -130\,384\ \text{J} \cdot \text{mol}^{-1}$, soit $\Delta_r G^\circ < 0$, ce qui signifie que la formation du peroxyde d'hydrogène est stable thermodynamiquement.

8 **a. Bonne(s) réponse(s) : d. et f.**

On calcule la variation d'enthalpie de la réaction :

$$\Delta_r H^\circ = \sum \nu_i\ \Delta_r H_{i,f}^\circ$$
$$= 2\ \Delta_r H_f^\circ\{SO_{3(g)}\} - 2\Delta_r H_f^\circ\ \{SO_{2(g)}\} - \Delta_r H_f^\circ\ \{O_{2(g)}\}$$
$$= 2\,(-3{,}96 \cdot 10^5) - 2\,(-2{,}97 \cdot 10^5) - 0$$
$$= -1{,}98 \cdot 10^5\ \text{J} \cdot \text{mol}^{-1}$$

On a $\Delta_r H° < 0$, donc la réaction est exothermique dans le sens direct : elle ne l'est donc pas dans le sens inverse.

b. Faux car cela est contraire à un $\Delta_r H° < 0$!

c. D'après la loi de modération de Le Châtelier, qui indique que l'équilibre se déplace dans le sens contraire à ce qu'il subit, une diminution de température déplace l'équilibre dans le sens exothermique, donc ici dans le sens direct.

d. D'après la loi de modération.

e. La pression est proportionnelle à la quantité de matière gazeuse.

D'après la loi de modération de Le Châtelier, une augmentation de pression déplace l'équilibre dans le sens qui diminue la pression, c'est-à-dire dans le sens qui conduit à une diminution de la quantité de matière gazeuse, donc ici dans le sens direct, d'après les coefficients stoechiométriques de l'équation bilan.

f. D'après ce qui précède.

g. Puisqu'une modification peut entraîner un déplacement dans le sens direct !

9 **a. Bonne(s) réponse(s) : c. et d.**

On a :

$$\begin{aligned}\Delta_r H° &= \Sigma \nu_i \, \Delta_r H_{i,f}°\\ &= \Delta_r H_f°\{H_2O_{(l)}\} - \Delta_r H_f°\{H_{2(g)}\} - \frac{1}{2}\Delta_r H_f°\{O_{2(g)}\}\\ &= \Delta_r H_f°\{H_2O_{(l)}\} - 0 - 1/2 \times 0\\ &= \Delta_r H_f°\{H_2O_{(l)}\}\end{aligned}$$

Les variations d'enthalpie standard de formation du dihydrogène et du dioxygène sont nulles, par définition, puisqu'il s'agit de corps simples.

b. On a :

$$\begin{aligned}&\Delta_r H° = \Delta_r U° + R\,T\,\Delta n_{gaz}\\ &\Rightarrow \Delta_r H° = -282 \cdot 10^3 + 8{,}314 \times 298 \times (0 - 1 - 0{,}5)\\ &\Rightarrow \Delta_r H° = -2{,}857 \cdot 10^5 \text{ J} \cdot \text{mol}^{-1}\\ &\Rightarrow \Delta_r H° = -286 \text{ kJ} \cdot \text{mol}^{-1}\end{aligned}$$

c. D'après le calcul qui précède.

d. Calculons le terme $R\,T\,\Delta n_{gaz} = +8{,}314 \times 298 \times (0 - 1 - 0{,}5) = -3\,716$ S.I.

Cette valeur est négligeable devant $\Delta_r H°$!

10 **Bonne(s) réponse(s) : b. et f.**

Commentaire : on a $\Delta n_{gaz} = 2 - (1 + 3) = -2$;

on a aussi la relation $\Delta_r H° = \Delta n_{gaz} RT + \Delta_r U°$

donc $\Delta_r H° = -2\,(8{,}314 \times 675) + (-9{,}8 \cdot 10^4) = -1{,}09 \cdot 10^5 \text{ mol} \cdot \text{L}^{-1}$.

11 **Bonne(s) réponse(s) : a. et b.**

Commentaire : pour trouver ces valeurs on applique la relation $\Delta_r H°_T = Z\,\gamma_i \Delta_f H°_T$ avec γ_i coefficient stœchiométrique algébrique.

Acides, bases

7

Plan

Objectifs

- Connaître les définitions du produit ionique et du pH
- Comprendre le rôle de la constante d'acidité
- Savoir calculer le pH d'une solution
- Comprendre le titrage d'une solution
- Appréhender la notion de solution tampon

1. Produit ionique de l'eau

Toute solution aqueuse contient des ions oxonium H_3O^+ (ou hydronium) et des ions hydroxyde OH^-; cela est dû à la réaction d'autoprotolyse de l'eau :

$$2\ H_2O = H_3O^+_{aq} + OH^-_{aq}$$

En solution aqueuse, même s'il y a d'autres ions présents, le produit des concentrations des ions oxonium et hydroxyde est constant, à température donnée.

Cette **constante d'équilibre apparente** est notée K_e :

$$K_e = [H_3O^+] \cdot [OH^-] = K_c = [H_2O]^2$$

K_e s'appelle le produit ionique de l'eau.

$$\text{À } 25\ °\text{C},\ K_e = [H_3O^+] \cdot [OH^-] = 10^{-7} \times 10^{-7} = 10^{-14}$$

On définit la constante $pK_e = -\log K_e$.

Donc à 25 °C, $pK_e = 14$; à 5 °C, $pK_e = 14,75$.

2. Notion de pH (potentiel hydrogène)

On définit le **pH** d'une solution par la relation :

$$pH = -\log[H_3O^+]$$

Le pH est une grandeur sans dimension. La concentration des ions oxonium s'exprime en $mol \cdot L^{-1}$. On peut aussi écrire la relation :

$$[H_3O^+] = 10^{-pH}$$

Le pH se mesure :

- avec un indicateur coloré; c'est un composé chimique dont la couleur dépend du pH de la solution dans laquelle on le dissout;
- le papier indicateur de pH; c'est un papier imbibé d'un mélange de plusieurs indicateurs colorés. La couleur que prend le papier, après contact avec la solution étudiée, donne la valeur du pH à une unité près;
- le pH-mètre; c'est la méthode la plus précise. Il s'agit d'un voltmètre, gradué en unités de pH, avec deux électrodes que l'on trempe dans la solution à étudier.

Selon la valeur du pH, on qualifiera la solution d'acide, de neutre ou de basique (alcaline).

Par définition, une solution est neutre si elle contient autant d'ions oxonium que d'ions hydroxyde. On a donc :

$$K_e = [H_3O^+] \cdot [OH^-] = [H_2O]^2$$

$$\Rightarrow pK_e = -\log[H_3O^+]^2 = -2\log[H_3O^+] = 2\ pH$$

$$\Rightarrow pH = \frac{1}{2} pK_e$$

À 25 °C, le pH neutre vaut donc :

$$pH = \frac{1}{2} \times 14 = 7$$

Donc une solution est :

- neutre si $pH = \frac{1}{2} pK_e$;
- acide si $pH < \frac{1}{2} pK_e$;
- basique si $pH > \frac{1}{2} pK_e$.

3. Acides, bases

Un **acide** est une espèce susceptible de perdre un ou plusieurs protons. On le notera HA. Il réagit avec l'eau pour former l'ion oxonium :

$$HA + H_2O = H_3O^+ + A^-$$

On voit que le proton a été capté par la molécule d'eau.

Une **base** est une espèce susceptible de capter un ou plusieurs protons, ou de céder des ions hydroxyde. On la notera B (ou A^-) :

$$B + H_2O = BH^+ + OH^-$$

On voit que la molécule d'eau a cédé un proton et qu'il y a formation d'ions hydroxyde. Pour les bases fortes (soude et potasse) on écrit les réactions de la façon suivante :

$$NaOH \xrightarrow{H_2O} Na^+ + OH^-$$

$$KOH \xrightarrow{H_2O} K^+ + OH^-$$

Remarque

Dans les réactions qui précèdent, on voit que selon le contexte, l'eau se comporte comme un acide (quand elle cède un proton), ou comme une base (quand elle capte un proton); on dit qu'il s'agit d'une espèce **ampholyte** ou **amphotère**.

Si la réaction, entre un acide ou une base avec l'eau, est totale, la base ou l'acide est considérée comme une espèce forte. Par exemple, pour l'acide nitrique :

$$HNO_3 + H_2O \rightarrow H_3O^+ + NO_3^-$$

On indique l'équation avec une seule flèche pour préciser que la réaction est totale, et que l'acide ou la base est complètement dissocié en solution. Par contre, quand les acides ou les bases ne se dissocient pas entièrement, on dit qu'il s'agit d'espèces faibles.

La réaction est alors limitée, et l'état final peut être caractérisé par une constante d'équilibre.

Les espèces faibles peuvent être plus ou moins fortes, c'est-à-dire qu'elles peuvent se dissocier plus ou moins fortement. La nature de la liaison H–A joue un rôle dans cette aptitude à la dissociation. Plus la liaison est polaire, plus elle est facile à dissocier, donc plus la force de l'acide est élevée.

Si on écrit la constante d'équilibre de la réaction de l'acide faible avec l'eau, on a :

$$HA + H_2O = H_3O^+ + A^-$$

$$\Rightarrow K_c = \frac{[H_3O^+] \cdot [A^-]}{[HA] \cdot [H_2O]}$$

On préfère écrire la constante d'équilibre apparente, car $[H_2O]$ est une concentration pouvant être considérée constante, puisque l'eau est le solvant.

On a donc :

$$K_c[H_2O] = \frac{[H_3O^+] \cdot [A^-]}{[HA]} = K_a$$

La constante K_a est appelée **constante d'acidité**. Dans l'écriture de la réaction, on voit que les espèces A^- et HA sont liées : plus l'acide HA se dissocie, plus la concentration en A^- est grande.

Par ailleurs, la réaction étant inversible, A^- peut capter un proton pour reformer HA. On voit que l'espèce A^- a les caractéristiques d'une base. Pour toutes ces raisons, on dit que A^- et HA sont des espèces conjuguées. Le couple HA/A^- forme un couple acido-basique, de même que le couple BH^+/B.

On peut alors écrire les demi-équations acido-basiques des couples selon :

$$\text{Acide} = \text{Base} + H^+$$

La force d'un acide, ou de sa base conjuguée, est caractérisée par la constante d'acidité du couple :

$$K_a = \frac{[H_3O^+] \cdot [A^-]}{[HA]}$$

Plus la valeur de K_a est grande, plus l'acide faible est fort, et plus sa base conjuguée est faible. Comme pour le produit ionique de l'eau, on définit la constante :

$$pK_a = -\log K_a$$

Plus le pK_a est petit, plus l'acide faible est fort, et plus sa base conjuguée est faible.

À noter

Comme les espèces fortes sont totalement dissociées en solution, on a, pour un acide par exemple, [HA] est nulle (quasiment), et on ne peut donc pas définir de constante d'acidité.

De toute façon, la base conjuguée d'un acide fort est une base indifférente (sans réaction avec le solvant eau). De même, l'acide conjugué d'une base forte est un acide indifférent.

4. Couples de l'eau

On écrit l'**équation d'autoprotolyse de l'eau**, ce qui permet de vérifier le caractère ampholyte de celle-ci :

$$H_2O + H_2O = H_3O^+ + OH^-$$

On voit que H_2O capte un proton pour donner l'ion H_3O^+, donc H_3O^+/H_2O est un couple acide base. De même H_2O cède un proton pour donner l'ion OH^-, donc H_2O/OH^- est un couple acide base.

Pour chaque couple de l'eau, étudions la réaction de l'acide sur l'eau :

$$H_3O^+ + H_2O = H_2O + H_3O^+$$

La réaction a pour constante d'acidité :

$$K_a = \frac{[H_3O^+]}{[H_3O^+]} = 1 \text{ soit } pK_a = 0$$

Pour le second couple :

$$H_2O + H_2O = H_3O^+ + OH^-$$

C'est l'autoprotolyse de l'eau donc $K_a = [H_3O^+] \cdot [OH^-] = K_e$.

On a donc $pK_a = pK_e$.

Les deux couples de l'eau correspondent aux valeurs extrêmes des pK_a :

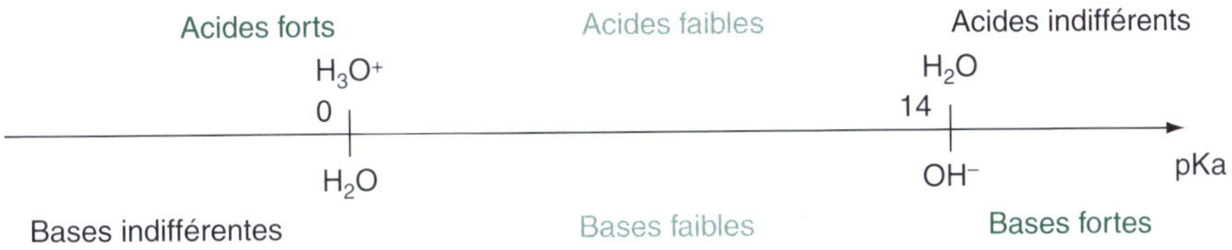

Figure 7.1 Valeur extrêmes des pK_a.

5. Relation d'Henderson (espèces faibles conjuguées)

D'après l'expression de la constante d'acidité :

$$K_a = \frac{[H_3O^+] \cdot [A^-]}{[HA]}$$

on écrit :

$$pK_a = - - \log\frac{[A^-]}{[HA]} + pH$$

$$\Rightarrow pH = pK_a + \log\frac{[A^-]}{[HA]}$$

Cette relation nous permet, en fonction de la valeur du pH du milieu, de déterminer les domaines de prédominance de la forme acide ou basique :

- Si $pH = pK_a$, alors $[A^-] = [HA]$.
- Si $pH < pK_a$, alors $[A^-] < [HA]$.
- Si $pH > pK_a$, alors $[A^-] > [HA]$.

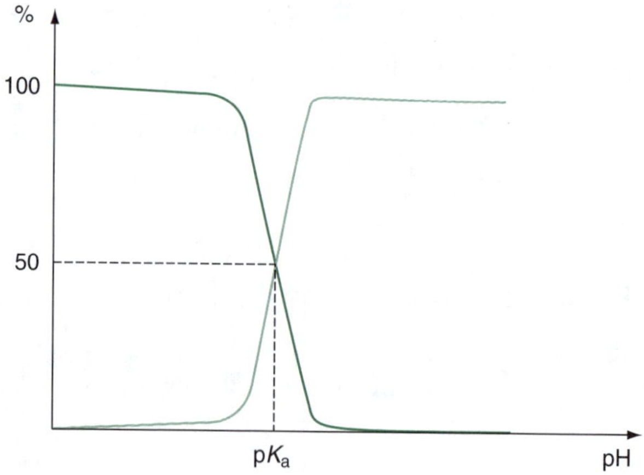

Figure 7.2 Répartition en % des espèces conjuguées en fonction du pH.

6. Prévision des réactions acido-basiques

Quand on met en présence un acide et une base appartenant à des couples différents, on obtient la réaction suivante :

acide1 + base 2 = base 1 + acide 2

La constante d'équilibre de la réaction s'écrit alors :

$$K_r = \frac{[\text{base } 1] \cdot [\text{acide } 2]}{[\text{acide } 1] \cdot [\text{base } 2]} = \frac{Ka_1}{Ka_2}$$

– Si $K_r \approx 1$, alors $Ka_1 \approx Ka_2$ et l'équilibre n'est déplacé ni dans le sens direct, ni dans le sens inverse.

– Si $K_r > 1$, alors $Ka_1 > Ka_2$, et l'équilibre est déplacé dans le sens direct.

– Si $K_r < 1$, alors $Ka_1 < Ka_2$, et l'équilibre est déplacé dans le sens inverse.

À noter

Si $K_r \geq 10^4$, alors la réaction sera considérée comme totale.

7. Coefficient de dissociation

Les espèces faibles se dissocient plus ou moins, en fonction de leur concentration dans l'eau. D'après la loi d'Ostwald, plus leur concentration est faible, plus ils se comportent comme des espèces fortes, donc plus ils se dissocient. On appelle **coefficient de dissociation** le rapport :

$$\alpha = \frac{\text{quantité (dissociée)}}{\text{quantité initiale}}$$

- Pour un acide de concentration C_a, on a donc $\alpha = \frac{[H_3O^+]}{C_a}$.
- Pour une base de concentration C_b, on a donc $\alpha = \frac{[OH^-]}{C_b}$.

8. Calculs de pH

On utilise les relations suivantes pour établir l'expression de la concentration des ions oxonium H_3O^+ :

- le produit ionique de l'eau K_e;
- la constante d'acidité K_a;
- l'électroneutralité; la somme des concentrations des anions est égale à la somme des concentrations des cations;
- le bilan de matière; la concentration initiale de l'espèce introduite est égale à la somme des concentrations des espèces conjuguées, soit par exemple :

$$[HA]_i = [HA] + [A^-]$$

On a donc 4 concentrations inconnues et équations : on peut donc résoudre. Mais pour éviter les équations du 2e ou du 3e degré, on procède à des approximations, dont on vérifie la véracité *a posteriori*.

Ces approximations conduisent à des formules générales qu'il faut connaître, mais qu'il faut aussi savoir retrouver (voir exercices).

- **Pour une solution d'acide fort** de concentration C_a, on montre que le pH s'écrit :

$$pH = -\log C_a$$

Pour obtenir cette formule, on procède à l'approximation suivante :
on néglige les ions OH^- devant les ions H_3O^+, car le milieu est acide.

- **Pour une solution de base forte** de concentration C_b, on montre que le pH s'écrit :

$$pH = pK_e + \log C_b$$

Pour obtenir cette formule, on procède à l'approximation suivante :
on néglige les ions H_3O^+ devant les ions OH^-, car le milieu est basique.

- **Pour une solution d'acide faible** de concentration C_a, on montre que le pH s'écrit :

$$pH = 1/2(pK_a - \log C_a)$$

Pour obtenir cette formule, on procède aux deux approximations suivantes :

1. On néglige les ions OH^- devant les ions H_3O^+, car le milieu est acide.

2. On considère que l'acide est peu dissocié, donc on néglige la concentration de la base conjuguée devant celle de l'acide.

■ **Pour une solution de base faible** de concentration C_b, on montre que le pH s'écrit :

$$pH = 1/2(pK_a + pK_e + \log C_b)$$

Pour obtenir cette formule on procède aux deux approximations suivantes :

1. On néglige les ions H_3O^+ devant les ions OH^-, car le milieu est basique.

2. On considère que la base est peu protonée, donc on néglige la concentration de l'acide conjugué devant celle de la base.

Détaillons le calcul de cette dernière formule en considérant une solution d'une monobase faible B de concentration initiale C_b. Deux équilibres se produisent simultanément :

$$B + H_2O = BH^+ + OH^-$$

$$2\ H_2O = H_3O^+ + OH^-$$

Quatre espèces présentes sont à l'équilibre, en concentration :

$$[BH^+],\ [B],\ [H_3O^+] \text{ et } [OH^-]$$

On peut écrire les quatre relations :

■ Produit ionique de l'eau : $K_e = [H_3O^+]\,[OH^-]$ (a)

■ Constante d'acidité K_a du couple BH^+/B : $K_a = \dfrac{[H_3O^+]\cdot[B]}{[BH^+]}$ (b)

■ Conservation de la matière : $C_b = [B] + [BH^+]$ (c)

■ Électroneutralité : $[H_3O^+] + [BH^+] = [OH^-]$ d'où $[BH^+] = [OH^-] - [H_3O^+]$ (d)

En combinant ces équations on obtient une équation du 3e degré en $[H_3O^+]$:

$$[H_3O^+]^3 + (C_0 + K_a)\,[H_3O^+]^2 - K_e[H_3O^+] - K_e\,K_a = 0$$

On simplifie en faisant simultanément les deux approximations évoquées :

1re approximation : le milieu est basique donc : $[H_3O^+] << [OH^-]$.

Pour un pH supérieur à 7,5, $[H_3O^+]$ devient négligeable devant $[OH^-]$.

L'équation (d) devient alors : $[BH^+] = [OH^-]$.

2e approximation : la protonation de la base est faible; la concentration de l'acide conjugué BH^+ est négligeable devant celle de la base B soit $[BH^+] << [B]$.

Cette approximation sera vérifiée *a posteriori* (après calcul du pH).

L'équation (c) devient alors : $C_b = [B]$.

En remplaçant [B] et $[BH^+]$ dans K_a, on obtient :

$$K_a = \frac{[H_3O^+]\cdot C_b}{[OH^-]} = \frac{[H_3O^+]^2\cdot C_b}{K_e},\ \text{d'où : } [H_3O^+] = (K_a\,K_e)^{1/2}\cdot C_b^{\,-1/2}$$

D'où : $pH = -\log [H_3O^+] = -\frac{1}{2}\log Ka - \frac{1}{2}\log Ke + \frac{1}{2}\log C_b$

Soit : $pH = \frac{1}{2}(pK_e + pK_a + \log C_b)$

9. Dosages acido-basiques

- **Pour un dosage d'un acide fort par une base forte**, on trace la courbe expérimentale $pH = f(V_b)$, avec V_b volume de solution de base forte ajouté au volume V_a d'acide à doser (à titrer). On note C_b la concentration connue de la base, et C_a la concentration inconnue de l'acide que l'on titre.

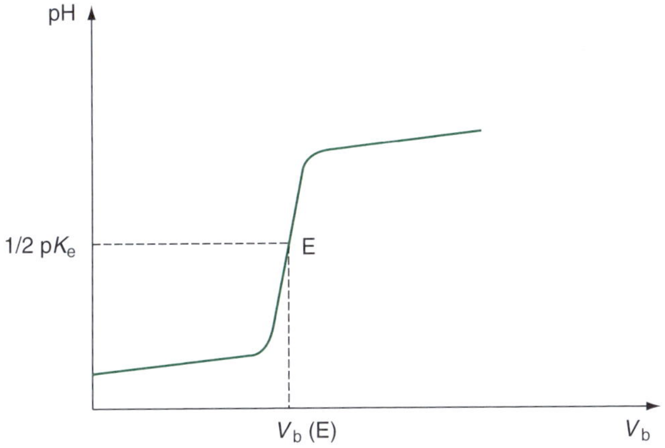

Figure 7.3 Courbe de dosage acide fort/base forte (schéma de principe).

On voit que la courbe est formée de trois parties distinctes :

- au début, le pH augmente lentement et la pente est faible; le milieu réactionnel est acide;
- ensuite, on observe un saut de pH important, correspondant au point d'inflexion E;
- enfin le pH augmente à nouveau lentement, et il est basique.

On appelle **équivalence (point E) acido-basique** le point de la courbe de variation du pH pour lequel les réactifs ont été apportés dans les proportions stœchiométriques.

Dans les solutions d'acide fort et de base forte, les espèces réactives sont respectivement H_3O^+ et OH^-. On a donc l'équation bilan :

$$H_3O^+ + OH^- \rightarrow 2\ H_2O$$

C'est la réaction inverse de l'autoprotolyse de l'eau, et c'est une réaction totale. On a donc à l'équivalence :

$$n_{H_3O^+} = n_{OH^-} \text{ ce qui s'écrit } C_a \cdot V_a = C_b \cdot V_b(E)$$

Les concentrations en ions hydronium et hydroxyde sont donc égales au point E, ce qui explique que le pH soit neutre (égal à 7 à 25 °C).

Remarques

Pour avoir un dosage précis, il faut que la solution titrante (ici la base forte) ait une concentration du même ordre de grandeur que la concentration de la solution dosée. Le saut de pH peut être visualisé à l'aide d'un indicateur coloré, à condition que le pH équivalent soit contenu dans sa zone de virage. Le bleu de bromothymol convient car il vire du jaune au bleu entre pH = 6 et pH = 7,6. Un indicateur coloré est aussi un couple acide base dont les formes acide et basique ont des couleurs différentes : si le pH est compris entre $pK_a - 1$ et $pK_a + 1$ on observe un mélange des deux couleurs, appelé teinte sensible.

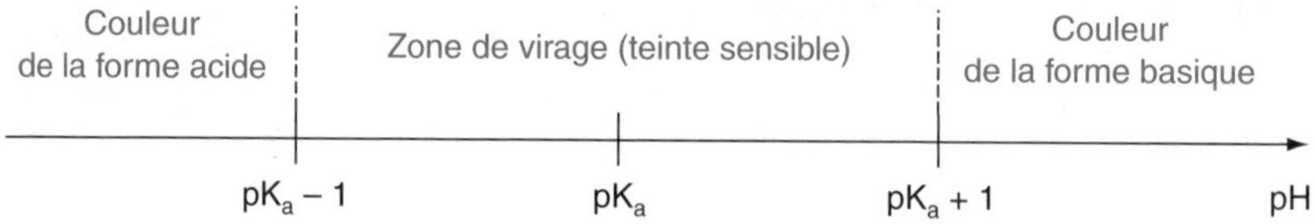

Figure 7.4 Schéma des couleurs d'un indicateur coloré.

- **Si on dose une base forte par un acide fort**, le principe est le même, mais la courbe $pH = f(V_a)$ change.

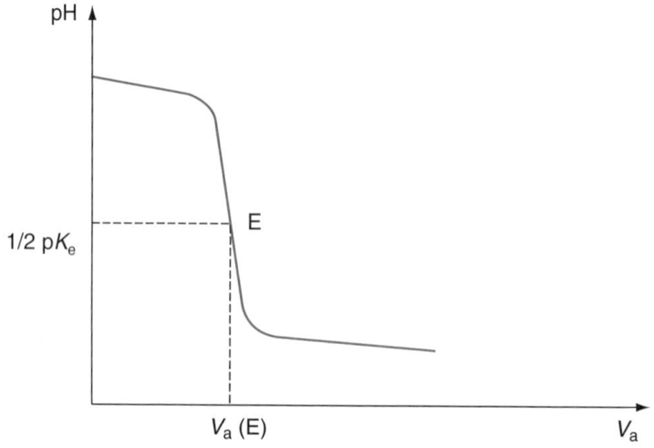

Figure 7.5 Courbe de dosage base forte/acide fort (schéma de principe).

On retrouve trois parties :

– au début, le pH diminue lentement et le milieu est basique;

– ensuite, il y a le saut de pH, avec le point d'inflexion E, pour lequel les réactifs (ions hydronium et hydroxyde) ont été apportés dans les proportions stœchiométriques; le pH équivalent est donc neutre;

– enfin, le pH diminue à nouveau lentement, mais cette fois ci le milieu réactionnel est acide.

- **Pour le dosage d'un acide faible par une base forte**, on obtient la *figure 7.6*.

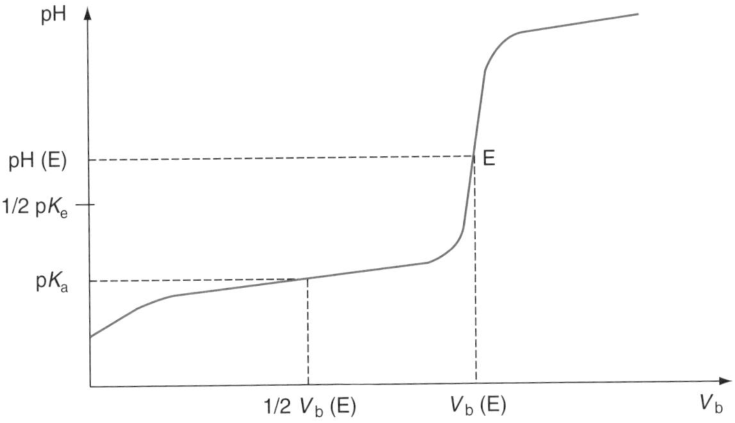

Figure 7.6

On voit que le début de la courbe diffère sensiblement de celle obtenue pour l'acide fort, avec une pente initiale importante : le pH croît sensiblement.

Sur une deuxième partie, la pente de la courbe est beaucoup plus faible, car le pH augmente lentement.

On observe ensuite un brusque saut de pH, mais moins important que celui de l'acide fort; le point d'inflexion correspondant E est le point d'équivalence, pour lequel les réactifs (acide AH et ions hydroxyde OH^-) ont été apportés dans les proportions stœchiométriques.

À l'équivalence, on a toujours $C_aV_a = C_bV_b(E)$: on en déduit C_a inconnue. Cette fois ci le pH à l'équivalence est supérieur au pH neutre $\left(\frac{1}{2}pK_e\right)$. En effet, quand tout l'acide a réagi, il s'est transformé en sa base conjuguée : la solution est donc basique.

À la demi-équivalence $\left(\frac{1}{2}V_b(E)\right)$, on a autant d'acide que de base conjuguée, donc d'après la relation d'Henderson, $pH = pK_a$.

Remarque

Comme le pH est basique, à l'équivalence, il faut un indicateur coloré dont la zone de virage est basique; la phénolphtaléine convient (pH = 8,2/ pH = 10).

- **Pour le dosage d'une base faible par un acide fort**, on trouve des analogies avec le dosage acide faible/base forte.

On retrouve un début de courbe avec un pH qui diminue sensiblement, en milieu basique. Ensuite la variation de pH ralentit fortement, et la courbe est presque horizontale.

On observe le saut de pH, mais moins important que celui de la base forte; le point d'inflexion E est le point d'équivalence, pour lequel les réactifs (base A^- et ions hydronium) ont été apportés dans les proportions stœchiométriques. Le pH équivalent est acide, car après avoir consommé la base faible, celle-ci s'est transformée en son acide faible conjugué.

Enfin, le pH diminue lentement et le milieu réactionnel est acide.

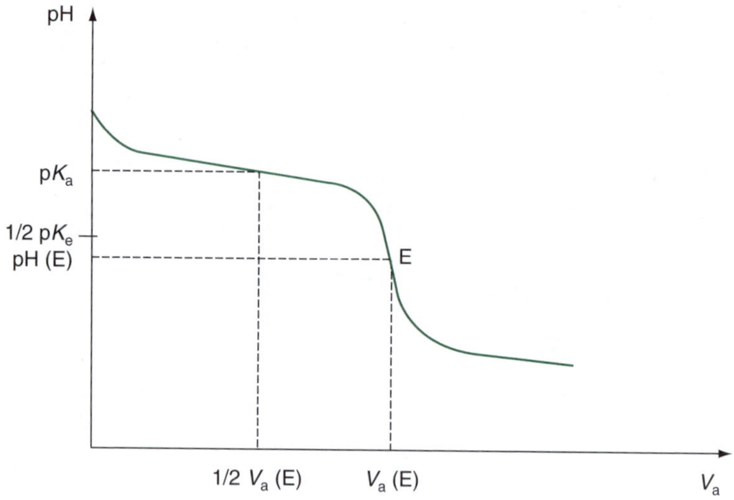

Figure 7.7 Courbe de dosage d'une base faible par un acide fort (schéma de principe).

10. Solutions tampon

Une **solution tampon** est une solution dont le pH varie peu, quand on ajoute une quantité modérée d'acide fort ou de base forte, ou quand on la dilue modérément.

D'après les deux courbes de dosage qui précèdent, on remarque que le pH varie peu autour de la demi-équivalence, c'est-à-dire quand les concentrations d'acide et de sa base faibles conjuguée sont égales, et que pH = pK_a.

On peut donc fabriquer une solution tampon avec un mélange équimolaire d'une base et de son acide conjuguée. Pour cela, si on veut une solution tampon ayant un pH bien défini, on choisit un couple de pK_a égal à ce pH. On peut alors fabriquer la solution tampon en mélangeant :

- Un volume V_a d'acide HA de concentration C_a avec un volume V_b de base conjuguée A^- de concentration C_b, de telle sorte que :

$$C_aV_a = C_bV_b$$

- Un volume V_a d'acide HA de concentration C_a avec un volume V_b de base forte de concentration C_b, de telle sorte que :

$$C_bV_b = \frac{C_aVa}{2}$$

- Un volume V_b de base A^-, de concentration C_b, avec un volume V_a d'acide fort, de concentration C_a, de telle sorte que :

$$C_aV_a = \frac{C_bV_b}{2}$$

Quand on ajoute une quantité modérée d'acide fort ou de base forte, cela entraîne une variation de la concentration en acide fort, ou en base forte, dans la solution tampon, que l'on peut noter ΔC_a ou ΔC_b.

On définit alors le pouvoir tampon β de la solution par :

$$\beta = \frac{-\Delta C_a}{\Delta pH} \quad \text{ou} \quad \beta = \frac{\Delta C_b}{\Delta pH}$$

ΔpH représente la variation de pH due à l'introduction de la base forte ou de l'acide fort. Le signe moins devant la première fraction provient du fait que l'ajout d'acide diminue le pH : le ΔpH résultant est donc négatif. Il faut donc bien ajouter un signe moins pour retrouver un pouvoir tampon positif.

Tableau 7.1 Tableau des espèces acido-basiques courantes.

Acides forts	Bases fortes	Acides faibles	Bases faibles
HCl : ac chlorhydrique HNO_3 : ac nitrique H_2SO_4 : ac sulfurique (1re acidité)	NaOH : hydroxyde de sodium KOH : hydroxyde de potassium	CH_3COOH : ac éthanoïque ($pK_a = 4,8$) HCOOH : ac méthanoïque ($pK_a = 3,8$) CO_2, H_2O : ac carbonique	$C_2H_5NH_2$: éthylamine ($pK_a = 10,8$) NH_3 : ammoniac ($pK_a = 9,2$)

Synthèse

Je sais définir

- pH
- Un acide
- Une base
- Coefficient de dissociation
- Équivalence acido-basique
- Solution tampon

Je connais

- Le produit ionique de l'eau
- Les différents moyens de mesure du pH
- La constante d'acidité
- L'équation d'autoprotolyse de l'eau

Je sais

- Déterminer les domaines de prédominance de la forme acide ou basique en fonction du pH.
- Déterminer comment se déplace l'équilibre d'une réaction acido-basique.
- Déterminer le pH d'une solution d'acide fort, de base forte, d'acide faible et de base faible
- Étudier les réactions de dosage des acides et des bases

QCM et exercices

1 (équation bilan)

Quelles sont les équations de dissolution des espèces chimiques suivantes ?
– HCl (chlorure d'hydrogène).
– NaOH (hydroxyde de sodium).
– CH_3COOH (acide éthanoïque ou acétique).
– H_2SO_4 (acide sulfurique, diacide considéré comme fort).
– KOH (hydroxyde de potassium).

❒ **a.** $HCl + H_2O = H_3O^+ + Cl^-$.
❒ **b.** $HCl = 2H^+ + 2Cl^-$.
❒ **c.** $H_2SO_4 + H_2O = 2H_3O^+ + SO_4^{2-}$.
❒ **d.** $CH_3COOH + H_2O = CH_3COO^- + H_3O^+$.
❒ **e.** Aucune réponse exacte.

2 (acide fort)

Déterminer le pH d'une solution d'acide nitrique de concentration $C_a = 5{,}0 \times 10^{-3}$ mol · L^{-1}, à 25 °C, en démontrant la formule d'une solution d'acide fort.

❒ **a.** 5,9.
❒ **b.** 9,5.
❒ **c.** 2,3.
❒ **d.** 10,8.
❒ **e.** Aucune réponse exacte.

3 (base forte)

Déterminer le pH d'une solution d'hydroxyde de sodium de concentration $C_b = 7{,}5 \times 10^{-3}$ mol · L^{-1}, à 25 °C, en démontrant la formule d'une solution de base forte.

❒ **a.** 1,8.
❒ **b.** 11,9.
❒ **c.** 12,3.
❒ **d.** 4,3.
❒ **e.** Aucune réponse exacte.

4 (neutralisation)

À 25 °C, quel volume v_a de solution d'acide sulfurique H_2SO_4 (considérée comme un diacide fort), de concentration $C_a = 10^{-2}$ mol · L^{-1}, doit on ajouter pour neutraliser $v_b = 20$ cm^3 de solution de KOH de concentration $C_b = 0{,}25$ mol · L^{-1} ? Après l'équivalence, on continue à ajouter l'acide : quel volume v'_a doit on de nouveau verser pour obtenir un pH final égal à 2 ?

❒ **a.** $v_a = 1$ L ; $v'_a = 2{,}5$ L.
❒ **b.** $v_a = 0{,}15$ L ; $v'_a = 0{,}25$ L.
❒ **c.** $v_a = 1{,}2$ L ; $v'_a = 0{,}75$ L.
❒ **d.** $v_a = 0{,}25$ L ; $v'_a = 0{,}27$ L.
❒ **e.** Aucune réponse exacte.

5 (acide faible)

Déterminer, à 25 °C, le pH d'une solution d'acide méthanoïque HCOOH de concentration $C_a = 1{,}5 \times 10^{-1}$ mol · L^{-1}. On démontrera la formule utilisée.

Données : pK_a ($HCOOH/HCOO^-$) = 3,8.

❐ **a.** 1,9.
❐ **b.** 2,3.
❐ **c.** 12,5.
❐ **d.** 8,7.
❐ **e.** Aucune réponse exacte.

6 (base faible)

Déterminer, à 25 °C, le pH d'une solution de propanoate de sodium C_2H_5COONa de concentration $C_b = 0{,}2$ mol · L^{-1}. On démontrera la formule utilisée.

❐ **a.** 3,9.
❐ **b.** 8,3.
❐ **c.** 12,6.
❐ **d.** 7,7.
❐ **e.** Aucune réponse exacte.

7 (acide fort/base faible)

On dispose d'une solution d'éthylamine $C_2H_5NH_2$, de concentration $C_b = 0{,}2$ mol · L^{-1}, dont on prélève $v_b = 200$ mL auxquels on ajoute $v_a = 200$ mL de solution HCl, de concentration $C_a = 0{,}2$ mol · L^{-1}. Calculer le pH du mélange.

On donne :

$$pK_a(C_2H_5NH_3^+/C_2H_5NH_2) = 10{,}8$$

❐ **a.** 5,9.
❐ **b.** 12,3.
❐ **c.** 10,5.
❐ **d.** 3,7.
❐ **e.** Aucune réponse exacte.

8 (solution neutre)

À 37 °C, le produit ionique de l'eau est $K_e = 2{,}4 \times 10^{-14}$. À cette même température, on dispose de trois solutions telles que :

$$pH_1 = 6{,}30 ;\ pH_2 = 6{,}85 ;\ pH_3 = 7{,}10.$$

Déterminer le caractère acide ou basique de chaque solution.

❐ **a.** Solutions : 1 acide ; 2 acide ; 3 basique.
❐ **b.** Solutions : 1 acide ; 2 basique ; 3 basique.
❐ **c.** Solutions : 1 basique ; 2 acide ; 3 basique.
❐ **d.** Solutions : 1 basique ; 2 acide ; 3 acide.
❐ **e.** Aucune réponse exacte.

9 (mélange d'acides)

On mélange 40 mL d'une solution d'acide chlorhydrique, de $pH_1 = 1{,}45$, avec 120 mL d'une solution d'acide nitrique de $pH_2 = 1{,}85$; on ajoute enfin 100 mL d'eau distillée. Quel est le pH du mélange obtenu ?

❒ **a.** 4,9.
❒ **b.** 9,3.
❒ **c.** 10,6.
❒ **d.** 6,7.
❒ **e.** Aucune réponse exacte.

10 (solution tampon)

1. On souhaite fabriquer une solution tampon de pH = 5,2, et on dispose d'un volume $V_a = 100$ mL d'une solution d'acide éthanoïque de concentration $C_a = 0,05 \text{ mol} \cdot \text{L}^{-1}$, et d'une solution d'éthanoate de sodium de concentration $C_b = 0,075 \text{ mol} \cdot \text{L}^{-1}$. Déterminer le volume V_b d'éthanoate de sodium à utiliser.

❒ **a.** 49 mL.
❒ **b.** 93,5 mL.
❒ **c.** 106 mL.
❒ **d.** 167,5 mL.
❒ **e.** Aucune réponse exacte.

2. On souhaite fabriquer une solution tampon de pH = 5,2, et on dispose d'un volume $V_a =$ 100 mL d'une solution d'acide éthanoïque de concentration $C_a = 0,05 \text{ mol} \cdot \text{L}^{-1}$, et d'une solution d'hydroxyde de sodium de concentration $C_b = 0,075 \text{ mol} \cdot \text{L}^{-1}$. Déterminer le volume V_b d'hydroxyde de sodium à utiliser.

❒ **a.** 95,8 mL.
❒ **b.** 18,9 mL.
❒ **c.** 50,6 mL.
❒ **d.** 67 mL.
❒ **e.** Aucune réponse exacte.

11 (diacide) (d'après annales Pitié-Salpetrière)

L'acide sulfureux H_2SO_3 est un diacide dont les acidités sont caractérisées par les constantes : $pKa_1 = 1,8$ et $pKa_2 = 7,2$.

1. Calculer le pH d'une solution de concentration $C_a = 0,01 \text{ mol} \cdot \text{L}^{-1}$, sans démontrer la formule utilisée.

❒ **a.** 1,9.
❒ **b.** 8,3.
❒ **c.** 10,5.
❒ **d.** 6,2.
❒ **e.** Aucune réponse exacte.

2. Indiquer les approximations nécessaires à l'établissement de la formule.

3. Calculer le pH d'une solution aqueuse de $NaHSO_3$, en démontrant la formule utilisée :

a. pour une concentration $c = 0,01 \text{ mol} \cdot \text{L}^{-1}$;

❒ **a.** 8,9.
❒ **b.** 4,5.
❒ **c.** 11,6.
❒ **d.** 3,7.
❒ **e.** Aucune réponse exacte.

b. pour une concentration $c = 0{,}0001$ mol · L^{-1}.

❒ **a.** 1,7.

❒ **b.** 7,3.

❒ **c.** 12,6.

❒ **d.** 2,7.

❒ **e.** Aucune réponse exacte.

Conclure.

12 (d'après annales Pitié-Salpetrière)

On considère l'acide fluorhydrique HF.

1. Quel sera le pH d'une solution aqueuse de cet acide, de concentration $C_a = 0{,}1$ mol · L^{-1}, sans démontrer la formule utilisée ($K_a = 0{,}001$).

❒ **a.** 1.

❒ **b.** 2.

❒ **c.** 3.

❒ **d.** 4.

❒ **e.** Aucune réponse exacte.

2. Si l'on considère qu'il existe en réalité un deuxième équilibre :

$$HF + F^- = HF_2^-$$

Quelle sera l'influence de cet équilibre sur le pH calculé à la première question ?

❒ **a.** Aucune influence.

❒ **b.** Le pH diminue.

❒ **c.** Le pH augmente.

❒ **d.** On ne peut pas répondre.

❒ **e.** Aucune réponse exacte.

13 Soit une solution d'acide chlorhydrique, de concentration C_1 inconnue, dont on verse $V_1 = 30$ mL dans un bécher. On a rempli une burette graduée, avec une solution de soude, de concentration $C_2 = 0{,}035$ mol · L^{-1}. On verse la soude, mL par mL, tout en mesurant les différentes valeurs du pH du mélange.

Données : pKa(H_3O^+ / H_2O) = 0 ; pKa(H_2O / HO^-) = 14. On peut dire que :

❒ **a.** Après l'équivalence, les réactifs sont dans les proportions stoechiométriques.

❒ **b.** On neutralise un acide fort par une base forte.

❒ **c.** L'équation bilan de la réaction de dosage s'écrit :

$$HNO_3 + NaOH = NaNO_3 + H_2O$$

❒ **d.** On peut observer l'équivalence, en ajoutant quelques gouttes de bleu de bromothymol, qui vire alors du jaune au bleu.

❒ **e.** La courbe pH = f(v_{soude}) possède une partie pratiquement parallèle à l'axe des ordonnées.

❒ **f.** Le point d'équivalence peut être déterminé par la méthode des tangentes.

❒ **g.** La réaction de dosage est quasi-totale.

14 On reprend les conditions expérimentales du qcm précédent; l'équivalence est obtenue quand le volume de soude versé est $V_2 = 45$ mL. On peut affirmer que :

❒ **a.** À l'équivalence n_{HO^-}(versé) $= n_{H_3O^+}$(initial).

❒ **b.** À l'équivalence : pH = 1,5 pKa (H_2O / HO^-).

❒ **c.** À l'équivalence le pH est égal à 7.

❒ **d.** La concentration C de la solution d'acide chlorhydrique est égale à : 0,0625 mol · L^{-1}.

❒ **e.** Après l'équivalence, on a n_{HO^-}(versé) $= n_{H_3O^+}$ (initial).

❒ **f.** Après avoir versé $v = 15$ mL de soude, le pH dans le bécher vaut 5,58.

❒ **g.** Après avoir versé $v = 50$ mL de soude, le pH dans le bécher vaut 11,97.

15 On considère l'acide perchlorique $HClO_4$, qui est un acide fort, en solution aqueuse de concentration $C = 2,5 \cdot 10^{-3}$ mol · L^{-1} et de pH = 2,5. On prélève un volume V de cette solution pour préparer une deuxième solution S′ de volume V′ = 100 mL et de concentration $C' = 1 \cdot 10^{-4}$ mol · L^{-1} (d'après concours). On peut affirmer que :

❒ **a.** V = 50 mL.

❒ **b.** V = 5 mL .

❒ **c.** V = 500 mL.

❒ **d.** V = 40 mL.

❒ **e.** V = 400 mL.

❒ **f.** V = 4 mL.

16 Au cours des efforts musculaires, le corps humain produit de l'acide lactique noté HA ; cet acide est présent dans le sang de même que le couple acido-basique régulateur $CO_{2(aq)}/HCO_3^-$. Un sang de pH = 7,4 contient 27.10^{-3} mol.L^{-1} d'ions hydrogénocarbonate HCO_3^-.

Données : pKa (HA/A^-) = 3,9 ; pKa($CO_{2(aq)}/HCO_3^-$) = 6,1.

On peut affirmer que la concentration en CO_2 du sang est :

❒ **a.** $C = 3,66 \cdot 10^{-5}$ mol · L^{-1}.

❒ **b.** $C = 1,35 \cdot 10^{-3}$ mol · L^{-1}.

❒ **c.** $C = 6,25 \cdot 10^{-4}$ mol · L^{-1}.

❒ **d.** $C = 2,30 \cdot 10^{-1}$ mol · L^{-1}.

❒ **e.** $C = 4,55 \cdot 10^{-2}$ mol · L^{-1}.

❒ **f.** $C = 5,80 \cdot 10^{-6}$ mol · L^{-1}.

Corrigés

1 Bonne(s) réponse(s) : a. et d.

On a :

$$HCl + H_2O \rightarrow H_3O^+ + Cl^-$$

On voit que la dissolution du chlorure d'hydrogène est une réaction totale, qui conduit à une solution d'acide chlorhydrique, contenant des ions hydronium et des ions chlorure.

On a :

$$NaOH \xrightarrow{H_2O} Na^+ + OH^-$$

On voit que la dissolution est une réaction totale, qui conduit à une solution de soude contenant des ions sodium et des ions hydroxyde.

On a :

$$CH_3COOH + H_2O = CH_3COO^- + H_3O^+$$

L'équation de dissolution correspond à une réaction limitée, qui conduit à une solution contenant les espèces conjuguées du couple acide éthanoïque/ion éthanoate.

On a :

$$H_2SO_4 + 2\ H_2O \rightarrow SO_4^{2-} + 2\ H_3O^+$$

Il y a protonation de 2 molécules d'eau, donc formation de 2 ions hydronium pour un ion sulfate.

On a :

$$KOH \xrightarrow{H_2O} K^+ + OH^-$$

La dissolution est une réaction totale, qui conduit à la formation d'une solution de potasse contenant des ions potassium et des ions hydroxyde.

Remarque

Les acides HCl, H_2SO_4 sont des espèces fortes, de même que les bases NaOH et KOH. Les espèces CH_3COOH et CH_3COO^- sont des espèces faibles, donc caractérisées par un pK_a. Bien sûr, dans chaque solution, il y a l'autoprotolyse de l'eau.

2 Bonne(s) réponse(s) : c.

Nous sommes en présence d'une solution aqueuse, donc il y a l'autoprotolyse de l'eau, soit :

$$2\ H_2O = H_3O^+_{aq} + OH^-_{aq}$$

L'équation de dissolution de l'acide est :

$$HNO_3 + H_2O \rightarrow NO_3^- + H_3O^+$$

Les espèces chimiques présentes sont donc H_2O, H_3O^+, NO_3^- et OH^-.

À 25 °C, dans l'eau pure :

$$[H_3O^+] = [OH^-] = \sqrt{K_e} = \sqrt{10^{-14}} = 10^{-7}\ mol \cdot L^{-1}$$

Or les ions hydronium qui proviennent de l'acide nitrique vont, d'après la loi de modération de Le Châtelier, déplacer l'équilibre d'autoprotolyse de l'eau dans le sens inverse (vers la gauche), ce qui diminue la concentration des ions hydronium H_3O^+ de l'eau, qui devient donc inférieure à 10^{-7} mol · L^{-1}. On a donc le droit de considérer les H_3O^+ de l'eau comme étant négligeables devant ceux de l'acide (car $10^{-7} << 5 \times 10^{-3}$), soit :

$$[H_3O^+] = [NO_3^-] = C_a$$

Donc le pH de la solution vaut :

$$pH = -\log[H_3O^+] = -\log C_a = -\log(5{,}0 \times 10^{-2}) = 2{,}30$$

Remarques

On peut vérifier l'approximation faite, en calculant la concentration des ions hydroxyde;

$$[OH^-] = \frac{K_e}{[H_3O^+]} = \frac{10^{-14}}{5{,}0 \times 10^{-3}} = 2 \times 10^{-12}\ \text{mol} \cdot \text{L}^{-1}.$$

C'est aussi l'ordre de grandeur de la concentration des ions hydronium provenant de l'eau, et on a bien $2 \times 10^{-12} << 5{,}0 \times 10^{-3}$.

3 Bonne(s) réponse(s) : b.

On a les réactions d'autoprotolyse de l'eau et de dissolution de l'hydroxyde de sodium :

$$H_2O + H_2O = H_3O^+ + OH^-$$

$$NaOH \xrightarrow{H_2O} Na^+ + OH^-$$

Les espèces chimiques présentes sont donc : H_2O, Na^+, H_3O^+, OH^-.

L'ajout des ions OH^- provenant de la dissolution de l'hydroxyde de sodium déplace l'équilibre d'autoprotolyse de l'eau dans le sens indirect (vers la gauche), d'après la loi de modération de Le Châtelier. Cela conduit à une concentration des ions OH^- provenant de l'eau inférieure à 10^{-7} mol · L^{-1}, qui est donc négligeable devant celle des ions OH^- de NaOH (car déjà $10^{-7} << 7{,}5 \times 10^{-3}$).

On peut donc considérer que les ions OH^- proviennent principalement de la 2e réaction, soit :

$$[OH^-] = [Na^+] = C_b$$

Or :

$$[H_3O^+] = \frac{K_e}{[OH^-]} = K_e / C_b$$

soit : $$-\log[H_3O^+] = -\log K_e + \log C_b$$

d'où : $$pH = pK_e + \log C_b = 14 + \log(7{,}5 \times 10^{-3}) = 11{,}9$$

4 Bonne(s) réponse(s) : d.

La solution acide contient des ions hydronium et des ions sulfate d'après l'équation bilan :

$$H_2SO_4 + 2\,H_2O \rightarrow SO_4^{2-} + 2\,H_3O$$

On a donc la relation de proportionnalité :

$$\frac{n(H_3O^+)}{2} = n(H_2SO_4)$$

dans le même volume de solution donc :

$$\frac{[H_3O^+]}{2} = C_{H_2SO_4} = C_a$$

soit :

$$[H_3O^+] = 2C_a$$

La solution basique de potasse contient des ions OH^- et K^+ d'après :

$$KOH \xrightarrow{H_2O} K^+ + OH^-$$

Quand on neutralise, on a donc une réaction totale (entre espèces, entre fortes), les ions H_3O^+ et OH^- (les ions SO_4^{2-} et K^+ sont indifférents), provenant respectivement des solutions acide et basique, soit :

$$H_3O^+ + OH^- \rightarrow 2\,H_2O$$

À l'équivalence les réactifs sont apportés dans les proportions stœchiométriques, soit, d'après l'équation bilan :

$$n_{H_3O^+} = n_{OH^-}$$

donc :

$$[H_3O^+]v_a = C_b v_b$$

d'où :

$$2C_a v_a = C_b v_b$$

soit :

$$v_a = \frac{C_b v_b}{2C_a} = \frac{0{,}25 \times 20 \times 10^{-3}}{2 \times 10^{-2}}$$

donc :

$$v_a = 0{,}25 \text{ L}$$

Il faut donc ajouter 250 mL de solution acide pour que le pH du mélange soit neutre, c'est-à-dire égal à 7, à 25 °C.

On continue à verser l'acide, donc à ajouter des H_3O^+, qui ne sont plus consommés par la réaction, jusqu'à pH = 2.

On a donc :

$$[H_3O^+]_f = 10^{-pH} = 10^{-2} \text{ mol} \cdot \text{L}^{-1}$$

On a versé v'_a tel que :

$$[H_3O^+]_f = \frac{2C_a v'_a}{v_a + v'_a + v_b}$$

soit :

$$10^{-2} = \frac{2 \times 10^{-2} v'_a}{0{,}25 + v'_a + 0{,}020}$$

d'où :

$$0{,}27 \times 10^{-2} + 10^{-2} v'_a = 2 \times 10^{-2} v'_a$$

soit :

$$1 \times 10^{-2} v'_a = 0{,}27 \times 10^{-2}$$

donc :

$$v'_a = 0{,}27 \text{ L}$$

Remarque

On a négligé les ions H_3O^+ provenant de l'autoprotolyse de l'eau.

5 Bonne(s) réponse(s) : b.

Dans la solution, on a :

$$2\,H_2O = H_3O^+ + OH^-$$

$$HCOOH + H_2O = H_3O^+ + HCOO^-$$

On a les relations suivantes :

- constante d'acidité : $K_a = \dfrac{[HCOO^-]\cdot[H_3O^+]}{[HCOOH]}$
- produit ionique de l'eau : $K_e = [H_3O^+]\cdot[OH^-]$
- électroneutralité : $[H_3O^+] = [HCOO^-] + [OH^-]$
- bilan de matière : $C_a = [HCOO^-] + [HCOOH^-]$

Les ions H_3O^+ qui proviennent de la dissociation de l'acide, déplacent l'équilibre d'autoprotolyse de l'eau dans le sens inverse : on peut donc négliger les ions OH^- devant les H_3O^+ de l'acide.

On a donc :

$$[H_3O^+] \approx [HCOO^-]$$

soit : $[HCOOH] = C_a - [HCOO^-] = C_a - [H_3O^+]$

On peut donc écrire la constante d'acidité :

$$K_a = \frac{[H_3O^+]^2}{C_a - [H_3O^+]}$$

soit : $[H_3O^+]^2 + K_a[H_3O^+] - K_aC_a = 0$

Ce trinôme du second degré s'écrit numériquement :

$$[H_3O^+]^2 + 10^{-3,8}[H_3O^+] - 10^{-3,8}(1{,}5 \times 10^{-1}) = 0$$

$$\Rightarrow [H_3O^+]^2 + 158 \times 10^{-4}[H_3O^+] - 238 \times 10^{-5} = 0$$

On résout : $\Delta = b^2 - 4ac = 9{,}52 \times 10^{-5}$.

d'où : $$[H_3O^+] = \frac{-b \pm \sqrt{\Delta}}{2a} = 4,8 \times 10^{-3} \quad \text{ou} \quad -4,9 \times 10^{-3} \text{ mol} \cdot \text{L}^{-1}$$

Seule la concentration positive a un sens physique, donc :

$$[H_3O^+] = 4,8 \times 10^{-3} \text{ mol} \cdot \text{L}^{-1}$$

Le pH vaut donc :

$$\text{pH} = -\log(4,8 \times 10^{-3}) = 2,3$$

Supposons maintenant que l'acide méthanoïque soit, en plus, peu dissocié. Cela signifie que la concentration de sa base conjuguée est faible, devant la concentration C_a, ce qui est réalisé ici puisque $C_a > 10\,[HCOO^-]$ (rappelons qu'une concentration peut être négligée devant une autre si elle est au moins dix fois plus faible). On peut donc écrire :

$$C_a \approx [HCOOH]$$

L'expression de la constante d'acidité devient alors :

$$K_a = \frac{[H_3O^+]^2}{C_a} \quad \text{soit} \quad [H_3O^+] = \sqrt{K_a \cdot C_a} = (K_a \cdot C_a)^{1/2}$$

Le pH devient alors :

$$-\log\,[H_3O^+] = \text{pH} = 1/2\,(\text{p}K_a - \log C_a)$$

On retrouve la formule générale d'une solution d'acide faible. L'application numérique donne :

$$\text{pH} = 1/2\,(3,8 - \log 0,15) = 2,3$$

On retrouve la même valeur de pH, ce qui confirme la validité de la 2e approximation, donc de la formule.

Remarque

Si $C_a > 10\,[HCOO^-]$, avec $[HCOO^-] = [H_3O^+] = c\sqrt{K_a \cdot C_a}$, on a donc :

$C_a > 10\,\sqrt{K_a \cdot C_a}$ soit $(C_a)^2 > 100\,K_a \cdot C_a$, d'où $C_a > 100\,K_a$, ce qui est la condition pour que la 2e approximation soit satisfaite, donc pour pouvoir appliquer la formule. Dans le cas contraire, il faut résoudre l'équation du second degré.

6 Bonne(s) réponse(s) : e.

Pour faciliter l'écriture, on notera AH/A^-, le couple $C_2H_5COOH/C_2H_5COO^-$. On a les réactions suivantes :

$$2\,H_2O = H_3O^+ + OH^-$$
$$A^- + H_2O = AH + H_3O^+$$

On dispose des relations suivantes :

- constante d'acidité : $K_a = \dfrac{[A^-] \cdot [H_3O^+]}{[AH]}$
- produit ionique de l'eau : $K_e = [H_3O^+] \cdot [OH^-]$
- électroneutralité : $[H_3O^+] + [Na^+] = [A^-] + [OH^-]$
- bilan de matière : $C_b = [A^-] + [AH]$

D'après la loi de modération de Le Châtelier, les ions hydroxyde qui proviennent de la réaction de protonation de la base, vont déplacer l'équilibre d'autoprotolyse de l'eau dans le sens inverse. On peut donc négliger les ions qui proviennent de la dissociation de l'eau, ce qui conduit à l'approximation :

$$[Na^+] \approx [A^-] + [OH^-] \quad \text{avec } [Na^+] = C_b$$

donc : $C_b - [OH^-] = [A^-]$

or : $C_b - [AH] = [A^-]$

d'où : $C_b - [OH^-] = C_b - [AH]$

soit : $[OH^-] = [AH]$

Si de plus, la base est assez faible, et peu diluée, on peut faire la deuxième approximation : $[OH^-] << [A^-]$.

Le bilan de matière devient alors : $C_b \approx [A^-]$.

La constante d'acidité s'écrit alors :

$$K_a = \frac{C_b[H_3O^+]}{[OH^-]} = \frac{C_b[H_3O^+]^2}{K_e}$$

d'où : $[H_3O^+] = (K_a \cdot K_e / C_b)^{1/2}$

soit : $pH = 1/2\,(pK_a + pKe + \log C_b)$

On calcule $pH = 1/2\,(4{,}88 + 14 + \log 0{,}2) = 9{,}1$.

On vérifie les approximations :

$$[H_3O^+] = 10^{-9{,}1} = 8{,}12 \times 10^{-10}\ mol \cdot L^{-1}$$

$$[OH^-] = \frac{K_e}{[H_3O^+]} = \frac{10^{-14}}{8{,}12 \times 10^{-10}} = 1{,}23 \times 10^{-5}\ mol \cdot L^{-1}$$

On a donc bien $[H_3O^+]$ négligeable devant $[OH^-]$.

De même :

$$[AH] = [OH^-] = 1{,}23 \times 10^{-5}\ mol \cdot L^{-1}$$

La concentration $[AH]$ est donc bien négligeable devant C_b.

7 Bonne(s) réponse(s) : a.

La solution d'acide chlorhydrique contient des ions H_3O^+ et Cl^- provenant de la dissolution de la molécule HCl :

$$HCl + H_2O \rightarrow H_3O^+ + Cl^-$$

Il y a bien sûr, l'autoprotolyse de l'eau :

$$H_2O + H_2O = H_3O^+ + OH^-$$

Cet équilibre est déplacé dans le sens inverse (vers la gauche), compte tenu de l'introduction des ions hydronium de l'acide (loi de modération).

La solution d'éthylamine contient un mélange de la base et de son acide conjugué, ainsi que des ions hydroxyde d'après l'équation de dissolution :

$$C_2H_5NH_2 + H_2O = C_2H_5NH_3^+ + OH^-$$

Les ions hydroxyde provenant de cette dissolution déplacent l'autoprotolyse de l'eau dans le sens inverse (loi de modération).

L'équation de la réaction de neutralisation correspondant au mélange des deux solutions est :

$$C_2H_5NH_2 + H_3O^+ = C_2H_5NH_3^+ + H_2O$$

On a :

$$n_a = C_a \cdot V_a = 0{,}2 \times 200 \times 10^{-3} = 4 \times 10^{-2} \text{ mol}$$

De même :

$$n_b = C_b \cdot V_b = 0{,}2 \times 200 \times 10^{-3} = 4 \times 10^{-2} \text{ mol}$$

On voit que les réactifs sont apportés dans les proportions stœchiométriques, puisque $n_a = n_b$: ils sont donc totalement consommés par la réaction.

On a, d'après l'équation bilan, formé $n_a = n_b$ mol de l'acide conjugué de l'éthylamine. La solution de mélange devient donc une solution d'acide faible $C_2H_5[NH_3^+]$, ce qui correspond aux équations :

$$C_2H_5NH_3^+ + H_2O = C_2H_5NH_2 + H_3O^+$$

$$2\,H_2O = H_3O^+ + OH^-$$

Les ions hydronium du premier équilibre vont déplacer l'autoprotolyse de l'eau dans le sens inverse (loi de modération) : on négligera donc les H_3O^+ qui proviennent du deuxième équilibre, et on applique la formule du pH d'une solution d'acide faible :

$$pH = 1/2(pK_a - \log C_a)$$

Ici : $$C_a = \frac{n_a}{v_a + v_b}$$

donc : $$pH = 1/2\left(pK_a - \log\frac{n_a}{v_a + v_b}\right)$$

soit : $$pH = 1/2\left(10{,}8 - \log\frac{4 \times 10^{-5}}{200 \times 10^{-3} + 200 \times 10^{-3}}\right) = 5{,}9$$

8 Bonne(s) réponse(s) : b.

On a $[H_3O^+] \cdot [OH^-] = K_e$ et, dans l'eau pure, l'électroneutralité s'écrit :

$[H_3O^+] = [OH^-]$ donc le produit ionique devient $K_e = [H_3O^+]^2$;

d'où $[H_3O^+] = \sqrt{K_e} = \sqrt{2{,}4 \times 10^{-14}} = 1{,}54 \times 10^{-7}$ mol · L^{-1}.

Le pH de l'eau pure, donc le pH neutre, qui correspond à des concentrations égales en ions hydronium et hydroxyde, est :

$$pH = -\log[H_3O^+] = -\log(1{,}54 \times 10^{-7}) = 6{,}81$$

Donc, comme $pH_1 < 6{,}81$, la solution 1 est acide (faiblement).

On a $pH_2 > 6{,}81$ et $pH_3 > 6{,}81$, donc les solutions 2 et 3 sont basiques.

9 Bonne(s) réponse(s) : e.

Les équations de dissolution des acides sont :

$$HCl + H_2O \rightarrow H_3O^+ + Cl^-$$

$$HNO_3 + H_2O \rightarrow H_3O^+ + NO_3^-$$

On a bien sûr l'autoprotolyse de l'eau :

$$2\,H_2O \rightarrow H_3O^+ + OH^-$$

Cet équilibre est déplacé dans le sens inverse par l'introduction des ions hydronium qui proviennent des acides : on peut donc négliger les ions hydronium de la dissociation de l'eau. On considère donc que les H_3O^+ ne proviennent que des acides forts dissociés. On a donc :

$$[H_3O^+] = \{n_1(H_3O^+) + n_2(H_3O^+)\} / \{V(HCl) + V(HNO_3) + V(H_2O)\}$$

soit, plus simplement : $[H_3O^+] = (n_1 + n_2)/(V_1 + V_2 + V_3)$

ce qui s'écrit : $$[H_3O^+] = \frac{10^{-pH_1} \times V_1 + 10^{-pH_2} \times V_2}{V_1 + V_2 + V_3}$$

soit : $$[H_3O^+] = \frac{10^{-1,45} \times 0,04 + 10^{-1,85} \times 0,12}{0,04 + 0,12 + 0,10} = 1,2 \times 10^{-2}\ mol \cdot L^{-1}$$

Le pH est donc : $pH = -\log [H_3O^+] = -\log (1,2 \times 10^{-2}) = 1,92$

10 1. Bonne(s) réponse(s) : d.

Il s'agit de mélanger les deux solutions, ce qui conduit à un mélange de l'acide éthanoïque et de sa base conjuguée, satisfaisant à la relation d'Henderson :

$$pH = pK_a + \log \left(\frac{C_b \cdot V_b}{C_a \cdot V_a}\right)$$

$$\Rightarrow 5,2 = 4,8 + \log \left(\frac{0,075 \times V_b}{0,05 \times 100}\right)$$

$$\Rightarrow 0,4 = \log \left(\frac{0,075 \times V_b}{5}\right)$$

$$\Rightarrow 0,4 = \log \left(\frac{0,075}{5}\right) + \log (V_b)$$

$$\Rightarrow 0,4 = \log (0,015) + \log (V_b)$$

$$\Rightarrow \log (V_b) = 2,22$$

$$\Rightarrow V_b = 10^{2,22} \approx 167,5\ mL$$

2. Bonne(s) réponse(s) : b.

La réaction qui se produit quand on mélange les deux solutions est :

$$CH_3COOH + OH^- \rightarrow CH_3COO^- + H_2O$$

C'est une réaction totale (la base est une espèce forte). Exprimons les concentrations molaires en acide et base conjuguée, pour un volume V_b de soude ajouté :

$$[CH_3COOH] = \frac{n_{initial} - n_{réagi}}{V_a + V_b}$$

Or, d'après l'équation bilan : $n_{\text{réagi}} = C_b \cdot V_b$ et $n_{\text{initiale}} = C_a \cdot V_a$.

On a donc :

$$[CH_3COOH] = \frac{C_a \cdot V_a - C_b \cdot V_b}{V_a + V_b}$$

De même, toujours d'après l'équation bilan :

$$[CH_3COO^-] = \frac{C_b \cdot V_b}{V_a + V_b}$$

La relation d'Henderson s'écrit donc :

$$pH = pK_a + \log\left(\frac{C_a \cdot V_a - C_b \cdot V_b}{C_b \cdot V_b}\right)$$

$$\Rightarrow 5{,}2 = 4{,}8 + \log\left(\frac{0{,}005 \times 0{,}100 - 0{,}075 \cdot V_b}{0{,}075 \cdot V_b}\right)$$

$$\Rightarrow 0{,}4 = \log\left(\frac{0{,}005 - 0{,}075 \cdot V_b}{0{,}075 \cdot V_b}\right)$$

$$\Rightarrow 0{,}4 = \log\left(\frac{0{,}005}{0{,}075 \cdot V_b} - 1\right)$$

$$\Rightarrow 10^{0{,}4} + 1 = \frac{0{,}005}{0{,}075 \cdot V_b}$$

$$\Rightarrow V_b = \frac{0{,}005}{0{,}075(10^{0{,}4} + 1)} \approx 0{,}0189 \text{ L} = 18{,}9 \text{ mL}$$

11 **1. Bonne(s) réponse(s) : a.**

Il s'agit d'une solution d'acide faible (puisqu'il y a des constantes d'acidité !), donc on peut écrire :

$$pH = 1/2(pKa_1 - \log C_a) = 1/2\ (1{,}8 - \log 0{,}01) = 1{,}9$$

2. Les approximations sont :

- la solution est acide donc on néglige les ions hydroxyde devant les ions hydronium ;
- le premier équilibre correspond à :

$$H_2SO_3 + H_2O = HSO_3^- + H_3O^+$$

comme l'acide est faible, on peut considérer qu'il est peu dissocié, et que la concentration en base conjuguée HSO_3^- est négligeable devant celle de l'acide ;

- dans le calcul du pH, on a utilisé la première constante d'acidité ce qui signifie qu'on a négligé la deuxième acidité devant la première : cela est justifié par le fait que $Ka_1 = 10^{-1,8}$ est très supérieure à $Ka_2 = 10^{-7,2}$.

3. a. Bonne(s) réponse(s) : b.

On a les équilibres suivants :

$$HSO_3^- + H_2O = H_2SO_3 + OH^-$$

$$HSO_3^- + H_2O = SO_3^{2-} + H_3O^+$$

$$2\,H_2O = H_3O^+ + OH^-$$

On dispose des relations habituelles :

- constantes d'acidité : $Ka_1 = \frac{[HSO_3^-] \cdot [H_3O^+]}{[H_2SO_3]}$ et $Ka_2 = \frac{[SO_3^{2-}] \cdot [H_3O^+]}{[HSO_3^-]}$
- électroneutralité : $[Na^+] + [H_3O^+] = [HSO_3^-] + 2[SO_3^{2-}] + [OH^-]$
- bilan de matière : $c = [Na^+] + [HSO_3^-] + [SO_3^{2-}] + [H_2SO_3]$

Les deux premiers équilibres conduisent à la formation d'ions hydronium et d'ions hydroxyde, qui peuvent réagir ensemble pour donner de l'eau.

Les concentrations de ces deux ions sont donc négligeables, et l'électroneutralité devient :

$$[Na^+] = [HSO_3^-] + 2[SO_3^{2-}]$$

donc en identifiant avec le bilan de matière :

$$[SO_3^{2-}] = [H_2SO_3]$$

Si on effectue le produit des constantes d'acidité :

$Ka_1 \cdot Ka_2 = \frac{[SO_3^{2-}] \cdot [H_3O^+]^2}{[H_2SO_3]}$, soit, d'après l'égalité qui précède :

$$Ka_1 \cdot Ka_2 = [H_3O^+]^2$$

Le pH s'écrit alors :

$$pH = 1/2(pKa_1 + pKa_2) = 1/2(1{,}8 + 7{,}2) = 4{,}5$$

3. b. Bonne(s) réponse(s) : e.

Le pH est le même, puisqu'il ne dépend pas de la concentration.

12 **1. Bonne(s) réponse(s) : b.**

On est en présence d'une solution d'acide faible, donc le pH vaut :

$$pH = 1/2(pK_a - \log C_a) = 1/2(-\log K_a - \log C_a) = 1/2(3 + 1) = 2$$

2. Bonne(s) réponse(s) : b.

La dissolution de l'acide donne :

$$HF + H_2O = F^- + H_3O^+$$

On voit que le deuxième équilibre consomme les ions fluorure produits par celui-ci : d'après la loi de modération, l'équilibre de dissolution est déplacé vers la droite, ce qui augmente la concentration des ions hydronium; le pH va donc diminuer.

13 **Bonne(s) réponse(s) : b., d., e., f. et g.**

a. Par définition, c'est à l'équivalence que les réactifs sont dans les proportions stoechiométriques.

b. L'acide chlorhydrique est un acide fort, puisqu'il n'a pas de constante d'acidité et la soude une base forte; ils se dissocient totalement en solution aqueuse.

c. L'acide et la base sont totalement dissociés selon :

$HCl + H_2O \rightarrow H_3O^+ + Cl^-$

$NaOH \xrightarrow{H_2O} Na^+ + HO^-$

Les ions nitrate et sodium sont spectateurs ; on a donc l'équation bilan de dosage :

$H_3O^+ + HO^- \rightarrow 2\,H_2O$

d. La zone de virage de cet indicateur coloré est (6,0 ; 7,6) ; elle contient donc le pH équivalent, voisin de 7, à température ambiante : c'est la condition d'utilisation d'un indicateur pour doser.

e. Ce saut de pH, quasi vertical, se produit au voisinage de l'équivalence : on peut appliquer la méthode graphique des tangentes pour déterminer le pH équivalent.

f. Cette méthode s'applique principalement au dosage d'un acide fort par une base forte.

g. On a, d'après l'équation bilan, la réaction entre les ions hydroxyles et hydronium, qui appartiennent aux couples acido-basiques (H_2O / HO^-) et (H_3O^+ / H_2O) ; on a donc $\Delta pKa = 14 - 0 = 14$; or une réaction est considérée totale si $\Delta pKa \geq 4$, ce qui est le cas ici.

14 Bonne(s) réponse(s) : a., c. et g.

a. D'après l'équation bilan équimolaire et puisque l'équivalence correspond aux proportions stoechiométriques.

b. A l'équivalence, le pH est neutre, c'est-à-dire que :

$$[HO^-] = [H_3O^+], \text{ d'où } Ke = [HO^-] \times [H_3O^+] = [H_3O^+]^2$$
$$\Rightarrow pKe = -\log Ke = -\log \{[H_3O^+]^2\}$$
$$\Rightarrow pKe = -2 \log [H_3O^+] = 2\,pH$$
$$\Rightarrow pH = (1/2)\,pKe \text{ or } pKe = pKa(H_2O / HO^-)$$
$$\text{d'où } pH = (1/2)\,pKa(H_2O / HO^-) = 0{,}5\,pKa(H_2O / HO^-)$$

c. D'après ce qui précède :

$$pH = (1/2)\,pKe = (1/2)\,pKa(H_2O / HO^-)$$
$$\Rightarrow pH = 14/2 = 7$$

d. A l'équivalence, on a :

$$n_{HO^-}\text{ (versé)} = n_{H_3O^+}\text{ (initial)}$$
$$\Rightarrow C_1 V_1 = C_2 V_2$$
$$\Rightarrow C_1 = (C_2 V_2) / V_1 = (0{,}035 \times 45) / 30 = 0{,}0525 \text{ mol} \cdot L^{-1}$$

e. Après l'équivalence, les ions hydroxyles versés sont en excès :

donc n_{HO^-} (versé) > $n_{H_3O^+}$ (initial)

f. Calculons la concentration en ions hydronium, afin de déterminer le pH :

$$[H_3O^+] = \{n_{H_3O^+}\text{ (initial)} - n_{H_3O^+}\text{ (réagi)}\} / V\text{total}$$
$$\Rightarrow [H_3O^+] = \{C_1V_1 - C_2v\} / (V_1 + v)$$
$$\Rightarrow pH = -\log [H_3O^+] = -\log \{(C_1V_1 - C_2v) / (V_1 + v)\}$$
$$\Rightarrow pH = -\log \{(0{,}0525 \times 0{,}030 - 0{,}035 \times 0{,}015) / (0{,}030 + 0{,}015)\}$$
$$\Rightarrow pH = -2{,}98$$

g. Après l'équivalence, les ions hydroxyles sont en excès ; calculons leur concentration :

$$[HO^-] = \{n_{HO^-}\text{ (versé)} - n_{HO^-}\text{ (réagi)}\} / V\text{total}$$
$$\Rightarrow [HO^-] = \{n_{HO^-}\text{ (versé)} - n_{H_3O^+}\text{ (initial)}\} / V\text{total}$$
$$\Rightarrow [HO^-] = \{C_2 v - C_1 V_1\} / (V_1 + v)$$
$$\text{On a } Ke = [HO^-] \times [H_3O^+] :$$
$$\Rightarrow [H_3O^+] = Ke / [HO^-] = Ke \times \{(V_1 + v) / (C_2 v - C_1 V_1)\}$$
$$\Rightarrow [H_3O^+] = 10^{-14} \times \{(30 + 50)\,10^{-3} / (0{,}035 \times 0{,}050 - 0{,}0525 \times 0{,}030)\}$$
$$\Rightarrow [H_3O^+] = 1{,}06 \cdot 10^{-12} \text{ mol} \cdot L^{-1}$$

On calcule donc le pH $- \log [H_3O^+] = - \log(1,06 \cdot 10^{-12}) = 11,97$.

15 Bonne(s) réponse(s) : f.

Commentaire : on a conservation de la quantité de matière au cours de la dilution ; on a donc $CV = C'V'$

soit $V = (C'V')/C$

$V = (1 \cdot 10^{-4} \times 0,100)/2,5 \cdot 10^{-3}$

$V = 4.10^{-3}$ L = 4 mL.

16 Bonne(s) réponse(s) : b.

Commentaire : on a l'équation d'Henderson

$$pH = pK_a + \log\{[HCO_3^-]/[CO_2]\}$$

soit $\log\{[HCO_3^-]/[CO_2]\} = pH - pK_a$

donc $[HCO_3^-]/[CO_2] = 10^{pH - pK_a}$

d'où $[CO_2] = [HCO_3^-]/10^{pH - pK_a}$

soit $[CO_2] = (27 \cdot 10^{-3})/10^{7,4 - 6,1} = 1,35 \cdot 10^{-3}$ mol · L^{-1}.

Oxydoréduction

8

Plan

Objectifs

- Savoir reconnaître et équilibrer une réaction redox
- Comprendre la notion de potentiel redox
- Savoir appliquer la relation de Nernst
- Connaître les réactions des piles et des électrolyses
- Savoir déterminer le sens d'évolution d'une réaction redox

1. Définitions

Les métaux s'ionisent facilement pour former des cations : on dit qu'ils sont **électro-positifs**.

Exemple

$$Cu^{2+}, Fe^{2+}, Fe^{3+}$$

Un métal peut réagir avec un cation métallique, comme :

$$Zn + 2\,Ag^+ \rightarrow Zn^{2+} + 2\,Ag$$

Il s'agit d'une réaction d'oxydoréduction, et les couples cation/métal Zn^{2+}/Zn et Ag^+/Ag sont des couples oxydant/réducteur.

On appelle **oxydation** une réaction au cours de laquelle une espèce perd un ou plusieurs électrons.

On appelle **réduction** une réaction au cours de laquelle une espèce gagne un ou plusieurs électrons.

Comme il y a conservation de la matière, les électrons perdus par un composé sont toujours gagnés par un autre composé : l'oxydation et la réduction se produisent donc toujours simultanément.

On appelle **oxydoréduction** une réaction au cours de laquelle se produisent simultanément une réduction et une oxydation.

L'espèce qui capte les électrons est appelée **oxydant** (ou forme oxydée). L'espèce qui cède les électrons est appelée **réducteur** (ou forme réduite).

On décompose l'équation d'oxydoréduction en deux demi-équations électroniques, faisant intervenir les électrons échangés et les couples redox en jeu. Par exemple, pour la réaction précédente, on écrit :

$$Ag^{+} + e^{-} = Ag$$

$$Zn^{2+} + 2\,e^{-} = Zn$$

On peut écrire ces demi-équations dans n'importe quel sens, car selon les conditions expérimentales, c'est l'oxydant ou le réducteur qui réagit.

Comme le nombre d'électrons reçus est égal au nombre d'électrons cédés, on doit donc multiplier la première demi-équation par 2, d'où :

$$(Ag^{+} + e^{-} = Ag) \times 2$$

soit :

$$2\,Ag^{+} + 2\,e^{-} = 2\,Ag$$

On réécrit la 2e demi-équation dans le sens correspondant aux conditions expérimentales, d'où :

$$Zn = Zn^{2+} + 2\,e^{-}$$

Enfin, on additionne membre à membre les 2 demi-équations, ce qui donne :

$$Zn + 2\,Ag^{+} \rightarrow Zn^{2+} + 2\,Ag$$

À noter

Les demi-équations traduisent un formalisme qui ne correspond pas à la réalité, puisqu'au cours de la réaction les électrons ne se retrouvent pas isolés des atomes.

Il existe d'autres couples redox que les couples cation métallique/métal; on peut considérer, par exemple, les couples MnO_4^-/Mn^{2+} ou $Cr_2O_7^{2-}/Cr^{3+}$ en milieu aqueux et acide. On équilibre alors les demi-équations électroniques en ajustant avec H_2O et H^+ et le nombre d'électrons nécessaire. Par exemple :

$$Cr_2O_7^{2-} + 14\,H^{+} + 6\,e^{-} = 2\,Cr^{3+} + 7\,H_2O$$

On ajuste le nombre de chrome (coefficient 2). On ajoute 7 molécules d'eau pour équilibrer le nombre d'atomes d'oxygène. On ajoute les ions H^+ pour équilibrer les atomes d'hydrogène des molécules d'eau. Enfin, on ajoute le nombre d'électrons nécessaire afin que la charge globale soit bien la même, dans les deux membres de l'équation.

Si on est en milieu aqueux et basique, on reprend la demi-équation précédente (en milieu acide), et on ajoute 14 OH^- dans les deux membres. Les ions hydroxyde « vont neutraliser » les ions oxonium pour donner des molécules d'eau et on obtient :

$$Cr_2O_7^{2-} + 7\,H_2O + 6\,e^{-} = 2\,Cr^{3+} + 14\,OH^{-}$$

2. Générateurs électrochimiques

Ce type de générateur convertit l'énergie chimique en énergie électrique. On distingue les piles des accumulateurs qui peuvent être rechargés un grand nombre de fois. On appelle **f.é.m. (force électromotrice)** et on note ΔE la tension aux bornes du générateur quand il ne débite pas de courant. Le générateur possède une borne positive P et une borne négative N. La tension U_{PN} s'écrit alors :

$$U_{PN} = \Delta E - rI$$

r est la résistance interne du générateur en ohms (Ω).

I est l'intensité du courant qui traverse le générateur en ampères (A).

Les tensions U_{PN} et ΔE s'expriment en volts (V).

La quantité d'électricité (ou charge) Q transportée par un courant d'intensité I pendant une durée Δt est :

$Q = I \times \Delta t$ avec Q en coulombs (C) et Δt en secondes (s).

On calcule la charge d'une mole d'électrons :

$$Q = \mathrm{N_A} \times (-e) = 6{,}02 \times 1\,023 \times (-1{,}6 \times 10^{-19}) = -96\,500 \text{ C}$$

On définit le **Faraday** comme la valeur absolue de la charge d'une mole d'électrons, d'où :

$$1\ F = 96\,500 \text{ C}$$

On appelle **capacité C** d'un générateur la quantité d'électricité qu'il peut fournir avant d'être déchargé.

On peut considérer qu'une pile est constituée de deux demi-piles reliées par un pont de jonction formé d'un milieu ionique concentré, permettant la continuité du circuit.

Les demi-piles peuvent être de différents types, et chacune d'entre elles correspond à un couple redox :

a) On fabrique une demi-pile en trempant une électrode inerte de platine ou de graphite dans une solution contenant l'oxydant et le réducteur conjugué d'un couple.

La demi-équation électronique du couple, donc de la demi-pile est :

$$Fe^{3+} + e^- = Fe^{2+}$$

On peut écrire cette demi-équation dans un sens ou dans l'autre, car selon l'autre demi-pile que l'on va associer à celle-ci, on observera une oxydation ou une réduction.

b) On fabrique une demi-pile en trempant une électrode métallique (réducteur) dans une solution contenant son oxydant conjugué.

La demi-équation électronique du couple, donc de la demi-pile est :

$$Ag^+ + e^- = Ag$$

On peut écrire cette demi-équation dans un sens ou dans l'autre, car selon l'autre demi-pile que l'on va associer à celle-ci, on observera une oxydation ou une réduction.

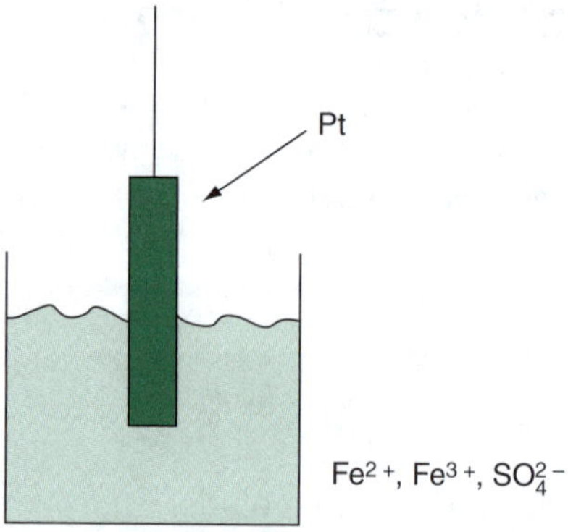

Figure 8.1 Schéma de la demi-pile 1.

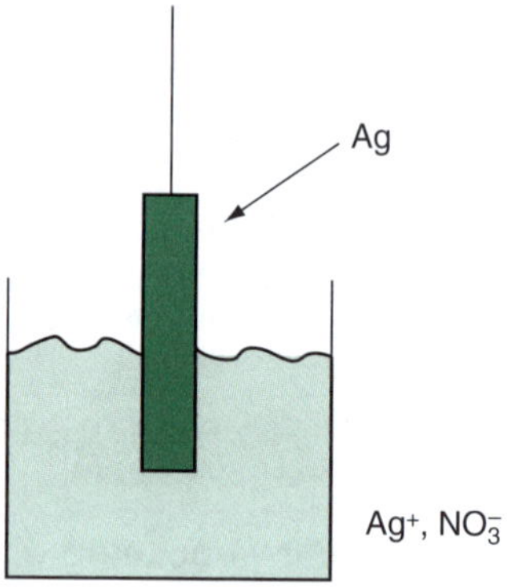

Figure 8.2 Schéma de la demi-pile 2.

c) On peut fabriquer une demi-pile avec le couple H^+/H_2 ; c'est la demi-pile à hydrogène, qui sert de référence.

La demi-équation électronique du couple, donc de la demi-pile est :

$$2\ H^+ + 2\ e^- = H_{2\ (g)}$$

On peut écrire cette demi-équation dans un sens ou dans l'autre, car selon l'autre demi-pile que l'on va associer à celle-ci, on observera une oxydation ou une réduction. On voit que la difficulté, pour ce couple, est que le réducteur est un gaz (le dihydrogène) : il ne peut donc pas servir d'électrode, comme dans la demi-pile précédente. On utilise donc une électrode de platine inattaquable.

L'électrode de platine est recouverte de noir de platine qui est très poreux, et sur lequel les molécules de dihydrogène peuvent se fixer, afin de pouvoir ainsi échanger des électrons. Si le pH est égal à zéro, et que la pression de H_2 vaut 1 bar, on parle d'**électrode normale** à hydrogène, ou d'**électrode standard** à hydrogène.

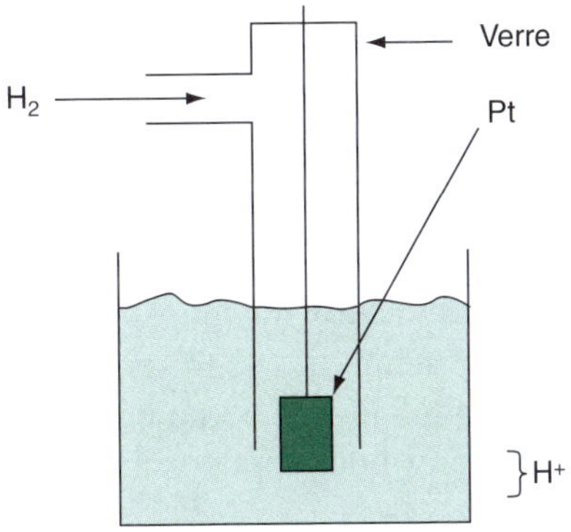

Figure 8.3 Schéma de la demi-pile 3.

A cause du gaz, l'électrode à hydrogène est d'un emploi peu pratique : on utilise donc comme référence l'électrode au calomel $\mathbf{Hg_2Cl_2}$ (*figure 8.4*). Cette électrode implique le couple (Mercure(+ I) / Mercure(0)liquide) en présence d'ions Cl^-.

Quand on associe deux demi-piles, on forme une pile dont le fonctionnement est dû à une réaction **spontanée** d'oxydoréduction mettant en jeu les deux couples redox de chaque demi-pile. **La réaction se produit entre l'oxydant le plus fort et le réducteur le plus fort.** La réaction ne se déroule que quand la pile débite un courant.

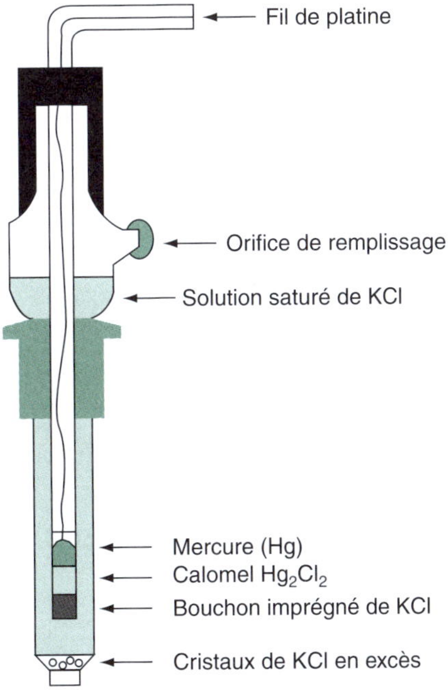

Figure 8.4 Schéma de l'électrode au calomel.

La f.é.m. de la pile s'écrit alors :

$$\Delta E = E^{+} - E^{-}$$

- E^{+} est le potentiel du pôle positif de la pile et E^{-} le potentiel du pôle négatif.
- E^{+} représente aussi le **potentiel redox** du couple formant la demi-pile correspondant à la borne positive. De même, E^{-} représente le potentiel redox du couple formant la demi-pile correspondant à la borne négative. Prenons l'exemple de la pile Daniell, dont les deux demi-piles sont constituées avec les couples Zn^{2+}/Zn et Cu^{2+}/Cu.

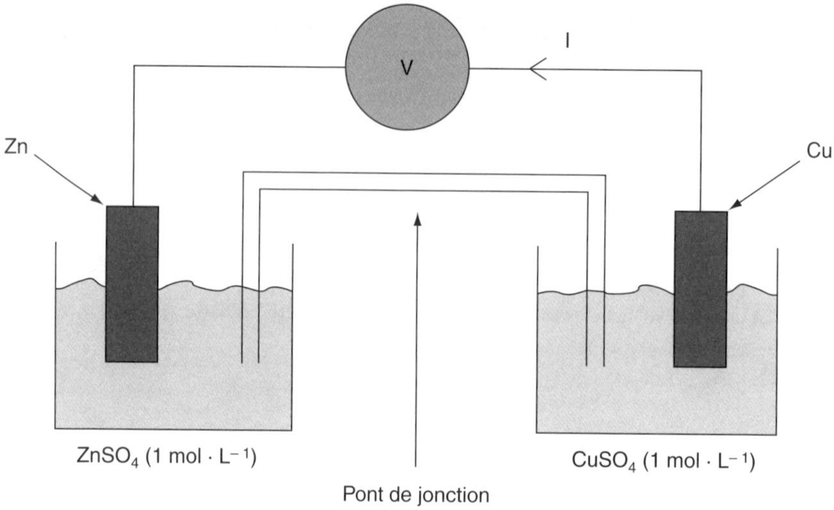

Figure 8.5 Schéma de la pile Daniell.

Le pont de jonction contient du nitrate de potassium (KNO_3) et de l'agar-agar (gélifiant). Le voltmètre indique le sens du courant, qui va du cuivre vers le zinc, donc les électrons circulent du zinc vers le cuivre. Comme le courant circule de la borne positive vers la borne négative, Cu est le pôle + et Zn le pôle –. Si des électrons quittent l'électrode métallique Zn, cela signifie qu'il s'est produit l'oxydation :

$$Zn \rightarrow Zn^{2+} + 2\,e^{-}$$

De même, si des électrons arrivent sur l'électrode métallique Cu, cela signifie qu'il s'est produit la réduction :

$$Cu^{2+} + 2\,e^{-} \rightarrow Cu$$

La réaction globale de fonctionnement de la pile est la somme des demi-équations des demi-piles, soit :

$$Zn + Cu^{2+} \rightarrow Zn^{2+} + Cu$$

On voit que le zinc est oxydé et que le cuivre est réduit : cela signifie que, dans les conditions de l'expérience, Cu^{2+} est un oxydant plus fort que Zn^{2+}. Par ailleurs, le voltmètre (de très grande résistance, donc courant négligeable) indique que la f.é.m. de la pile vaut :

$$\Delta E = E^{+} - E^{-} = 1{,}1 \text{ V}$$

Bien sûr, E^{+} est supérieur à E^{-}, ce qui signifie que le potentiel redox du couple Cu^{2+}/Cu, dans les conditions de l'expérience, est supérieur au potentiel du couple Zn^{2+}/Zn. La connaissance des potentiels redox des couples nous indique donc dans quel sens la réaction spontanée d'oxydoréduction se produit. Les potentiels redox se calculent à partir de la relation de Nernst.

3. Relation de Nernst

Les potentiels redox des couples oxydant/réducteur dépendent de la température, de la pression, et des concentrations des espèces. Écrivons la demi-équation électronique générale :

$$\text{a Ox} + \text{b B} + n\,e^{-} = \text{c C} + \text{d Réd}$$

On peut alors démontrer que le potentiel redox du couple s'écrit :

$$E = E°(\text{Ox/Réd}) + \frac{RT}{nF}\ln\frac{[\text{Ox}]^{a}\cdot[\text{B}]^{b}}{[\text{C}]^{c}\cdot[\text{Réd}]^{d}}$$

- $E°$(Ox/Réd) est le **potentiel redox normal ou standard**, c'est-à-dire le potentiel quand les concentrations son égales à 1 mol · L^{-1}. Le potentiel $E°$ ne dépend que de la température, que l'on prend, en général, égale à 298 K. Les valeurs des $E°$ sont consignées dans des tables.
- R est la constante des gaz parfaits, égale à 8,31 Pa · m^{-3} · mol^{-1} · K^{-1}.
- F représente 1 Faraday, soit 96 500 C.
- n est le nombre d'électrons échangés.
- T est la température absolue (en K).

On préfère souvent écrire la **relation de Nernst** avec le logarithme décimal et en remplaçant les constantes R, T et F par leurs valeurs numériques :

$$E = E°(\text{Ox/Réd}) + (0{,}06/n)\ln\frac{[\text{Ox}]^{a}\cdot[\text{B}]^{b}}{[\text{C}]^{c}\cdot[\text{Réd}]^{d}}$$

À noter

Dans l'expression du potentiel de Nernst, on indique uniquement les espèces dont on peut définir les concentrations, ce qui signifie que les solides (les métaux réducteurs) n'y apparaissent pas. En réalité, en toute rigueur, ce sont les activités qui interviennent (les activités des solides valent 1), mais avec une bonne approximation, on pourra prendre les concentrations.

L'électrode à hydrogène sert de référence pour l'échelle des potentiels redox dont l'origine est le potentiel de l'électrode standard à hydrogène. On a donc :

$$E°(H^{+}/H_2) = 0{,}00 \text{ V}$$

Si on exprime le potentiel redox de l'électrode à hydrogène, à partir de la relation de Nernst, on peut montrer, qu'à la pression p (H_2) = 1 bar, il s'écrit :

$$E = E°(H^{+}/H_2) - 0{,}06 \text{ pH}$$

On voit que si la concentration en H^+ vaut 1 mol · L^{-1}, le pH vaut 0 et on retrouve bien $E = E°$. On appelle potentiel standard apparent et on note $E°'$ ou $E'°$ la valeur du potentiel de l'électrode à hydrogène à un pH donné (toujours pour p (H_2) = 1 bar).

Ainsi, à pH = 12, le potentiel standard apparent vaut :

$$E'° = 0{,}00 - 0{,}06\ (12) = -\ 0{,}72 \text{ V}$$

Si on considère la demi-pile (ou électrode) constituée par du platine trempant dans une solution acide contenant un mélange d'ions permanganate MnO_4^- et de son réducteur conjugué, Mn^{2+}, la demi-équation électronique s'écrit :

$$MnO_4^- + 8\ H^+ + 5\ e^- = Mn^{2+} + 4\ H_2O$$

Le potentiel redox, selon Nernst, s'écrit alors :

$$E = E° + 0{,}06/5 \log\left\{\frac{[MnO_4^-]\cdot[H^+]^8}{[Mn_2^+]}\right\}$$

On voit que la concentration des ions hydronium intervient dans l'expression du potentiel, donc ce dernier dépend du pH. De plus, l'eau étant le solvant, sa concentration peut être considérée comme constante : elle est donc déjà intégrée dans $E°$.

4. État d'équilibre

Considérons la réaction générale d'oxydoréduction suivante :

$$a\ Ox_1 + b\ Red_2 = c\ Red_1 + d\ Ox_2$$

On admet que la variation d'enthalpie libre, associée à cette transformation, s'écrit :

$$\Delta G = \Delta G° + RT \ln \frac{[Red_1]^c \cdot [Ox_2]^d}{[Ox_1]^a \cdot [Red_2]^b} \qquad \textbf{(a)}$$

ou $\Delta G = \Delta G° + RT \ln Qr$ avec Qr quotient de réaction.

Quand le système a atteint l'état d'équilibre, on a $\Delta G = 0$ et $Qr = Qr, \text{eq} = K$, d'où :

$$\Delta G° + RT \ln K = 0$$

$$\Rightarrow \Delta G° = -\ RT \ln K$$

On admet que la variation d'enthalpie libre peut aussi s'exprimer, en fonction de la f.é.m. ΔE de la pile correspondant à la réaction d'oxydoréduction, selon :

$\Delta G = -n F \Delta E$ avec n nombre d'électrons échangés.

Dans les conditions standard, on a donc :

$$\Delta G^\circ = -n F \Delta E^\circ$$

En substituant dans **(a)** ces expressions de l'enthalpie libre, on obtient :

$$-nF\Delta E = -nF\Delta E^\circ + RT\ln\frac{[\mathrm{Red_1}]^c \cdot [\mathrm{Ox_2}]^d}{[\mathrm{Ox_1}]^a \cdot [\mathrm{Red_2}]^b}$$

$$\Rightarrow \Delta E = \Delta E^\circ + -(RT/nF)\ln\frac{[\mathrm{Red_1}]^c \cdot [\mathrm{Ox_2}]^d}{[\mathrm{Ox_1}]^a \cdot [\mathrm{Red_2}]^b}$$

(on retrouve la relation de Nernst)

À l'équilibre, la f.é.m. est égale à zéro, puisqu'on a égalité des potentiels ($E^+ = E^-$), et le quotient de réaction est égal à la constante d'équilibre K, d'où :

$$\Delta E = 0$$

$$\Rightarrow \Delta E^\circ - (RT/nF)\ln K = 0$$

$$\Rightarrow \Delta E^\circ = (RT/nF)\ln K$$

Remarque

Si on écrit une demi-équation associée à un couple redox 1, on peut toujours écrire la variation d'enthalpie libre standard, en considérant que l'on forme une pile avec le couple 2, H^+/H_2, dont le potentiel E° (H^+/H_2) est égal à 0,00 V. Cela correspond donc à la réaction : $Ox_1 + H_{2\,(g)} = red_1 + 2\,H^+$. La variation d'enthalpie libre standard associée est donc : $\Delta G^\circ = -2FE^\circ(ox_1/red_1)$.

5. Nombre d'oxydation

Il existe de nombreuses réactions en milieu non aqueux, appelées « oxydoréductions par voie sèche ». Ces transformations s'effectuent entre gaz, entre solides, entre gaz et solides, ou enfin en milieu fondu. Prenons l'exemple de l'oxydation du soufre, à l'état solide, par le dioxygène gazeux :

$$S + O_{2\,(g)} \rightarrow SO_{2\,(g)}$$

Au cours de cette réaction, le dioxygène est réduit et le soufre est oxydé (rappelons que le terme « oxydation » trouve son origine dans le mot oxygène !). Comme les espèces en jeu ne sont pas des composés ioniques, il est difficile de raisonner en terme d'échange d'électrons, car on ne peut identifier ni cations ni anions. On est donc amené à introduire la notion de **nombre** ou **degré d'oxydation**.

Par convention, on applique les règles suivantes, pour déterminer celui-ci :

- Le nombre d'oxydation (NO) d'un élément à l'état atomique est égal à 0.
- Le nombre d'oxydation (NO) d'un ion monoatomique est égal à sa charge.
- Dans un ion polyatomique la somme des NO des atomes constitutifs est égale à la charge de l'ion.
- Quand il existe une liaison covalente entre deux atomes, on attribue, par convention, le doublet de liaison à l'élément le plus électronégatif : il en découle une structure **ionique fictive**. Le NO de chaque élément est alors égal à la charge fictive qu'il porte.
- La somme algébrique des NO des atomes d'une molécule est égale à sa charge, c'est-à-dire qu'elle est nulle.

Le NO d'un élément dépend de la structure dans laquelle il est engagé. On écrit les NO en chiffres romains.

- Au cours de l'oxydation d'un élément, il y a augmentation du NO :

$$\underset{(0)}{Fe} \rightarrow \underset{(+\,II)}{Fe^{2+} + 2\,e^-}$$

- Au cours de la réduction d'un élément, il y a diminution du NO :

$$\underset{(+\,I)}{Ag^+ + e^-} \rightarrow \underset{(0)}{Ag}$$

Cela est valable pour toutes les oxydoréductions, même lorsqu'il n'y a pas un réel transfert d'électrons.

Exemple

$$\underset{(0)}{H_2} + \underset{(0)}{Cl_2} \rightarrow \underset{(+\,1)\,(-\,1)}{2H\text{—}Cl}$$

Il n'y a pas un réel transfert d'électrons, mais il s'agit bien d'une réaction d'oxydoréduction. En effet, il y a quand même un transfert partiel de charge. L'élément hydrogène a été oxydé, puisque son NO a augmenté. L'élément chlore a été réduit, puisque son NO a diminué.

6. Dosage redox

Doser (ou titrer) un corps A dans une solution, c'est déterminer la concentration molaire du corps A dans cette solution; on utilise pour cela un réactif qui donne avec A une réaction unique, quantitative et si possible rapide. Un dosage redox se fait par une oxydoréduction entre A et l'espèce chimique titrante. On peut réaliser ainsi une manganimétrie. Un dosage redox par manganimétrie utilise le couple MnO_4^-/Mn^{2+}. On peut, par exemple faire le dosage d'une solution aqueuse de dioxyde de soufre. On réalise une réaction entre les couples MnO_4^-/Mn^{2+} et SO_4^{2-}/SO_2. Le potentiel redox du couple MnO_4^-/Mn^{2+} vaut 1,51 V, alors que celui du couple est égal à 0,17 V. Les demi-équations électroniques, et l'équation globale sont donc :

$$(SO_2 + 2\ H_2O \rightarrow SO_4^{2-} + 4\ H^+ + 2\ e^-) \times 5$$

$$(MnO_4^- + 8\ H^+ + 5\ e^- \rightarrow Mn^{2+} + 4\ H_2O) \times 2$$

$$2\ MnO_4^- + 5\ SO_2 + 2\ H_2O \rightarrow 2\ Mn^{2+} + 5\ SO_4^{2-} + 4\ H^+$$

Le choix du couple MnO_4^-/Mn^{2+} n'est pas fortuit : l'ion MnO_4^- est violet en solution, alors que l'ion Mn^{2+} est incolore.

6.1 Principe du dosage

On verse un volume V_1 de solution de SO_2, de concentration molaire C_1 inconnue, dans un bêcher.

On ajoute ensuite progressivement une solution contenant des ions permanganate MnO_4^-, de concentration parfaitement connue C_2.

Au début, les ions permanganate ajoutés sont consommés par le dioxyde de soufre présent en solution. On s'en rend compte facilement : on verse quelques gouttes de la solution violette de permanganate, et on constate une immédiate décoloration.

Mais pour un certain volume V_2 de permanganate ajouté, une légère couleur violette persiste : la totalité du SO_2 a été consommée. Les ions MnO_4^- ont été ajoutés en léger excès. Nous dirons que nous avons atteint (même légèrement dépassé) l'équivalence.

> L'équivalence est la situation où les deux réactifs ont été mélangés en proportions stœchiométriques.

D'après l'équation bilan, on a alors :

$$n(SO_2 \text{ initial})/5 = n(MnO_4^- \text{ ajouté})/2$$

$$\Rightarrow 2n_1 = 5n_2$$

$$\Rightarrow 2C_1V_1 = 5C_2V_2$$

$$\Rightarrow C_1 = (5C_2V_2)/(2V_1)$$

7. Électrolyse

L'**électrolyse** est une réaction chimique qui se déroule grâce au passage d'un courant électrique à travers un électrolyte. L'électrolyte est un milieu liquide contenant des ions. C'est donc soit une solution ionique, soit un composé ionique liquide (donc très chaud : sel fondu par exemple). Lors d'une telle réaction, de l'énergie électrique, fournie par un générateur, est transformée en énergie chimique. En réalité, un peu de chaleur est produite également. Quand on applique une tension à un électrolyte, une réaction chimique d'électrolyse peut se dérouler aux électrodes. Un courant électrique traverse alors l'électrolyte. Pour cela, il faut que :

- un couple redox soit présent à chaque électrode ;
- des ions soient présents dans la solution : c'est leur déplacement qui assure le passage du courant ;
- la tension appliquée soit supérieure à la différence entre les potentiels des deux couples.

Dans les fils électriques (métalliques), le courant est un flux d'électrons. Dans l'électrolyte, le courant électrique est un flux d'ions. Les cations (de charge positive), vont de l'électrode + vers l'électrode –. Les anions (de charge négative), vont de l'électrode – vers l'électrode +.

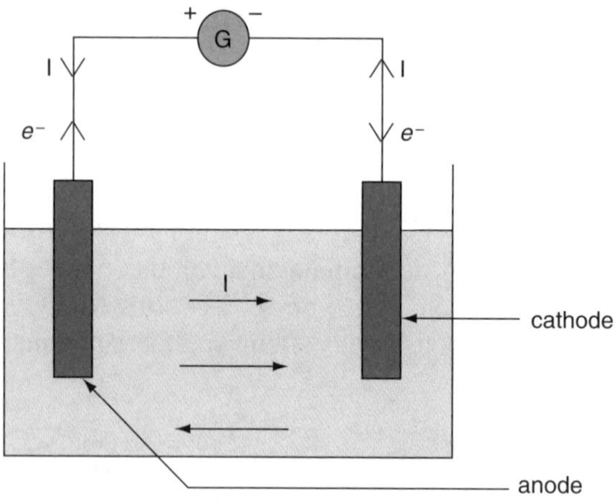

Figure 8.5 Schéma de principe de l'électrolyse.

L'électrode reliée à la borne + du générateur s'appelle l'**anode** ; celle reliée au – est la cathode.

- À la *C*athode arrivent des électrons (qui proviennent du pôle – du générateur). Une espèce chimique va donc capter des électrons : il y a rédu*C*tion.
- À l'*A*node des électrons sont « produits », et envoyés vers le pôle + du générateur. Une espèce chimique va donc céder des électrons : il y a oxyd*A*tion.

Cette réaction se déroule à l'inverse du sens naturel d'une réaction redox, L'électrolyse est une transformation **non naturelle** (non spontanée), qui s'arrête dès qu'on coupe le courant.

Il existe de nombreuses applications de l'électrolyse. Citons l'électrodéposition, ou galvanostégie. Cette technique consiste à déposer sur un objet métallique une couche d'un autre métal.

Cela permet de produire des objets plaqués argent ou plaqués or.

Cela permet de protéger des objets en fer contre la corrosion : on dépose sur le fer une couche de zinc (zingage), d'étain (étamage), de chrome (chromage)…

En général, on utilise le procédé de l'électrolyse à anode soluble. Prenons par exemple l'argenture d'un objet en fer.

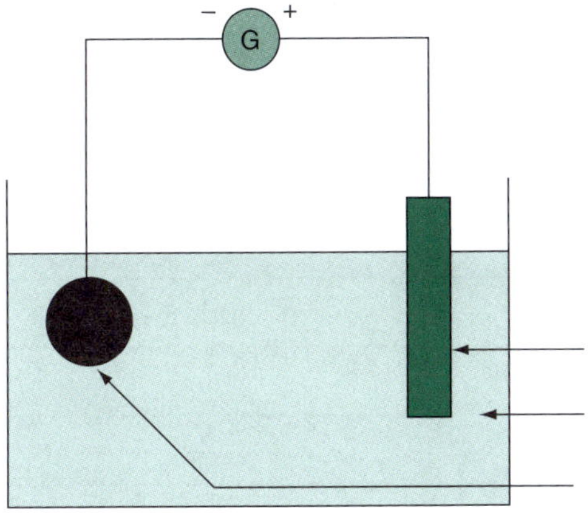

Figure 8.6 Électrolyse à anode soluble.

La réaction d'électrolyse, à partir des demi-équations électroniques, s'écrit :

- À la cathode (reliée au pôle – du générateur) $Ag^+_{aq} + e^- \rightarrow Ag_s$
- À l'anode (reliée au pôle + du générateur) $Ag_s \rightarrow Ag^+_{aq} + e^-$

$$Ag^+_{aq} + Ag_s \rightarrow Ag_s + Ag^+_{aq}$$

L'équation bilan semble indiquer qu'il ne s'est rien passé : en réalité, l'objet s'est recouvert d'argent, et l'anode d'argent a été consommée, d'où l'expression « anode soluble ». Quand un ion Ag^+ quitte la solution à la cathode, un ion du même type arrive en solution au niveau de l'anode.

Tableau 8.1 Potentiels standard de quelques couples redox.

Couple Redox	**E^0 (*V*)**
Ag^+/Ag	0,80
Al^{3+}/Al	– 1,66
Au^+/Au	1,68
$CO_{2\,(g)}/H_2C_2O_4$	– 0,49
Cd^{2+}/Cd	– 0,40
Cl_2/Cl^-	1,40
SO_4^{2-}/SO_2	0,17
$HCl_{(g)}/Cl_{2(g)}$	1,63
$ClO_3^-/Cl_{2(g)}$	1,47
Zn^{2+}/Zn	– 0,76
$HClO/Cl^-$	1,49
ClO^-/Cl^-	1,72
$Cr_2O_7^{2-}/Cr^{3+}$	1,33
Cu^{2+}/Cu	0,34
Fe^{3+}/Fe^{2+}	0,77
$H^+/H_{2(g)}$	0,00
H_2O_2/H_2O	1,77
H^+/H_2O	1,23
MnO_4^-/Mn^{2+}	1,51
NO_3^-/HNO_2	0,94
$NO_3^-/N_{2(g)}$	1,22
O_{2g}/H_2O	1,23
SO_4^{2-}/SO_2	0,17
$S_4O_6^{2-}/S_2O_3^{2-}$	0,08
$S_2O_8^{2-}/SO_4^{2-}$	2,01

Synthèse

Je sais définir

- Oxydation
- Réduction
- Oxydoréduction
- Force électromotrice (f.e.m.)
- Potentiel redox
- Nombre (ou degré) d'oxydation
- Électrolyse

Je connais

- La pile Daniell
- La relation de Nernst
- Le principe du dosage redox

Je sais

- Déterminer le degré d'oxydation d'un atome dans une molécule.
- Calculer le potentiel d'une demi-pile
- Équilibrer une équation bilan.

QCM et exercices

1 Dans les composés suivants, déterminer le degré d'oxydation de l'azote dans NH_3, NH_4^+, NO, NO_2^-, HNO_3, HNO_2 et du soufre dans H_2SO_4, SO_4^{2-}, SO_2, $S_2O_3^{2-}$, $S_4O_6^{2-}$, $S_2O_8^{2-}$.

2 Équilibrer les équations bilan suivantes en milieu aqueux, acide puis basique, après avoir indiqué les demi-équations de chaque couple redox :

a. $Cu + NO_3^- \rightarrow Cu^{2+} + NO$;

b. $SO_2 + Cr_2O_7^{2-} \rightarrow Cr^{3+} + SO_4^{2-}$.

3 Avec 20 mL de solution de sel de Mohr $FeSO_4,(NH_4)_2SO_4,6H_2O$ de concentration massique 24,5 $g \cdot L^{-1}$, on décolore 25 mL de solution acide de $KMnO_4$. Quelle est la concentration molaire de la solution de $KMnO_4$?

Données :

Couples redox : (Fe^{3+}/Fe^{2+}) et (MnO_4^-/Mn^{2+}) ;

Masses molaires en $g \cdot mol^{-1}$: Fe = 56 ; S = 32 ; O = 16 ; N = 14 ; H = 1 ; Mn = 55 ; K = 39.

❒ **a.** $C = 4{,}0.10^{-2}$ mol.L^{-1}.

❒ **b.** $C = 3{,}0.10^{-2}$ mol.L^{-1}.

❒ **c.** $C = 2{,}0.10^{-2}$ mol.L^{-1}.

❒ **d.** $C = 1{,}0.10^{-2}$ mol.L^{-1}.

❒ **e.** Aucune réponse exacte.

4 On fait réagir de l'acide chlorhydrique avec une solution d'eau de Javel contenant des ions hypochlorite ClO^-, afin de fabriquer du dichlore Cl_2 (couples ClO^-/Cl_2 et Cl_2/Cl^-).

Une solution de 1° chlorométrique libère 1 L de Cl_2, dans les CNTP, par litre de solution.

On dilue 4 fois une solution commerciale d'eau de Javel, dont on prélève $V_1 = 10$ mL, que l'on dose avec $V_2 = 50$ mL de solution acide d'iodure de potassium KI de concentration $C_2 = 0{,}2$ mol $\cdot L^{-1}$ (couples ClO^-/Cl^- et I_2/I^-).

Déterminer le degré chlorométrique de l'eau de Javel.

❒ **a.** 24,6°.

❒ **b.** 44,8°.

❒ **c.** 18,9°.

❒ **d.** 33,3°.

❒ **e.** Aucune réponse exacte.

5 *Données* :

$$E°(Cu^{2+}/Cu) = 0{,}34\ V ; E°(Cr_2O_7^{2-}/Cr^{3+}) = 1{,}33\ V ; (RT/F)\ln = 0{,}06 \log$$

1. Soit la demi-pile formée par une électrode de cuivre trempant dans une solution de sulfate de cuivre, de concentration égale à 0,05 mol $\cdot L^{-1}$. Calculer le potentiel de cette demi-pile.

❒ **a.** 1,5 V.

❒ **b.** 0,3 V.

❒ **c.** 2,2 V.

❒ **d.** 4,1 V.

❒ **e.** Aucune réponse exacte.

2. Soit la demi-pile formée par une électrode inerte de platine trempant dans une solution contenant un mélange de l'oxydant et du réducteur du couple $Cr_2O_7^{2-}/Cr^{3+}$.

Les ions $Cr_2O_7^{2-}$ ont pour concentration 0,1 mol · L^{-1}. Les ions Cr^{3+} ont une concentration égale à 0,5 mol · L^{-1}. Le pH de cette solution vaut 1. Calculer le potentiel de cette demi-pile.

❒ **a.** 1,58 V.
❒ **b.** 5,3 V.
❒ **c.** 1,19 V.
❒ **d.** 6,15 V.
❒ **e.** Aucune réponse exacte.

3. Faire le schéma de la pile formée par l'association des deux demi-piles précédentes. Quelle est sa f.e.m.?

❒ **a.** 1,75 V.
❒ **b.** 0,43 V.
❒ **c.** 3,2 V.
❒ **d.** 0,89 V.
❒ **e.** Aucune réponse exacte.

4. Déterminer à quel pH il ne se passe rien, quand on associe les deux demi-piles.

❒ **a.** 7,33.
❒ **b.** 10,3.
❒ **c.** 2,28.
❒ **d.** 4,1.
❒ **e.** Aucune réponse exacte.

6 **1.** On étudie le couple redox $Cr_2O_7^{2-}/Cr^{3+}$ en milieu aqueux et acide. Exprimer son potentiel redox, en fonction du pH, du potentiel standard et des concentrations des espèces.

2. En considérant que les concentrations de l'oxydant et du réducteur sont égales, donner l'équation de la relation : $E\,(Cr_2O_7^{2-}/Cr^{3+}) = f\,(\text{pH})$.

3. Tracer le graphe de la relation $E\,(Cr_2O_7^{2-}/Cr^{3+}) = f\,(\text{pH})$, appelé diagramme potentiel-pH. Commenter et analyser la courbe obtenue, en terme de prédominance de la forme oxydée $Cr_2O_7^{2-}$, par rapport à la forme réduite Cr^{3+}.

7 (d'après annales Saint-Antoine)

On étudie une pile au lithium, dont l'électrode positive est en graphite et l'électrode négative en lithium. L'électrolyte organique contient du SO_2 et aucune trace d'eau.

Données :

$E°(Li^+/Li) = -3{,}1$ V ; $E°(SO_2/S_2O_4^{2-}) = -1{,}1$ V

$1\,F = 96\,500$ C ; $(RT/F)\ln = 0{,}06 \log$

Potentiel standard apparent (à pH = 14) : $E'°(H_2O/H_2) = -0{,}84$ V

1. Écrire la réaction se produisant quand la pile débite.

2. Exprimer et calculer la f.é.m. de la pile si les concentrations des espèces valent 1 mol · L^{-1}.

❒ **a.** 2,5 V.
❒ **b.** 0,2 V.
❒ **c.** 2,0 V.
❒ **d.** 4,8 V.
❒ **e.** Aucune réponse exacte.

3. Écrire la demi-équation redox du couple H_2O/H_2 en milieu basique, et en déduire l'équilibre observé, quand du lithium métallique est en contact avec l'eau.

4.

a. Donner l'expression de la variation d'enthalpie libre standard $\Delta G'^\circ$, à pH = 14, de l'équilibre précédent, en fonction des potentiels.

b. Écrire la relation entre $\Delta G'^\circ$ et la constante K' du même équilibre.
Calculer K' et conclure.

❒ **a.** $K' = 2{,}15.10^{75}$.

❒ **b.** $K' = 3{,}15.10^{5}$.

❒ **c.** $K' = 4{,}15.10^{35}$.

❒ **d.** $K' = 5{,}15.10^{15}$.

❒ **e.** Aucune réponse exacte.

8 (d'après annales Broussais)
Données :

$$(RT/F)\ln = 0{,}06 \log ;\ 1\ F = 96\ 500\ C ;\ E°a = E°(H_2O_2/H_2O) = 1{,}77\ V$$

$$E°b = E°\ (O_2/H_2O_2) = 0{,}68\ V ;\ E°\ (Fe^{3+}/Fe^{2+}) = 0{,}77\ V$$

1. Déterminer les degrés d'oxydation de l'oxygène dans les structures suivantes :

$$H_2O ;\ O_2 ;\ O_2^- ;\ H_2O_2$$

2. Pour les couples H_2O_2/H_2O et O_2/H_2O_2, exprimer les potentiels redox, notés respectivement Ea et Eb, en fonction du pH.

3. Dans les conditions standard :

Peut-on oxyder les ions Fe^{2+} avec H_2O_2 ? Justifier et écrire la réaction, si elle est possible.

Peut-on réduire les ions Fe^{3+} avec H_2O_2 ? Justifier et écrire la réaction, si elle est possible.

4. Écrire le bilan net des deux réactions de la question précédente.

5. À l'équilibre, quelle relation peut on écrire entre les potentiels Ea et Eb des deux couples de l'eau oxygénée ?
Quelle est la concentration de H_2O_2 à l'équilibre, avec $p(O_2) = 1$ bar?

❒ **a.** $C = 4{,}05.10^{-20}$ mol.L^{-1}.

❒ **b.** $C = 6{,}81.10^{-19}$ mol.L^{-1}.

❒ **c.** $C = 2{,}08.10^{-30}$ mol.L^{-1}.

❒ **d.** $C = 1{,}10.10^{-45}$ mol.L^{-1}.

❒ **e.** Aucune réponse exacte.

6. À partir des potentiels, calculer la constante d'équilibre de la décomposition de l'eau oxygénée en dioxygène et eau, à 298 K.

❒ **a.** $K = 2{,}15.10^{36}$.

❒ **b.** $K = 3{,}15.10^{51}$.

❒ **c.** $K = 4{,}15.10^{30}$.

❒ **d.** $K = 5{,}15.10^{25}$.

❒ **e.** Aucune réponse exacte.

9 (d'après annales Lariboisière)

Données :

$1\ F = 100\ 000$ C ; $E°(Cr_2O_7^{2-}/Cr^{3+}) = 1{,}3$V ; $E°\ (Ag^+/Ag) = 0{,}8$ V

$R = 10\ J \cdot mol^{-1} \cdot K^{-1}$; $T = 300$ K

1. On considère les couples redox $Cr_2O_7^{2-}/Cr^{3+}$ et Ag^+/Ag. Écrire la réaction de $Cr_2O_7^{2-}$ avec Ag.

2. Exprimer puis calculer la constante d'équilibre de la réaction précédente.

❒ **a.** $K = 7{,}1.10^{36}$.

❒ **b.** $K = 3{,}5.10^{21}$.

❒ **c.** $K = 4{,}3.10^{50}$.

❒ **d.** $K = 2{,}7.10^{43}$.

❒ **e.** Aucune réponse exacte.

10 On réalise une pile, à l'aide des deux demi-piles suivantes :

– demi-pile 1 : électrode de cuivre plongeant dans une solution de sulfate de cuivre II, de concentration $0{,}03\ mol \cdot L^{-1}$;

– demi-pile 2 : électrode de plomb plongeant dans une solution de nitrate de plomb, de concentration $0{,}03\ mol \cdot L^{-1}$.

Données : {(RT) /F} ln ≈ 0,06 log ; $E°(Pb^{2+}/Pb) = -0{,}13$ V ; $E°(Cu^{2+}/Cu) = +0{,}34$ V.

On peut dire que :

❒ **a.** La réaction observée est spontanée.

❒ **b.** Les ions nitrate se déplacent à travers le pont salin.

❒ **c.** La concentration initiale des ions nitrate dans la demi-pile 1 est : $0{,}015\ mol \cdot L^{-1}$.

❒ **d.** La concentration initiale des ions nitrate dans la demi-pile 2 est : $0{,}020\ mol \cdot L^{-1}$.

❒ **e.** Dans les conditions standard l'ion Pb^{2+} est un oxydant plus fort que l'ion Cu^{2+}.

❒ **f.** Dans les conditions standard l'ion Pb^{2+} est un réducteur plus fort que l'ion Cu^{2+}.

11 On reprend les mêmes conditions expérimentales que la question précédent.

On peut affirmer que :

❒ **a.** Le potentiel redox de la demi-pile 1 est inférieur à celui de la demi-pile 2.

❒ **b.** Le potentiel redox de la demi-pile 2 est égal à 300 mV.

❒ **c.** La réaction globale de la pile, quand elle débite est : $Pb + 2\ Cu^{2+} \rightarrow Pb^{2+} + 2Cu$.

❒ **d.** La fém de la pile en début de fonctionnement est + 4,69 V.

❒ **e.** Le pôle positif de la pile correspond à la demi-pile 1.

❒ **f.** Le pôle négatif de la pile correspond à la demi-pile 2.

❒ **g.** Le volume de l'électrode de plomb a augmenté.

12 (D'après concours.)

On souhaite doser l'éthanol C_2H_5OH contenu dans une bouteille de vin ; on prélève 0,1 L de vin par distillation et on admet que tout l'éthanol se retrouve dans le distillat; on dilue le distillat pour obtenir 1 L de solution S. On mélange 10 mL de S avec V = 10 mL de dichromate de potassium de concentration C = 0,2 mol.L^{-1}, et 10 mL d'acide nitrique concentré (*réaction 1*). L'excès d'ions dichromate est dosé (*réaction 2*) par du sel de Mohr de concentration en ions Fe^{2+} : C′ = 0,8 mol.L^{-1} ; l'indicateur de fin de réaction vire pour V′ = 5 mL de sel de Mohr.

Données : $M_C = 12$; $M_H = 1$; $M_O = 16$ en g · mol^{-1}. ρ(éthanol) = 0,78 g · mL^{-1}.

On peut affirmer que :

❒ **a.** La réaction 1 est :

$$2\,Cr_2O_7^{2-} + 3\,C_2H_5OH + 16\,H_3O^+ = 4Cr^{3+} + 3\,CH_3CO_2H + 27\,H_2O$$

❒ **b.** Dans V, il y a $n = 0{,}03$ mol d'ions dichromate.

❒ **c.** Après réaction 1, il reste $n = 3{,}0 \cdot 10^{-2}$ mol d'ions dichromate en excès.

❒ **d.** Dans les 10 mL de S, il y a $n = 0{,}002$ mol d'éthanol.

❒ **e.** Dans 1 L de S, il y a $n = 0{,}25$ mol d'éthanol.

❒ **f.** Dans la réaction 2, il faut 5 ions Fe^{2+} pour un ion dichromate.

13 (D'après concours.)

On souhaite argenter une plaque de métal par électrolyse dans une solution de sulfate d'argent(I). La plaque de métal est une des 2 électrodes. La surface à recouvrir vaut S = 0,25 m^2 et l'épaisseur du dépôt est $d = 1{,}5 \cdot 10^{-2}$ mm.

Données :

ρ(Ag) = 1,05 · 10^4 kg · m^{-3} ; I = 60 A ; 1 F = 96 500 C ; M(Ag) = 107,9 g · mol^{-1}.

On peut affirmer que la durée de l'électrolyse est :

❒ **a.** $\Delta t = 23{,}5$ h.

❒ **b.** $\Delta t = 105$ min.

❒ **c.** $\Delta t = 78{,}5$ min.

❒ **d.** $\Delta t = 3{,}5$ h.

❒ **e.** $\Delta t = 9$ min 47 s.

❒ **f.** $\Delta t = 85$ min 35 s.

Corrigés

1 On sait que les degrés d'oxydation (sauf cas particulier) de l'oxygène et de l'hydrogène sont respectivement – II et + I.

Pour NH_3, on a donc $x + 3(+ I) = 0$, soit $x = - III$.

Pour NH_4^+, on a donc $x + 4(+ I) = + 1$, soit $x = - III$.

De même, pour HNO_2, on écrit $x + 2(- II) = 0$, d'où $x = + I$.

On trouve ainsi :

Structure	NO	NO_2^-	HNO_3
Degré (ou nombre) d'oxydation x	+ II	+ III	+ V

b. On applique la méthode précédente. Avec $S_2O_8^{2-}$, on écrit $2x + 8(- II) = - 2$, soit $x = + VII$.

On trouve de la même façon :

Structure	H_2SO_4	SO_4^{2-}	SO_2	$S_2O_3^{2-}$
Degré (ou nombre) d'oxydation *x*	+ VI	+ VI	+ IV	+ IV

2 **a.** Les demi-équations sont :

$$(Cu \rightarrow Cu^{2+} + 2\,e^-) \times 3$$

$$(NO_3^- + 4\,H^+ + 3\,e^- \rightarrow NO + 2\,H_2O) \times 2$$

d'où l'équation en milieu acide :

$$3\,Cu + 2\,NO_3^- + 8\,H^+ \rightarrow 3\,Cu^{2+} + 2\,NO + 4\,H_2O$$

Pour écrire l'équation en milieu basique, on neutralise les ions H^+ par un nombre identique d'ions OH^-, ce qui donne des molécules d'eau, donc :

$$3\,Cu + 2\,NO_3^- + 8\,H^+ + 8\,OH^- \rightarrow 3\,Cu^{2+} + 2\,NO + 4\,H_2O + 8\,OH^-$$

d'où :

$$3\,Cu + 2\,NO_3^- + 8\,H_2O \rightarrow 3\,Cu^{2+} + 2\,NO + 4\,H_2O + 8\,OH^-$$

On simplifie car H_2O apparaît dans les deux membres de l'équation, donc :

$$3\,Cu + 2\,NO_3^- + 4\,H_2O \rightarrow 3\,Cu^{2+} + 2\,NO + 8\,OH^-$$

b. Les demi-équations sont :

$$(SO_2 + 2\,H_2O = SO_4^{2-} + 4\,H^+ + 2\,e^-) \times 3$$

$$Cr_2O_7^{2-} + 14\,H^+ + 6\,e^- = 2\,Cr^{3+} + 7\,H_2O$$

d'où l'équation bilan en milieu acide :

$$3\,SO_2 + Cr_2O_7^{2-} + 2\,H^+ \rightarrow 3\,SO_4^{2-} + 2\,Cr^{3+} + H_2O$$

Pour écrire l'équation en milieu basique, on neutralise les ions H^+ par un nombre identique d'ions OH^-, ce qui donne des molécules d'eau, donc :

$$3\ SO_2 + Cr_2O_7^{2-} + 2\ H^+ + 2\ OH^- \rightarrow 3\ SO_4^{2-} + 2\ Cr^{3+} + H_2O + 2\ OH^-$$

soit :

$$3\ SO_2 + Cr_2O_7^{2-} + 2\ H_2O \rightarrow 3\ SO_4^{2-} + 2\ Cr^{3+} + H_2O + 2\ OH^-$$

On simplifie:

$$3\ SO_2 + Cr_2O_7^{2-} + H_2O \rightarrow 3\ SO_4^{2-} + 2\ Cr^{3+} + 2\ OH^-$$

3 Bonne(s) réponse(s) : d.

Les couples redox en présence sont : (Fe^{3+}/Fe^{2+}) et (MnO_4^-/Mn^{2+}).

Écrivons les demi-équations électroniques et faisons la somme membre à membre :

$$MnO_4^- + 8\ H^+ + 5e^- = Mn^{2+} + 4H_2O$$

$$(Fe^{2+} = Fe^{3+} + e^-) \times 5$$

$$5\ Fe^{2+} + MnO_4^- + 8\ H^+ \rightarrow 5Fe^{3+} + Mn^{2+} + 4H_2O$$

On voit que d'après l'équation bilan, les proportions stoechiométriques vérifient :

$$\frac{n(Fe^{2+})}{5} = n(MnO_4^-)$$

$$\Rightarrow n(Fe^{2+}) = 5 \cdot n(MnO_4^-)$$

$$\Rightarrow C(Fe^{2+}) \cdot V(Fe^{2+}) = 5 \cdot C(MnO_4^-) \cdot V(MnO_4^-)$$

$$\Rightarrow C(MnO_4^-) = \{C(Fe^{2+}) \cdot V(Fe^{2+})\}/\{5 \cdot V(MnO_4^-)\}$$

Calculons la masse molaire du sel de Mohr :

$$M(sel) = M(Fe) + 2\ M(S) + 14\ M(O) + M(N) + 20\ M(H)$$

$$\Rightarrow M(sel) = 56 + 2 \times 32 + 14 \times 16 + 14 + 20 = 378\ g \cdot mol^{-1}$$

La concentration molaire du sel de Mohr se calcule donc, à partir de la concentration massique, selon :

$$C(sel) = Cm/M(sel) = (24{,}5)/(378) = 6{,}48 \times 10^{-2}\ mol \cdot L^{-1}$$

On peut donc calculer la concentration en ions permanganate :

$$C(MnO_4^-) = (6{,}48 \times 10^{-2} \times 20)/(5 \times 25) = 10^{-2}\ mol \cdot L^{-1}$$

4 Bonne(s) réponse(s) : b.

Les demi-équations redox sont :

$$ClO^- + 2\ H^+ + 2\ e^- = Cl^- + H_2O$$

$$2\ I^- = I_2 + 2\ e^-$$

donc l'équation bilan du dosage est :

$$ClO^- + 2\ H^+ + 2\ I^- \rightarrow Cl^- + I_2 + H_2O$$

À l'équivalence, on a les réactifs dans les proportions stœchiométriques, soit :

$$n(I^-) = 2\, n(ClO^-)$$

$$\Rightarrow C_2V_2 = 2\, C_1V_1$$

$$\Rightarrow C_1 = (C_2V_2)/(2\, V_1) = (0{,}2 \times 50)/(2 \times 10) = 0{,}5 \text{ mol} \cdot L^{-1}$$

Donc, en tenant compte de la dilution, la concentration de la solution commerciale est :

$$C\,(ClO^-) = 4\, C_1 = 4 \times 0{,}5 = 2 \text{ mol} \cdot L^{-1}$$

La réaction de l'acide chlorhydrique avec l'eau de Javel correspond aux demi-équations :

$$2\, ClO^- + 4\, H^+ + 2\, e^- = Cl_2 + 2\, H_2O$$

$$2\, Cl^- = Cl_2 + 2\, e^-$$

L'équation bilan est donc :

$$2\, ClO^- + 2\, Cl^- + 4\, H^+ \rightarrow 2\, Cl_2 + 2\, H_2O$$

On voit que deux moles ClO^- de qui réagissent vont permettre la formation de deux moles de Cl_2, d'après les relations de proportionnalité.

Comme $C\,(ClO^-) = 2 \text{ mol} \cdot L^{-1}$, et que l'on raisonne pour $V = 1$ L de solution, on a :

$$n(ClO^-) = C\,(ClO^-) \times V = 2 \times 1 = 2 \text{ mol}$$

On va donc former 2 mol de dichlore, soit :

$$V(Cl_2) = n(Cl_2) \times V_m = 2 \times 22{,}4 = 44{,}8 \text{ L}$$

Donc la solution commerciale est une solution à 44,8° chlorométriques.

5 **1. Bonne(s) réponse(s) : b.**

Écrivons la demi-équation électronique du couple redox :

$$Cu^{2+} + 2\, e^- = Cu_{(s)}$$

D'après Nernst, le potentiel s'écrit :

$$E\,(Cu^{2+}/Cu_{(s)}) = E° + (0{,}06/2) \log [Cu^{2+}]$$

$$\Rightarrow E\,(Cu^{2+}/Cu_{(s)}) = 0{,}34 + (0{,}06/2) \log 0{,}05$$

$$\Rightarrow E\,(Cu^{2+}/Cu_{(s)}) = 0{,}30 \text{ V}$$

2. Bonne(s) réponse(s) : c.

La demi-équation du couple redox est :

$$Cr_2O_7^{2-} + 14\, H^+ + 6\, e^- = 2\, Cr^{3+} + 7\, H_2O$$

Toujours d'après Nernst, on écrit le potentiel d'oxydoréduction :

$$E(Cr_2O_7^{2-}/Cr^{3+}) = E° + (0{,}06/6)\log\left\{\frac{[Cr_2O_7^{2-}] \cdot [H^+]^{14}}{[Cr^{3+}]}\right\}$$

$$\Rightarrow E(Cr_2O_7^{2-}/Cr^{3+}) = 1{,}33 + (0{,}06/6)\log\left\{\frac{[0{,}1] \cdot [0{,}1]^{14}}{[0{,}5]^2}\right\}$$

$$\Rightarrow E(Cr_2O_7^{2-}/Cr^{3+}) = +\,1{,}19 \text{ V}$$

3. Bonne(s) réponse(s) : d.
D'après les valeurs des potentiels calculés, on a :

$$E(Cr_2O_7^{2-}/Cr^{3+}) = E(Cu^{2+}/Cu_{(s)})$$

L'électrode de platine est donc le pôle positif de la pile, et l'électrode de cuivre le pôle négatif. Le schéma de la pile est donc :

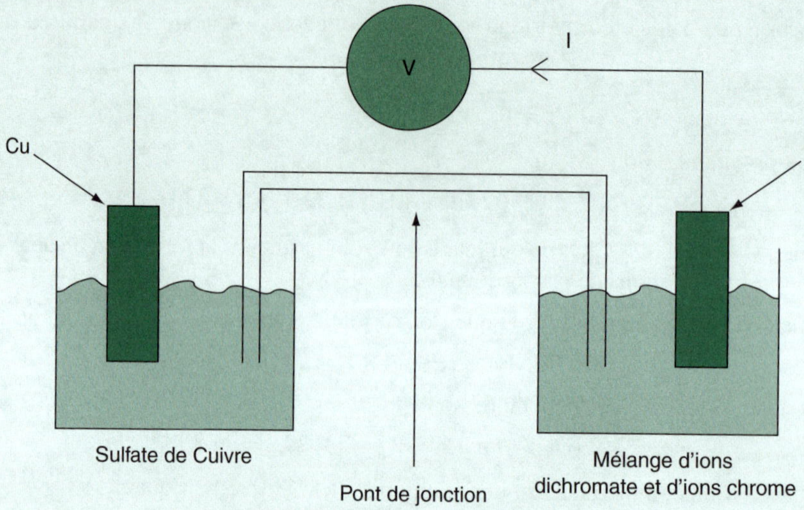

La f.e.m. est égale à la différence entre le potentiel du pôle positif et celui du pôle négatif.

$$\Delta E = E^+ - E^- = 1{,}19 - 0{,}30 = +\,0{,}89 \text{ V}$$

4. Bonne(s) réponse(s) : a.
Si la pile ne débite pas, quand on associe les deux demi-piles, cela signifie que leurs potentiels sont égaux. On a donc :

$$E(Cr_2O_7^{2-}/Cr^{3+}) = E(Cu^{2+}/Cu_{(s)})$$

$$\Rightarrow 1{,}33 + (0{,}06/6)\log\left\{\frac{[0{,}1]\cdot[0{,}1]^{14}}{[0{,}5]^2}\right\} = 30$$

$$\Rightarrow 1{,}33 - 0{,}30 = -\,0{,}01\log(0{,}1/0{,}5^2) - 0{,}01\log[H^+]^{14}$$

$$\Rightarrow 1{,}03 = 3{,}98 \times 10^{-3} + 0{,}14\text{ pH}$$

$$\Rightarrow \text{pH} = 1{,}026/0{,}14$$

$$\Rightarrow \text{pH} = 7{,}33$$

6 **1.** Écrivons la demi-équation électronique du couple redox :

$$Cr_2O_7^{2-} + 14\,H^+ + 6\,e^- = 2\,Cr^{3+} + 7\,H_2O$$

Le potentiel s'écrit donc, d'après Nernst :

$$E(Cr_2O_7^{2-}/Cr^{3+}) = E° + (0{,}06/6)\log\left\{\frac{[Cr_2O_7^{2-}]\cdot[H^+]^{14}}{[Cr^{3+}]}\right\}$$

$$\Rightarrow E(Cr_2O_7^{2-}/Cr^{3+}) = 1{,}33 + (0{,}01)\log\left\{\frac{[Cr_2O_7^{2-}]\cdot[H^+]^{14}}{[Cr^{3+}]^2}\right\}$$

$$\Rightarrow E(Cr_2O_7^{2-}/Cr^{3+}) = 1{,}33 + 0{,}01 \times 14\ \log[H^+] + 0{,}01\ \log\frac{[Cr_2O_7^{2-}]}{[Cr^{3+}]^2}$$

$$\Rightarrow \quad E(Cr_2O_7^{2-}/Cr^{3+}) = 1{,}33 - 0{,}14\text{ pH} + 0{,}01\ \log\frac{[Cr_2O_7^{2-}]}{[Cr^{3+}]^2}$$

2. Les concentrations étant égales, on obtient :

$$E\,(Cr_2O_7^{2-}/Cr^{3+}) = 1{,}33 - 0{,}14\text{ pH} + 0{,}01\ \log 1$$

$$\Rightarrow E\,(Cr_2O_7^{2-}/Cr^{3+}) = 1{,}33 - 0{,}14\text{ pH}$$

3. Il s'agit donc d'une fonction affine, de coefficient directeur négatif, et d'ordonnée à l'origine égale au potentiel standard. Calculons deux valeurs.

Si le pH = 0, alors $E = E° = 1{,}33$ V.

Si le pH = 7, alors $E = 1{,}33 - 0{,}14 \times 7 = 0{,}35$ V.

Traçons le graphe :

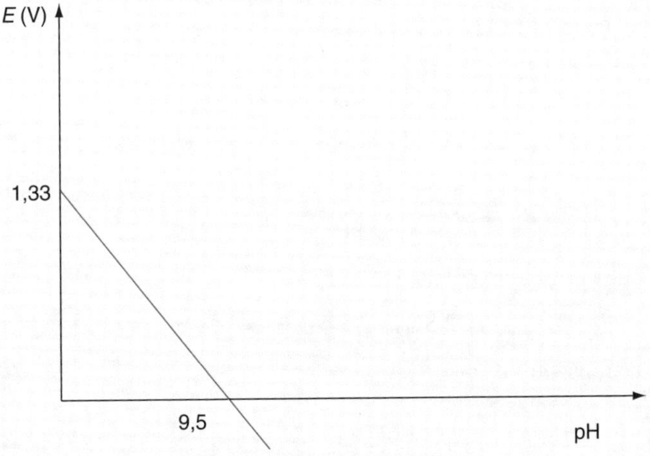

$E = f$ (pH).

On voit qu'avec l'augmentation du pH, le potentiel redox diminue, ce qui implique que le pouvoir réducteur de Cr^{3+} augmente, et que le pouvoir oxydant de $Cr_2O_7^{2-}$ baisse. Poussons l'analyse un peu plus loin. La droite correspond à un rapport de concentrations égal à l'unité.

Exprimons ce rapport, par exemple, quand le pH vaut 4, et que le potentiel E est égal à 0,2 V. On a :

$$E(Cr_2O_7^{2-}/Cr^{3+}) = 1{,}33 - 0{,}14\,\text{pH} + 0{,}01\log\frac{[Cr_2O_7^{2-}]}{[Cr^{3+}]^2}$$

$$\Rightarrow E(Cr_2O_7^{2-}/Cr^{3+}) = 1{,}33 - 0{,}14 \times 4\log + 0{,}01\log\frac{[Cr_2O_7^{2-}]}{[Cr^{3+}]^2}$$

$$\Rightarrow 0{,}2 = 1{,}33 - 0{,}14 \times 4\log + 0{,}01\log\frac{[Cr_2O_7^{2-}]}{[Cr^{3+}]^2}$$

$$\Rightarrow 0{,}01\log\frac{[Cr_2O_7^{2-}]}{[Cr^{3+}]^2} = -\,0{,}57$$

$$\Rightarrow \log\frac{[Cr_2O_7^{2-}]}{[Cr^{3+}]^2} = -\,57$$

$$\Rightarrow \frac{[Cr_2O_7^{2-}]}{[Cr^{3+}]^2} = 10^{-57}$$

On voit que la forme réduite Cr^{3+} est largement prédominante, devant la forme oxydée $Cr_2O_7^{2-}$ dans les conditions définies précédemment.

Le point de coordonnées (E = 0,2 V ; pH = 4) est situé en dessous de la droite tracée. Celle-ci délimite donc les zones de prédominance des espèces redox.

En dessous de la droite, l'espèce oxydante $Cr_2O_7^{2-}$ est minoritaire devant Cr^{3+}. Sur la droite, il y a égalité des concentrations des deux espèces. Au dessus de la droite, l'espèce oxydante $Cr_2O_7^{2-}$ est majoritaire devant Cr^{3+}.

7 **1.** Écrivons d'abord les demi-équations redox des deux couples :

$$Li = Li^+ + 2\,e^-$$

$$2\,SO_2 + 2\,e^- = S_2O_4^{2-}$$

On obtient donc la réaction globale :

$$2\,SO_2 + 2\,Li \rightarrow S_2O_4^{2-} + 2\,Li^+$$

2. Bonne(s) réponse(s) : c.
La f.é.m. s'écrit :

$$\Delta E = E^+ - E^- = \left\{E°(SO_2/S_2O_4^{2-}) + \frac{0{,}06}{2}\log\left(\frac{[SO_2]^2}{[S_2O_4^{2-}]}\right)\right\}$$

$$-\left\{E°(Li^+/Li^-) + \frac{0{,}06}{2}\log([Li^+]^2)\right\}$$

$$\Rightarrow \Delta E = -\,1{,}1 + 0{,}03\log(1) + 3{,}1 + 0{,}03\log(1) = 2{,}0\text{ V}$$

3. La demi-équation s'écrit :

$$2\,H_2O + 2\,e^- = H_2 + 2\,OH^-$$

Donc l'équilibre de la réaction du métal avec l'eau donne :

$$H_2O + 2\,Li = H_2 + 2\,OH^- + 2\,Li^+$$

4.

a. La variation d'enthalpie libre standard est notée $\Delta G'°$ car elle fait intervenir un potentiel standard apparent; elle s'écrit :

$$\Delta G'° = -\,n\,F\,\Delta E°$$

$$\Rightarrow \Delta G'° = -\,n\,F\{E'°(H_2O/H_2) - E°(Li^+/Li)\}$$

b. Bonne(s) réponse(s) : a. On a :

$$\Delta G'° = -\,RT \ln K'$$

$$\Rightarrow \ln K' = -\,(\Delta G'°)/(RT)$$

$$\Rightarrow \ln K' = +\,(n\,F\,\Delta E°)/(RT)$$

$$\Rightarrow \ln K' = +\,n\,F\{E'°(H_2O/H_2) - E°(Li^+/Li)\}/(RT)$$

$$\Rightarrow \log K' = +\,n\,\{E'°(H_2O/H_2) - E°(Li^+/Li)\}/(0{,}06)$$

$$\Rightarrow \log K' = +\,2\,\{-\,0{,}84 + 3{,}1\}/(0{,}06)$$

$$\Rightarrow \log K' = 75{,}3$$

$$\Rightarrow K' = 2{,}15 \times 10^{+75}$$

Conclusion : la valeur de la constante d'équilibre est énorme, ce qui signifie que la réaction est totale dans le sens direct.

8 **1.** On rappelle que le nombre d'oxydation de l'hydrogène vaut + I. Pour l'eau, on a donc :

$$x + 2\,(+\,I) = 0$$

$$\Rightarrow x = -\,II$$

Pour le dioxygène, on a :

$$2\,x = 0$$

$$\Rightarrow x = 0$$

Pour O_2^-, on a :

$$2\,x = -\,I$$

$$\Rightarrow x = -\,1/2$$

2. La demi-équation électronique du couple H_2O_2/H_2O s'écrit :

$$H_2O_2 + 2\,e^- + 2\,H^+ = 2\,H_2O$$

Le potentiel, selon Nernst, est donc :

$$Ea = E°(H_2O_2/H_2O) + 0{,}06/2 \log [H_2O_2] \cdot [H^+]^2$$

$$\Rightarrow Ea = E°a + 0{,}03 \log [H_2O_2] - 0{,}06\,pH$$

Remarque

La concentration de l'eau peut être considérée comme constante, puisqu'il s'agit du solvant ; cette concentration est donc déjà intégrée dans la valeur de $E°$a.

De même, on écrit pour O_2/H_2O_2 :

$$O_2 + 2H^+ + 2\,e^- = H_2O_2$$

Le potentiel s'écrit donc :

$$\text{Eb} = \text{E'b°} + (0{,}06/2)\log\frac{[O_2]\cdot[H^+]^2}{[H_2O_2]}$$

La concentration en dioxygène dissous est proportionnelle à la pression $p(O_2)$, soit $[O_2] = \alpha \cdot p(O_2)$, avec α constante à une température donnée.

En posant $E°\text{b} = E'\text{b}° + 0{,}06/2\,\log\alpha$, on peut écrire :

$$\text{EB} = E°\text{b} + (0{,}06/2)\log\frac{p(O_2)\cdot[H^+]^2}{[H_2O_2]}$$

$$\text{EB} = E°\text{b} + 0{,}03\log\frac{p(O_2)}{[H_2O_2]} - 0{,}06\text{ pH}$$

3.

a. On a $E°(H_2O_2/H_2O) > E°\,(Fe^{3+}/Fe^{2+})$, donc H_2O_2 est un oxydant plus fort que Fe^{3+} dans les conditions standard, donc H_2O_2 peut oxyder Fe^{2+}. La réaction, à partir des demi-équations électroniques s'écrit :

$$H_2O_2 + 2\,e^- + 2\,H^+ = 2\,H_2O$$

$$(Fe^{2+} = Fe^{3+} + e^-) \times 2$$

$$H_2O_2 + Fe^{2+} + 2\,H^+ = 2\,H_2O + 2\,Fe^{3+}$$

b. On a $E°\,(Fe^{3+}/Fe^{2+}) > E°\,(O_2/H_2O_2)$, donc Fe^{3+} est un oxydant plus fort que O_2 dans les conditions standard, donc Fe^{3+} peut être réduit par O_2. La réaction s'écrit, à partir des demi-équations électroniques :

$$(Fe^{3+} + e^- = Fe^{2+}) \times 2$$

$$H_2O_2 = O_2 + 2\,H^+ + 2\,e^-$$

$$2\,Fe^{3+} + H_2O_2 = 2\,Fe^{2+} + O_2 + 2\,H^+$$

4. En faisant la somme, membre à membre, on obtient :

$$2\,H_2O_2 = 2\,H_2O + O_2$$

5. Bonne(s) réponse(s) : b.

À l'équilibre, il y a égalité des potentiels :

$$E\text{a} = E\text{b}$$

$$\Rightarrow E\text{a} = E°\text{a} + 0{,}03\,[H_2O_2] - 0{,}06\text{ pH}$$

$$= E\text{b} = E°\text{b} + 0{,}03\,\frac{p(O_2)}{[H_2O_2]} - 0{,}06\text{ pH}$$

$$\Rightarrow E°a - E°b = 0{,}06 \text{ avec } p(O_2) = 1 \text{ bar}$$

$$\Rightarrow \log [H_2O_2] = (E°a - E°b)/0{,}06$$

$$\Rightarrow \log [H_2O_2] = (0{,}68 - 1{,}77)/0{,}06 = -18{,}2$$

$$\Rightarrow [H_2O_2] = 10^{-18{,}2} = 6{,}81 \times 10^{-19} \text{ mol} \cdot L^{-1}$$

6. Bonne(s) réponse(s) : a.
Soit la réaction de décomposition :

$$2\ H_2O_2 = 2\ H_2O + O_2$$

La constante d'équilibre s'écrit :

$$K = \frac{p(O_2)}{[H_2O_2]^2}$$

À l'équilibre, on a égalité des potentiels, d'où :

$$Ea = Eb$$

$$\Rightarrow E°a - E°b = 0{,}03 \log \frac{p(O_2)}{[H_2O_2]^2} = 0{,}03 \log K$$

$$\Rightarrow \log K = (E°a - E°b)/0{,}03$$

$$\Rightarrow \log K = (1{,}77 - 0{,}68)/0{,}03 = 36{,}3$$

$$\Rightarrow K = 2{,}15 \times 10^{36}$$

La valeur de la constante d'équilibre est extrêmement grande, ce qui signifie que la réaction est totalement déplacée dans le sens direct (vers la droite).

9 **1.** La réaction, à partir des demi-équations électroniques, s'écrit :

$$Cr_2O_7^{2-} + 14\ H^+ + 6\ e- = 2\ Cr^{3+} + 7\ H_2O$$

$$(Ag = Ag^+ + e^-) \times 6$$

$$Cr_2O_7^{2-} + 6\ Ag + 14\ H^+ = 2\ Cr^{3+} + 6\ Ag^+ + 7\ H_2O$$

2. Bonne(s) réponse(s) : d.
La constante d'équilibre est donc :

$$K = \frac{[Cr^{3+}]^2 \cdot [Ag^+]^6}{[Cr_2O_7^{2-}]^2 \cdot [H^+]^{14}}$$

On rappelle que la concentration du solvant eau est considérée comme constante : on l'intègre donc dans la valeur de *K*. Pour calculer *K*, on exprime qu'à l'équilibre :

$$\Delta G° = -n\,F\,\Delta E°$$

On a aussi :

$$\Delta G° = -RT \ln K$$

$$\Rightarrow \ln K = \{6 \times 10^5 \times (1{,}3 - 0{,}8)\}/(10 \times 300)$$

$$\Rightarrow \ln K = 100$$

$$\Rightarrow K = e^{100} = 2{,}7 \times 10^{43}$$

La valeur de la constante d'équilibre est si grande que l'on peut considérer que la réaction est totale dans le sens direct.

10 Bonne(s) réponse(s) : a., b. et f.

a. Car les piles peuvent fournir de l'énergie électrique grâce à une réaction naturelle (spontanée) d'oxydoréduction.

b. Ils permettent ainsi l'électroneutralité des deux solutions; quand un ou des cations « passent » dans un électrolyte, deux ou des nitrates arrivent simultanément.

c. L'équation bilan de la dissolution s'écrit :

$$Pb(NO_3)_2 \rightarrow Pb^{2+} + 2\,NO_3^-$$

On en déduit que la concentration en ions est le double de la concentration de la solution, soit 0,06 mol · L⁻¹.

d. L'équation bilan de la dissolution s'écrit :

$$CuSO_4 \rightarrow Cu^{2+} + SO_4^{2-}$$

On en déduit que la concentration en ions est égale à celle de la solution, soit 0,03 mol · L^{-1}.

e. On a E°(Cu^{2+} / Cu) qui est supérieur à E°(Pb^{2+} / Pb).

f. On a E°(Pb^{2+} / Pb) qui est inférieur à E°(Cu^{2+} / Cu).

11 Bonne(s) réponse(s) : e. et f.

a. On calcule : $E_1 = E°(Cu^{2+} / Cu) + 0,06 \log[Cu^{2+}]$

$\Rightarrow E_1 = +\,0,34 + 0,06 \log(0,03) = +\,0,248$ V.

On calcule : $E_2 = E°(Pb^{2+} / Pb) + 0,06 \log[Pb^{2+}]$

$\Rightarrow E_2 = -\,0,13 + 0,06 \log(0,03) = -\,0,221$ V.

On en déduit que E_1 est supérieur à E_2.

b. E_2 est égal à – 0,221 V soit 221 mV.

c. D'après la règle du γ (gamma), l'oxydant le plus fort Cu^{2+} réagit avec le réducteur le plus fort Pb, d'où la réaction globale redox :

$$Pb \rightarrow Pb^{2+} + 2e^-$$
$$Cu^{2+} + 2e^- \rightarrow Cu$$
$$Pb + Cu^{2+} \rightarrow Pb^{2+} + Cu$$

d. La fém s'écrit $E^+ - E^- = E_2 - E_1 = -\,0,221 - (+\,0,248) = -\,0,469$ V.

e. E_2 est supérieur à E_1, donc l'ion Cu^{2+} est un oxydant plus fort que l'ion Pb^{2+} dans les conditions expérimentales évoquées. Le pôle positif de la pile correspond donc à Cu, donc à la demi-pile 1.

f. D'après la réponse précédente.

g. Le volume de l'électrode diminue puisque le plomb est oxydé.

12 Bonne(s) réponse(s) : a. et d.

Commentaire : on a l'équation bilan redox de la réaction 1 en milieu acide aqueux, en équilibrant par stœchiométrie ; dans V il y a $n = CV$ soit $n = 0,2 \times 10 \cdot 10^{-3} = 2.10^{-3}$ mol d'ions dichromate $Cr_2O_7^{2-}$. La réaction 2 de dosage est :

$$Fe^{2+} = Fe^{3+} + e^- \ (\times 6)$$
$$Cr_2O_7^{2-} + 14\,H^+ + 6\,e^- = 2\,Cr^{3+} + 7\,H_2O$$

soit $$Cr_2O_7^{2-} + 14\,H^+ + 6\,Fe^{2+} = 2\,Cr^{3+} + 7\,H_2O + 6\,Fe^{3+}$$

donc la quantité d'ions dichromate en excès est

$n_{excès} = (C'V')/6 = (0,8 \times 5 \cdot 10^{-3})/6 = 6,67 \cdot 10^{-4}$ mol.

La quantité d'ions dichromate qui ont réagi avec l'éthanol est alors :

$n' = n - n_{excès} = 2 \cdot 10^{-3} - 6,67 \cdot 10^{-4} = 1,33 \cdot 10^{-3}$ mol.

Dans les 10 mL de S, il y a donc, d'après l'équation bilan :

$n(C_2H_5OH) = 3n\,(Cr_2O_7^{2-})/2 = 1,5 \times 1,33 \cdot 10^{-3} = 2.10^{-3}$ mol. Dans 1 L, il y a 1 000 fois plus soit 0,2 mol.

13 Bonne(s) réponse(s) : f.

Commentaire : on a la demi-équation électronique

$$Ag^+ + e^- = Ag$$

Pendant l'électrolyse, la quantité d'électricité qui a circulé est $Q = ne^-F = I\Delta t$ et d'après l'équation précédente $n_{e-} = n_{Ag}$ avec $n_{Ag} = m/M = (\rho V)/M = (\rho dS)/M$ donc :

$$\Delta t = (ne^-F)/I = (\rho dSF)/MI$$

$$\Delta t = (1,05 \cdot 10^4 \times 1,5 \cdot 10^{-5} \times 0,25 \times 96\,500)/(107,9 \times 60) = 587 \text{ s} = 9 \text{ min } 47 \text{ s.}$$

Index

71229 - (I) - (1,8) - OSB 80° - 341 - EPR - API
Imprimerie CHIRAT - 42540 Saint-Just-la-Pendue
Dépôt légal : août 2014 - Dépôt légal de la 1re édition : juin 2010
N° 201407.0252

Imprimé en France